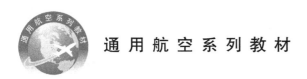 通用航空系列教材

通用航空
中高级管理人才培训教材

主　编　黄　涛

副主编　许天牧　孙　宁　王永军　张　波

U0245594

北京航空航天大学出版社

内 容 简 介

通用航空的快速发展,需要一支全方位、多层次、专业化的高素质人才队伍,培养高效出色的管理人员是目前通用航空面临的重要任务之一。本教材是国内首部通用航空中高级管理人员培训教材,主要包括三部分内容。第一部分为通用航空概论、基础课程知识,包括:通用航空宏观政策与规定;通用航空法规体系;通用航空安全管理;通用航空保险与融资租赁;空管系统运行的基本知识。第二部分为通用航空企业管理方法,包括:通用航空企业中的项目管理;通用航空组织的管理沟通;通用机场建设与运营;通用航空市场;航空救援;智慧通航的架构及发展对策;通用航空器的适航审定与要求;新能源飞机技术与应用。第三部分为通用航空企业运营管理与实践,包括:通用航空产业技术;无人机基础知识与用户管理。

本教材涉及知识面广,注重专业性与创新性,适用于通用航空企业中高级管理人员能力提升的在职培训、政府与相关机构人员的研究学习以及高等院校通用航空选修课教学等多个领域。

图书在版编目(CIP)数据

通用航空中高级管理人才培训教材 / 黄涛主编. --
北京 : 北京航空航天大学出版社,2021.7
ISBN 978-7-5124-3559-9

Ⅰ. ①通… Ⅱ. ①黄… Ⅲ. ①航空公司-企业管理-
技术培训-教材 Ⅳ. ①F560.6

中国版本图书馆 CIP 数据核字(2021)第 133789 号

通用航空中高级管理人才培训教材
主 编 黄 涛
副主编 许天牧 孙 宁 王永军 张 波
策划编辑 蔡 喆 责任编辑 蔡 喆
*
北京航空航天大学出版社出版发行

北京市海淀区学院路 37 号(邮编 100191) http://www.buaapress.com.cn
发行部电话:(010)82317024 传真:(010)82328026
读者信箱:goodtextbook@126.com 邮购电话:(010)82316936
北京建宏印刷有限公司印装 各地书店经销
*
开本:710×1 000 1/16 印张:20.75 字数:361 千字
2021 年 9 月第 1 版 2021 年 9 月第 1 次印刷
ISBN 978-7-5124-3559-9 定价:69.00 元

前　言

　　通用航空是促进经济发展和改善民生的有效载体,具有广阔的发展前景。中共中央、国务院印发的《交通强国建设纲要》中明确提出要培育充满活力的通用航空市场,全国民航工作会议将公共运输航空和通用航空作为推动"民航十四五"发展的"两翼"。通用航空的快速发展需要一支全方位、多层次、专业化、国际化的高素质人才队伍,培养高效出色的管理人员是目前通用航空面临的重要任务之一。

　　目前中国通用航空领域专业人才总量不足,人才结构和布局不尽合理,高层次、专业化、国际化的管理人才短缺,人才资源开发投入不足,专业人才培训未形成规模,通用航空企业面临专业人员"招不来,留不住"等问题。如何提升通用航空管理人员的管理水平是政府与企业关注的问题,也是本教材关注的重要内容。

　　本教材由国内高校、科研单位、通用航空企业以及行业协会共同编写。根据通用航空未来发展的需要和通用航空人才培养的客观要求,以管理人员所需的责任、知识与能力为目标,完善了通用航空中高级管理人员的知识与能力体系,是国内首部通用航空中高级管理人员培训教材,填补了国内通用航空中高级人员培训领域的空白。由于没有通用航空人员培训教材可以参考,编写组在写作期间调研了浙江万丰航空有限公司、中国飞龙通用航空有限公司、辽宁锐翔通用航空有限公司等二十余家通航企业,多次组织民航东北地区管理局、中国航空运输协会通用航空分会、中国信息协会通用航空分会、北京航空航天大学、中国民航大学、中国民航管理干部学院、航科院、沈阳航空航天大学以及中国航空救援协会(筹)等行业协会的专家学者进行学术探讨,得到了王峥、牛铭男、李辉、孙卫国、王惠铮、高远洋、黄俊、许天牧、高扬、吕人力、刘菲、马莉、董可、荆浩、邵文武、李作学、张波、王永军、孙宁、刘世江、刘剑平、王建宏、姜波、伊群、孙旭毅、于瑞平、邹金国、孙伟佳等领导与专家学者提供的宝贵意见,保证了教材的实用性和专业度。

　　本教材依托民航东北地区管理局和沈阳航空航天大学共同申报的中国民航局 2020 安全能力项目"东北地区通用航空人才培养体系建设研究",是该项目的阶段性成果。教材以持续提升民航东北地区通用航空专业技术与中高级管理人员能力为目标,从通用航空人才培养的课程大纲建设、课程模块与体系建设、通用航空人才能力提升的能力培养体系等多方面进行研究,通过多层次、多形式模块的知识学习,提高通用航空人员的组织管理与协调能力。

教材主要包括三部分、15 章内容。第一部分为通用航空概论、基础课程知识,涵盖第 1 章通用航空宏观政策与规定(孙宁)、第 2 章通用航空法规体系(孙宁)、第 3 章通用航空安全管理(高扬)、第 4 章通用航空保险与融资租赁(魏岚)、第 5 章空管系统运行的基本知识(李辉)。第二部分为通用航空企业管理方法,涵盖第 6 章通用航空企业中的项目管理(荆浩)、第 7 章通用航空组织的管理沟通(刘辉、李作学)、第 8 章通用机场建设与运营(王建宏)、第 9 章通用航空市场(苗颖)、第 10 章航空救援(孙宁)、第 11 章智慧通航的架构与发展对策(王永军、黄涛)、第 12 章通用航空器的适航审定与要求(李万峰、黄涛)、第 13 章新能源飞机技术与应用(刘远强、项松)。第三部分为通用航空企业运营管理与实践,涵盖第 14 章通用航空产业技术(邵文武)、第 15 章无人机基础知识与用户管理(孙戈)。全书由沈阳航空航天大学通用航空产业发展研究中心常务副主任黄涛教授统稿。特别感谢民航东北地区管理局人教处、通用航空处、空管处以及沈阳航空航天大学通用航空产业发展研究中心、辽宁通用航空研究院等单位的大力支持,沈阳航空航天大学民航学院梁莹副教授以及研究生张琳、王嘉兴、张朝、陈一佳、辛野泽治、孙瑞参加了资料收集与整理统计校对工作。

本教材适用于通用航空企业中高级管理人员能力提升的在职培训、政府与相关机构人员的研究学习以及高等学校通用航空选修课教学等多个领域。由于这是国内首部通用航空人员培训教材,受限于资料与能力,尽管我们力求完美,但一定有很多问题与不足,恳请读者批评指正。

作 者

2021 年 5 月于沈阳

目 录

第1章　通用航空宏观政策与规定

1.1　通用航空的发展历史

1.1.1　通用航空世界发展历史

1. 通用航空的起步

1903 年 12 月 17 日,美国莱特兄弟发明的飞机飞行成功,开创了现代航空的新纪元,同时也揭开了世界通用航空发展的序幕。在莱特兄弟的飞机试飞成功之前,世界上许多人都曾进行过飞机的研制工作,但他们所采用的是笨重的蒸汽机,没有采用科学、合理的机翼翼型,在研制、试飞过程中,由于飞机的质量过大、产生的升力不足而导致失败。在这些技术中,重要的是设计能够产生稳定升力的机翼,历史上许多著名科学家——达·芬奇、伽利略、牛顿等都对此有过贡献,而莱特兄弟在前人的基础上,最先设计出稳定机翼,采用较轻的内燃机作为动力,并且采用升力大的双翼型,才使飞机的首次飞行取得成功。

2. 两次世界大战对通用航空发展的促进

(1) 第一次世界大战对通用航空的影响

在第一次世界大战期间,由于飞机在战争中的应用,一些国家政府开始注意到了飞机的军事意义,相继成立了航空科学技术研究机构,航空工业体系初见端倪,为航空公司的诞生铺平了道路。战后满目疮痍的地面交通为航空运输创造了条件,而战时大量退役的轰炸机(如 DH - 4)为航空运输提供了载体,更为关键的是,战争需求推动的引擎技术进步为远距离飞行创造了可能。另外,第一次世界大战后大量航空先驱的跨洋飞行,与殖民地管理及跨国企业管理等长距离旅行需求相吻合。20 世纪 20 年代,首家航空运输公司在英国成立,荷兰皇家航空(KLM)、汉莎航空(Lufthansa)、俄罗斯航空(Aeroflot)等今日的欧洲航空巨头都在这一时期成立。

（2）第二次世界大战对通用航空的影响

第二次世界大战中飞机开始大规模作为战争工具，这一过程急速推进了发动机技术、新机型研发、空管技术等发展，"驼峰航线"等大规模持续的物资运输，进一步验证了远程航空运输的可行性。战争末期，国际民航组织（ICAO）的成立，为规范全球航空运输的标准化奠定基础。

战后，大量的战斗机开始转向民用，道格拉斯、洛克希德等大型制造企业也开始转向民用飞机生产，英美等主要发达国家开始建立航空工业体系。地球的另一端，苏联自 20 世纪 30 年代起，通过组装 DC-3 飞机，逐步建立以伊留申设计局为代表的航空工业体系。

彼时，航空运输属于高端交通方式，乘客非富即贵，但限于飞机性能，航程多在 300 km 左右。到 20 世纪 60 年代，随着跨洋航线的开通和旅客量的激增，多级舱位开始出现，中产阶级的年假跨国旅行成为主要需求，航空运输逐步进入大众化时代。

第二次世界大战后，大量的专业航空需求和私人飞机应用，使人们开始使用"通用航空"一词来描述这些不能够被分类到军用和定期航班中的航空应用。

除美国外，其他国家的主机厂也在积极进入这一新兴市场。加拿大德哈维兰（De Havilland）陆续推出商载 770 kg 的客机，并累计制造 1 692 架、销往 63 个国家。苏联政府推出 735 kW 的安-2 飞机，具有 1.8 t 商载，广泛用于公共航空运输和多种通用航空作业，累计生产 1.8 万架。20 世纪 60 年代，安-2 飞机进入中国，成为公共运输的主力机型，并由昌飞公司（后转至石飞）以运-5 命名仿制生产延续至今，累计生产超过 1 200 架，目前仍大量活跃在农业作业等专业航空领域。同时，英国诞生了比格飞机公司（Beagle Aircraft），生产大量用于岛际飞行的飞机；法国生产了索卡塔（Socata），至今仍活跃在农用飞机市场上。

（3）通用航空快速发展时期

到 20 世纪 70 年代，通用航空开始进入巅峰时期。1978 年，全球通用飞机总量达到约 35 万架的巅峰。此后，随着其他交通方式的发展、技术的进步及战后飞行福利的逐步消退，通用航空的规模有所萎缩，但直至今日，仍在许多关键应用中发挥着不可替代的作用。

第二次世界大战后，由于航空技术的高速发展和大量军用飞机转为民用，通用航空得到迅猛发展，通用航空应用的领域更加广泛。除了在农业方面从事更多的工作之外，还开展了空中游览服务等业务。1950 年，直升机进入了通用航空市场，大大拓宽了通用航空服务的范围，开始有了海上石油平台的服务，山区或无机场地区的救援、联络、空中吊挂等服务的内容。由于跨国公司的出现,公务航空也得到了巨大的发展。到20世纪70年代,通用航空步入繁荣时期。进入20世纪80年代,由于全球性的经济衰退、通用航空飞机数量的相对饱和、技术创新减少,通用航空开始下滑并陷入低谷。20世纪90年代以来,随着世界经济的持续增长、各国政府出台鼓励政策、航空产品推陈出新,通用航空又呈现复苏和重新崛起的态势,且后势强劲。

1.1.2　我国通用航空的发展

自1949年以来,我国大陆地区通用航空事业得到了快速发展。1952年,我国组建了第一支通用航空队伍——军委民航局航空农林队,成为我国通用航空发展的新起点,但是通用航空一直在民用航空体系下,并没有得到更多的重视。

直到2010年,国务院、中央军委发布《关于深化我国低空空域管理改革的意见》,对深化我国低空空域管理改革作出明确部署,为我国通用航空产业的发展提供了契机,通用航空产业迎来了一个新的机会。

2016年,国务院发布《关于促进通用航空业发展的指导意见》后,民航局不断深化"放管服"改革,逐步确立了"放管结合、以放为主、分类管理"的通用航空监管新理念,通用航空业的发展,在国内打开了新的局面。

2019年1月21日,民航局研究制定了通用航空法规体系重构路线图,形成了通用航空业务框架和通用航空法规框架。这是开展中国民航通用航空政策法规体系重构指导性文件,明确了未来一段时间中国通用航空整体政策走向、立法思路和制度设计需要遵循的基本原则与具体要求,也构建了通用航空在我国发展的框架体系。

1.2　通用航空的政策环境

1.2.1　中国通用航空产业政策的演进路径

中国通用航空产业政策的演进路径与我国经济体制改革的路径是一致的。主要演进路径是从体制转轨时期向市场经济体制初步确立演进,从社会主义市场经济体制的初步完善向全面推进结构性改革演进,呈现出逐步推进、分类细化的演进趋势。

1. 从体制转轨时期向市场经济体制初步确立演进(1978 年—2001 年)

这一时期,中国通用航空产业经历了两个发展阶段:

① 从经历"文革"时期的停滞不前到全面恢复的阶段;

② 围绕着"改善通用航空发展环境,增强通用航空作业服务能力"两个方面走上了系统化的发展道路。

2. 从社会主义市场经济体制的初步完善向全面推进结构性改革演进(2002 年至今)

这一时期,中国通用航空产业经历了两个发展阶段:

① 国务院、中央军委颁布实施《关于深化我国低空空域管理改革的意见》,迎来通用航空产业大发展的契机阶段;

② 国务院办公厅发布《关于促进通用航空业发展的指导意见》,将通用航空业确定为"战略性新兴产业体系",中国通用航空产业迎来由数量增长向质量发展的关键新阶段。

第一阶段:借 2010 年 11 月国务院、中央军委颁布实施《关于深化我国低空空域管理改革的意见》的契机,中国通用航空产业以改善通用航空发展环境为重点,发展规模与发展质量迈上了新台阶。就国家层面而言,政府采取积极的财政政策与稳健的货币政策,加快推进通用航空产业战略性结构调整,切实增强了通用航空产业发展的协调性、可持续和内生动力;就民航局等行业主管部门而言,围绕通用航空产业的政策主要涉及产业指南和管理办法、产业发展专项规划、产业发展指导意见、产业结构调整措施、产业调控措施、产业发展专项资金等方面,开始形成系统化的产业政策体系。

第二阶段:中国通用航空产业由数量增长向质量发展的关键阶段。借我国由大国向强国转变的契机,中国通用航空产业未来将逐渐缩短与美国等发达国家的差距,使通用航空成为促进国家经济发展的新引擎。就国家层面而言,政府必将从顶层宏观角度推进积极的财政政策与稳健的货币政策,促进通用航空产业发展的规划性政策,以全面解决目前通用航空产业发展不平衡、不充分的现状;就民航局等行业主管部门而言,必将加强通用航空产业政策相关理论研究,从政策制定、政策执行、政策结果三个角度加强监管,确保通用航空产业政策的系统性与科学性,使其真正成为促进通用航空产业发展的保障。

1.2.2 通用航空产业大发展的契机

2011 年以前,受我国相对严格的空域监管以及通用航空机场政策限制,我国通用航空需求长期处于被压制的状态,国内通用航空产业的发展缓慢。整体来看,我国通用航空飞行服务难以满足国内需求。

国务院、中央军委于 2010 年 11 月 14 日正式对外发布先前已于 8 月 19 日制定的《关于深化我国低空空域管理改革的意见》(以下简称《改革意见》),对深化我国低空空域管理改革作出明确部署。《改革意见》中首次明确了深化低空空域管理改革的总体目标、阶段步骤和主要任务,提供了我国通用航空产业发展的契机,通用航空产业的发展进入了快车道。

《关于深化我国低空空域管理改革的意见》的主要内容:

1. 深刻认识到了低空空域管理改革的重要性

(1) 低空空域管理改革是经济社会发展的必然要求

《改革意见》指出,我国通用航空快速发展,行业规模日益扩大,应用领域不断拓展,飞行种类日益增多,飞行需求渐趋旺盛。随着经济持续快速发展和人民生活水平的不断提高,人们对低空空域的需求与日俱增,将对低空空域管理和服务提出更高的要求。适时深化低空空域管理改革,有利于充分开发利用低空空域资源,促进通用航空事业、航空制造业和综合交通运输体系的发展;有利于拉动内需、扩大就业,培育新的经济增长点;有利于为国防建设提供航空人力资源储备和基础环境支撑,对全面建设小康社会、加快推进社会主义现代化建设具有十分重要的战略意义。

(2) 低空空域管理改革是一项紧迫而重大的现实任务

改革开放以来,低空空域管理政策法规相继出台,运行管理不断改进,保障手段得到改善,改革试点取得了初步成效。同时必须看到,低空空域管理还存在空域划分不够合理、管理体制不够科学、运行机制不够顺畅、法规制度不够健全、手段建设不够配套、安全责任不够明晰、服务保障不够完善等问题,与通用航空用户和社会公众期望还有较大差距。当前,低空空域管理改革正处于重要阶段,必须研究制定更加有力的政策措施,抓紧解决现行管理模式与不断增长的低空空域需求之间的矛盾,切实改进和完善管理与服务,推动航空事业持续快速健康发展。

2. 改革目标

(1) 总体目标

通过 5～10 年的全面建设和深化改革,在低空空域管理领域建立起科学的理论体系、法规标准体系、运行管理体系和服务保障体系,逐步形成一整套既有中国特色又符合低空空域管理规律的组织模式、制度安排和运作方式,充分开发和有效利用低空空域资源。

(2) 阶段目标

试点阶段(2011年前):在长春、广州飞行管制分区改革试点的基础上,在沈阳、广州飞行管制区进行深化试点,在更大范围深入探索低空空域管理改革的经验做法,研究提出低空空域划分标准,完善政策法规、探索运行机制、简化工作程序、优化服务保障模式,为全面推进低空空域管理改革奠定基础。

推广阶段(2011年—2015年):在全国推广改革试点,在北京、兰州、济南、南京、成都飞行管制区分类划设低空空域,进一步建立健全法规标准、优化运行管理模式、合理布局和建设服务保障网点,基本形成政府监管、行业指导、市场化运作、全国一体的低空空域运行管理和服务保障体系。

深化阶段(2016年—2020年):进一步深化改革,使低空空域管理体制机制先进合理、法规标准科学完善、运行管理高效顺畅、服务保障体系可靠完备,低空空域资源得到科学合理开发利用。

3. 深化低空空域管理改革的主要任务和措施

(1) 分类划设低空空域

按照管制空域、监视空域和报告空域划设低空空域,区分不同模式实行分类管理试点。各类低空空域垂直范围原则为真高1 000 m以下,可根据不同地区特点和实际需要,具体划设低空空域高度范围,报批后严格掌握执行。民航局会同空军研究论证在现行航路内、高度4 000 m(含)以下,按监视空域管理办法为通用航空飞行提供空中交通服务。在空中禁区、空中危险区、国境地带、全国重点防空目标区和重点防空目标周围一定区域上空以及飞行密集地区、机场管制地带等区域,原则上不划设监视空域和报告空域。

(2) 加快推进深化低空空域管理改革试点

按照国家空管委统一部署,空军统一组织试点区域内各有关单位,借鉴飞行管制分区试点经验,研究制定扩大试点的总体方案和实施细则,明确目标任务、方法步骤和具体措施。

(3) 构建低空空域法规标准体系

结合制定航空法,将低空空域管理纳入法律体系,为开发利用低空空域资源和实施有效管理提供法律保障;根据通用航空发展需求和改革试点经验做法,组织修订《通用航空飞行管制条例》。

（4）建立高效便捷安全的运行管理机制

军民航各级航空管理部门要牢固树立服务意识，改进通用航空起降点审批办法，简化审批程序，缩短审批时间。采用多种通联手段，方便航空用户申报飞行计划、报备相关事宜。适应通用航空飞行时效性强的特点，研究在监视、报告空域实行空管部门监督管理，通用航空用户自主运行、自负责任的运行管理模式。采取在网站发布信息、发行低空航图等多种方式，及时公布低空空域划设使用情况，发布通用航空飞行所需的相关信息，提高低空空域运行管理和服务效率。

（5）加强低空空域管理配套设施建设

围绕提高管理能力和服务保障水平，由国家空管委办公室根据低空空域划分情况，组织有关单位研究论证不同区域内配套设施设备建设需求，研究制定建设规划，明确建设目标和任务，对地面监视、通信、导航、气象服务等各类设施设备建设作出具体规划，对机载设备提出明确要求。

（6）完善通用航空服务保障体系

在现行空管体系下，按照区域（地区）、分区（终端区）、航空服务站三级服务管理架构，建立通用航空服务保障体系。国家空管委办公室组织有关单位，研究论证通用航空服务保障体系建设需求、标准规范和整体布局，制定建设规划。区域（地区）、分区（终端区）通用航空保障系统，依托现有管制中心建设；航空服务站建设与管理，由民航负责。要充分利用现有机场管制中心（塔台），增加设备、扩展功能，为通用航空飞行及时提供气象服务、飞行计划服务、航行情报服务、告警服务、飞行支援、应急救援和其他相关支持。鼓励地方政府和社会力量在现行空管能力覆盖不到的地区，投资建设航空服务站，纳入空管行业管理体系。通用航空用户根据飞行需要，就近在航空服务站获取服务。

（7）建立健全飞行人员培训机制

适应通用航空快速发展和安全有序运行需要，由民航局牵头，系统研究论证加强通用航空飞行人员培训问题，提出改进意见。加强院校和培训机构的资质审查，完善培训考核内容和方法，航空管理部门严格组织轻型航空器飞行驾驶执照发放管理和资质审核。航空公司认真组织飞行人员岗前培训，严格遵守飞行规则，熟悉飞行环境，熟练掌握通用航空飞行特点和特殊情况处置方法。各地区空管协调委要认真研究做好通用航空从业人员安全教育工作，从本地区特点出发，采取有效的组织方式，加强通用航空从业人员的空防安全、航空法规、空域管理、防止空中相撞等方面的教育，指导通用航空公司每年开展不少于一次的集中教育培训,促进通用航空从业人员学法、知法、守法。

(8) 加强低空空域飞行安全监控和管理

贯彻安全第一、预防为主的方针,严格低空空域使用资格审查,严密组织低空飞行活动,严防发生重大安全事故。

(9) 建立低空空域管理评估监督机制

由国家空管委办公室牵头,组织航空管理部门、航空用户、科研院所等单位,制定低空空域管理评估标准,研究开发综合评价系统,督导军民航各级空管部门依据标准做好管理评估工作。各地区空管协调委要把管理评估工作作为空管绩效考评的重要内容,定期对本地区低空空域运行管理情况进行分析评估,及时发现并解决问题。听取社会各界特别是通用航空用户的意见建议,不断改进管理方式和手段,提高低空空域管理水平。

事实证明,《改革意见》推动低空空域管理改革加快发展,提出低空空域管理改革的总体目标、明确划分了实施阶段,以及深化低空空域管理改革的主要任务和措施,成为推进低空空域管理改革的纲领性文件。低空空域管理改革进入了实质性的突破阶段,在接下来的 10 年间相关配套政策频频出台。

1.2.3　国务院办公厅《关于促进通用航空业发展的指导意见》

在我国经济新常态和供给侧结构性改革进入攻坚的背景下,通用航空业以其产业链条长、服务领域广、带动作用强等特点,成为国家促进消费、带动投资、推动转型的重要选项。2016 年 5 月 17 日,国务院办公厅发布《关于促进通用航空业发展的指导意见》(以下简称《意见》),将通用航空业确定为"战略性新兴产业体系"。《意见》明确了今后一个时期我国通用航空业发展的指导思想、基本原则和发展目标,提出了通用航空业发展的主要任务和相关政策措施。这是新中国成立以来国务院办公厅首次从国家战略层面对通用航空业发展提出指导意见,《意见》将成为未来 5 年乃至更长时期指导我国通用航空业改革和发展的重要文件。

1. 发展目标

到 2020 年,建成 500 个以上通用机场,基本实现地级以上城市拥有通用机场或兼顾通用航空服务的运输机场,覆盖农产品主产区、主要林区、50% 以上的 5A 级旅游景区。通用航空器达到 5 000 架以上,年飞行量 200 万小时以上,培育一批具有市场竞争力的通用航空企业。通用航空器研发制造水平和自主化率有较大提升,国产通用航空器在通用航空机队中的比例明显提高。通用航空业经济规模超过 1 万亿元,初步形成安全、有序、协调的发展格局。

2. 具体措施内容

(1) 培育通用航空市场

① 强化交通服务;

② 扩大公益服务和生产应用;

③ 鼓励航空消费。

(2) 加快通用机场建设

① 优化规划布局;

② 合理确定标准;

③ 完善审核程序;

④ 统筹协调发展。

(3) 促进产业转型升级

① 提升制造水平;

② 促进产业集聚;

③ 深化国际合作。

(4) 扩大低空空域开放

① 科学规划空域;

② 优化飞行服务;

③ 提高审批效率。

(5) 强化全程安全监管

① 加强适航管理;

② 确保运行安全;

③ 规范市场秩序。

(6) 保障措施

① 加强组织实施;

② 加大资金支持;

③ 健全法律法规;

④ 强化人才培养。

1.2.4 通用航空地方政策

2016 年国家发布《关于促进通用航空业发展的指导意见》(国办发〔2016〕38

号),极大促进了地方政府大力发展通用航空产业的热情,各地方政府在《意见》的政策指引下,纷纷发布了地方政策,促进通用航空产业的发展。表1-1列出了通用航空地方政策。

表1-1 通用航空地方政策

序　号	法规名称	发文机关	发布日期	地域范围
1	《吉林省人民政府关于同意设立吉林通用航空职业技术学院的批复》	吉林省人民政府	2021年01月15日	吉林省
2	《河北省通用航空产业链集群化发展三年行动计划》	河北省发展和改革委员会	2020年07月14日	河北省
3	《关于加快发展通航产业　引领新旧动能转换　打造通用航空大省、直升机强省的建议——对政协十二届三次会议第12030467号提案的答复》	山东省应急管理厅	2020年09月24日	山东省
4	《政府购买社会公共通用航空服务管理暂行办法》	湖南省财政厅	2020年04月22日	湖南省
5	《通辽市通用航空产业高质量发展行动方案》	通辽市人民政府	2020年04月01日	内蒙古自治区
6	《支持通用航空产业发展若干政策》	松原市人民政府	2019年12月31日	吉林省
7	《内蒙古自治区通用航空产业高质量发展行动方案》	内蒙古自治区人民政府	2020年02月02日	内蒙古自治区
8	《吉安市购买通用航空公共飞行服务实施方案》	吉安市人民政府	2019年12月29日	江西省
9	《湖南省发展和改革委员会关于郴州北湖机场通用航空基地初步设计及概算的批复》	湖南省发展和改革委员会	2019年12月12日	湖南省
10	《陕西省人民政府办公厅关于成立2019中国国际通用航空大会组委会的通知》	陕西省人民政府	2019年09月29日	陕西省
11	《湖南省发展和改革委员会关于郴州北湖机场通用航空基地可行性研究报告的批复》	湖南省发展和改革委员会	2019年08月02日	湖南省
12	《贵州省通用航空产业发展规划(2018—2025)》	贵州省工业和信息化厅	2019年02月26日	贵州省

续表 1－1

序　号	法规名称	发文机关	发布日期	地域范围
13	《吉林省通用航空产业人才培养专项计划（2019—2030 年）》	吉林省教育厅	2019 年 04 月 25 日	吉林省
14	《长治市通用航空产业发展规划（2019—2035 年）》	长治市人民政府	2019 年 04 月 24 日	山西省
15	《丽水市通用航空布局规划（2019—2030 年）》	丽水市发展和改革委员会	2019 年 04 月 28 日	浙江省
16	《临泽县通用航空产业发展奖励扶持办法（试行）》	张掖市临泽县人民政府	2019 年 03 月 05 日	甘肃省
17	《支持通用航空产业发展若干政策》	吉林省人民政府	2019 年 01 月 01 日	吉林省
18	《忻州市通用航空业发展规划（2018—2035 年）》	忻州市人民政府	2019 年 01 月 21 日	山西省
19	《银川市促进通用航空产业发展扶持政策（试行）》	银川市人民政府	2018 年 11 月 03 日	宁夏回族自治区
20	《普洱市人民政府办公室关于促进通用航空业发展的实施意见》	普洱市人民政府	2018 年 06 月 26 日	云南省
21	《吉林省人民政府办公厅关于成立吉林省通用航空产业发展领导小组的通知》	吉林省人民政府	2018 年 07 月 13 日	吉林省
22	《安顺市通用航空产业综合示范区建设三年行动计划（2018—2020 年）》	安顺市人民政府	2018 年 09 月 30 日	贵州省
23	《沈阳市加快推进沈阳国家通用航空产业综合示范区建设工作方案》	沈阳市人民政府	2018 年 09 月 04 日	辽宁省
24	《云南省人民政府办公厅关于成立云南省通用航空产业发展协调领导小组的通知》	云南省人民政府	2018 年 06 月 08 日	云南省
25	《赤峰市通用航空产业发展实施方案》	赤峰市人民政府	2018 年 05 月 15 日	内蒙古自治区
26	《四川省人民政府关于同意设立四川通用航空职业学院的批复》	四川省人民政府	2018 年 03 月 04 日	四川省
27	《郑州市人民政府关于成立郑州国家通用航空产业综合示范区建设领导小组的通知》	郑州市人民政府	2017 年 12 月 18 日	河南省

序　号	法规名称	发文机关	发布日期	地域范围
28	《关于同意河南大诚通用航空科技有限公司等 214 家单位建设河南省工程技术研究中心的通知》	河南省科学技术厅	2017 年 12 月 29 日	河南省
29	《湖南省人民政府办公厅关于促进通用航空业发展的实施意见》	湖南省人民政府	2017 年 09 月 05 日	湖南省
30	《郑州国家通用航空产业综合示范区实施方案(2017—2020)》	郑州市人民政府	2017 年 12 月 11 日	河南省
31	《无锡市政府办公室关于加快通用航空产业发展的实施意见》	无锡市人民政府	2017 年 08 月 18 日	江苏省
32	《黑龙江省推进通用航空产业发展行动方案(2017—2020 年)》	黑龙江省人民政府	2017 年 12 月 25 日	黑龙江省
33	《浙江省人民政府办公厅关于加快通用航空业发展的实施意见》	浙江省人民政府	2017 年 07 月 04 日	浙江省
34	《毕节市鼓励通用航空产业发展十条政策措施(试行)》	毕节市人民政府	2017 年 09 月 13 日	贵州省
35	《成都市人民政府关于同意成都国家通用航空产业综合示范区实施方案的批复》	成都市人民政府	2017 年 08 月 12 日	四川省
36	《新疆维吾尔自治区人民政府关于加快通用航空业发展的意见》	新疆维吾尔自治区人民政府	2017 年 06 月 01 日	新疆维吾尔自治区
37	《西安市人民政府关于成立 2017 中国国际通用航空大会筹备工作领导小组的通知》	西安市人民政府	2017 年 08 月 01 日	陕西省
38	《哈尔滨市加快建设国家通用航空产业综合示范区行动计划(2017—2020 年)》	哈尔滨市人民政府	2017 年 09 月 28 日	黑龙江省
39	《促进通用航空业发展实施方案》	福建省人民政府	2017 年 05 月 17 日	福建省
40	《宁夏回族自治区人民政府办公厅关于促进宁夏通用航空业发展的实施意见》	宁夏回族自治区人民政府	2017 年 03 月 17 日	宁夏回族自治区
41	《张掖市人民政府关于加快张掖市通用航空业发展的意见》	张掖市人民政府	2016 年 12 月 22 日	甘肃省
42	《深圳市发展和改革委员会关于征集通用航空产业重点工程和项目的通知》	深圳市发展和改革委员会	2017 年 01 月 23 日	广东省

序号	法规名称	发文机关	发布日期	地域范围
43	《黑龙江省人民政府办公厅关于促进我省通用航空业发展的若干意见》	黑龙江省人民政府	2016年12月30日	黑龙江省
44	《重庆市通用航空业发展行动计划(2017—2019年)》	重庆市人民政府	2017年03月12日	重庆市
45	《江西省人民政府办公厅关于促进通用航空业发展的实施意见》	江西省人民政府	2016年12月06日	江西省
46	《荆门市人民政府关于加快荆门市通用航空产业发展的实施意见》	荆门市人民政府	2016年11月15日	湖北省
47	《云南省人民政府办公厅关于促进通用航空业发展的实施意见》	云南省人民政府	2016年11月01日	云南省
48	《安徽省国土资源厅关于贯彻落实促进通用航空业发展实施意见的通知》	安徽省国土资源厅	2016年11月21日	安徽省
49	《甘肃省"十三五"通用航空发展规划》	甘肃省人民政府	2016年11月29日	甘肃省
50	《内蒙古自治区人民政府办公厅关于促进通用航空业发展的实施意见》	内蒙古自治区人民政府	2016年10月	内蒙古自治区
51	《中卫市人民政府关于规范中卫沙坡头机场周边通用航空及无人机飞行管理的通告》	中卫市人民政府	2016年10月20日	宁夏回族自治区
52	《广东省人民政府办公厅转发国务院办公厅关于促进通用航空业发展指导意见的通知》	广东省人民政府	2016年06月24日	广东省

从各地方政府发布的地方性政策法规来看,主要有以下4个特点:

1. 2016年国家38号文件《意见》出台后,各省市政策集中出台

2016年的《意见》确立了发展目标同时也制定了具体措施,使得各个地方政府在地方政策制定上找到了方向,也有了措施的指引。《意见》体现出国家对通用航空产业的极大重视,大大提高了地方政府制定产业政策的积极性,而各个省市地区彼此间也形成了一种争夺优质市场资源热情,针对通用航空产业的地方性政策体系开始形成。

2. 发文主体大多是各个地方的人民政府,内容为指导性

从地方政策的内容上来看,大多数《××地区促进通用航空产业发展的指导意见》属于统领性文件,是为了贯彻 38 号文件的思想而制定的。各个省市还没有一个独立明确的部门专门负责通用航空产业的发展,因此发文部门大多是地方人民政府。各省市的指导意见是根据地方特点并结合国家政策在省市内部制定出来的指导性的政策,并没有具体到通用航空各个领域中,因此,政策的原则性较多,具体的实施方案还需要进一步地细化和推进。

3. 从 2019 年开始,各地方政府纷纷出台 5 年或者 10 年乃至 20 年长期规划

2019 年 1 月 21 日,民航局研究制定了通用航空法规体系重构路线图,形成了通用航空业务框架和通用航空法规框架,改变了原来的业务和法律体系,预示着未来我国通用航空产业构建的新格局。在此基础上,各个省市分别按照两个框架的思想重新打造本地区的通用航空布局,体现了各省市的规划思想,也有利于通用航空产业新框架的落地实施。

4. 发改委等部门开始介入到通用航空产业

在近期发布的地方政策中,除了人民政府,发改委等部门开始成为通用航空政策制定主体,说明地方政策从总体指导意见开始走向具体发展实施,有些省市开始尝试建立示范区、通用航空基地等,并且以地方政策的方式予以鼓励和支持,地方政策的环境具有更鲜明的地方特色,也更具有可操作性。

第 2 章　通用航空法规体系

2.1　通用航空法规体系的框架

2.1.1　通用航空的立法定义

我国通用航空定义的主要法律依据是《中华人民共和国民用航空法》第十章第一百四十五条规定:"通用航空,是指使用民用航空器从事公共航空运输以外的民用航空活动,包括从事工业、农业、林业、渔业和建筑业的作业飞行以及医疗卫生、抢险救灾、气象探测、海洋监测、科学实验、教育训练、文化体育等方面的飞行活动。"而《通用航空飞行管理条例》作为我国颁布的第一部有关通用航空的管理条例,第三条中也规定"通用航空,是指除军事、警务、海关缉私飞行和公共航空运输飞行以外的航空活动,包括从事工业、农业、林业、渔业、矿业、建筑业的作业飞行和医疗卫生、抢险救灾、气象探测、海洋监测、科学实验、遥感测绘、教育训练、文化体育、旅游观光等方面的飞行活动"。这两个法律规定成为我国通用航空法律概念的依据,两者并无大异,前者具有更高的法律效力,而后者在列举式上更加充分具体。

然而,我国对于通用航空的立法界定与《国际民航航空公约》的规定是不一致的。《国际民航航空公约》是 1944 年由 52 个国家在美国芝加哥最终通过的国际公约,因此又称为《芝加哥公约》。该公约规定"通用航空运行指除商业航空运输运行或航空作业运行以外的航空器运行"。该公约又通过附件对通用航空作业和商业航空运输进行了定义:航空作业指使用航空器进行专业服务的航空器运行,如农业、建筑、摄影、测量、观察与巡逻、搜寻与援救、空中广告等;商业航空运输运行指为获取酬金或收费从事旅客、货物或邮件运输的航空器运行。

将我国通用航空的立法定义和国际公约的规定进行比较不难发现,我国对通用航空的定义与《芝加哥公约》对通用航空的范围划分存在重大的差异——我国对于通用航空界定得更加广泛。在《芝加哥公约》中航空作业不属于通用航空的范畴,但是在《中华人民共和国民用航空法》对通用航空的定义里,航空作业属于通用航空。实际上,航空作业的运行与其他的通用航空运行有相同之处,但是航空作业通常是以"出租和收益"为目的,因此世界上很多国家不把航空作业作为通用航空。对于盈利目的比较强的航空作业,需要颁发"航空运营合格证",从航空作业方面体现对这部分飞行行为商业运作主体的管理,由此与普通的通用航空加以区分。

2.1.2　我国现有通用航空法律规范的立法层级

1. 第 1 个层级——人大常委会通过的《中华人民共和国民用航空法》

《中华人民共和国民用航空法》(以下简称《航空法》)是我国整个民用航空领域的基本法律,是通用航空领域位阶最高的法律,也是我国通用航空法律体系构建的指引。《航空法》于 1995 年 10 月 30 日审议并通过(该法自 1996 年 3 月 1 日起实施),第十章"通用航空"(第一百四十五条至第一百五十条)一共六个条款,是关于通用航空的规定,条文总体比较笼统,作为指导性规定存在。

从我国《航空法》的内容来看:一方面,它确立了通用航空的法律地位,为通用航空法律体系的建立奠定了基础;另一方面,它对于通用航空的关注程度有限,在具体操作的环节上还需要相应的行政法规和规章配合。

《航空法》规定的主要内容有:

① 通用航空的定义(第一百四十五条):通用航空,是指使用民用航空器从事公共航空运输以外的民用航空活动,包括从事工业、农业、林业、渔业和建筑业的作业飞行以及医疗卫生、抢险救灾、气象探测、海洋监测、科学实验、教育训练、文化体育等方面的飞行活动;可见,我国通用航空定义采用的是一个大通航的概念,民用航空中,除了公共航空之外的内容一并归入到通用航空之中;

② 从事通用航空活动的基本条件(第一百四十六条)有三个:

(a) 有与所从事的通用航空活动相适应,符合保证飞行安全要求的民用航空器,对于什么样的航空活动应该具体符合什么样的安全要求,以及航空器具体的数量和规格等都没有提及;

(b) 有必需的依法取得执照的航空人员,航空人员包括哪些,执照的种类以及相关人员的数量等也并没有明确;

(c) 符合法律、行政法规规定的其他条件;

③ 从事非经营性通用航空的,应当向国务院民用航空主管部门办理登记,从事经营性通用航空的,应当向国务院民用航空主管部门申请领取通用航空经营许可证(第一百四十七条);取得经营许可证的要求仅限于从事经营性的通用航空,如果是从事非经营性的通用航空只要在主管部门办理登记即可;

④ 通用航空企业从事经营性通用航空活动,应当与用户订立书面合同,但是紧急情况下的救护或者救灾飞行除外(第一百四十八条);组织实施作业飞行时,应当采取有效措施,保证飞行安全,保护环境和生态平衡,防止对环境、居民、作物或者牲畜等造成损害(第一百四十九条);从事通用航空活动的,应当投保地面第三人责任险(第一百五十条)。

《航空法》在 2009 年、2015 年、2016 年、2017 年和 2018 年经历过五次修改,在最近的五年修改频繁,而这几次修改和通用航空领域关系密切。

2017 年 11 月 5 日的修改针对《航空法》第一百四十七条,修改前的《航空法》第一百四十七条规定:从事非经营性通用航空的,应当向国务院民用航空主管部门办理登记。

从事经营性通用航空的,应当向国务院民用航空主管部门申请领取通用航空经营许可证,并依法办理工商登记;未取得经营许可证的,工商行政管理部门不得办理工商登记。

此次修改删去第一百四十七条第二款中的"并依法办理工商登记;未取得经营许可证的,工商行政管理部门不得办理工商登记"。也就是说,相关市场主体办理工商登记不再需要前置审批。这种做法释放了企业的活力,由"先证后照"向"先照后证"的转变更有利于中小企业的诞生。

这对于通用航空企业来说是一个利好,之前营利性的通用航空企业必须先获得经营许可,然后才能到工商登记部门注册公司,这样不利于公司主体积极参与到从事通用航空经营活动中。修改后,运营主体可以将注册公司的步骤提前,具备市场运行主体资格之后再根据企业发展情况申请获得通用航空的经营许可,这种变化体现了对通用航空企业的经营许可资格的放松,也给予通用航空企业更大的自由选择和发展空间。

2018 年 12 月 29 日,《航空法》最近的一次内容修改更直接体现了对通用航空需求的关注。

增加民用机场新的分类标准。根据《国务院办公厅关于促进通用航空业发展的指导意见》关于"对通用机场实施分类分级管理"的要求,修改了《航空法》第六十二条规定的民用机场开放使用许可制度：规定对公众开放的民用机场，继续实施事前许可；其他民用机场改为事后备案。这一条款的修改使通用航空机场分类分级管理成为可能，改变了原来统一事前许可制度，容纳了事后备案的管理模式。这种变化使通用航空机场的建设和使用更具有灵活性。

在2018年这次修改中，也明确了无人驾驶航空器的立法授权。随着无人驾驶航空器的使用日渐普及，由此带来的安全问题越来越突出，亟须完善相关制度，加强对无人驾驶航空器的监管。考虑到《航空法》制定时无人驾驶航空器尚未广泛应用，相关管理制度缺少针对性。为了给无人驾驶航空器监管立法提供法律依据，本次修订新增了《航空法》第二百一十四条，授权国务院、中央军事委员会对无人驾驶航空器作出特别规定。

2. 第2个层级——国务院颁布的行政法规

在这个层级中比较重要的是1986年国务院颁布的《国务院关于通用航空管理的暂行规定》，这个规定虽然产生于30多年前，但是却有着重要的历史意义。它是我国最早的关于通用航空领域的立法，开启了通航领域的制度化、法律化进程，而且从该规定开始以立法的形式确立了"通用航空"的提法，取代了之前的"专业航空"，实现了和国际规则的接轨。该规定明确了通用航空的管理机构，航空运营者从事相关活动的申报、审批程序和要求。

但是遗憾的是，该暂行规定暂行了30余年，直到2014年进行了一次修订，但是依然保持原来的十七条结构，2014年修改中只是明确了实施通用航空企业赴境外开展经营活动的行政许可的法律依据。30年间，无论是国际上还是国内，通用航空事业都有了很大的变化，其他领域对于通用航空产业的发展也有了新的要求，原来的审批程序和管理体制也产生了重大变革，很显然，在今天这个需要对通用航空产业大力推进的时代里，这个规定已经不能满足通用航空产业发展的要求了，无论从内容的广度还是深度上都需要有新的突破，特别是在通用航空不断向各个领域快速发展的进程中，以及现代化平台的融合中，它的局限性也逐渐凸显。

另外，比较重要的行政法规是2000年国务院发布的《中华人民共和国飞行基本规则》，该规则经历了2001年和2007年两次修订，这个规则非常翔实具体地对飞行行为进行了规范，但是主要条款都是有关公共航空的内容，实际上，这一规则并非专门针对通用航空所制定，缺少对通用航空领域飞行的针对性条款。

2003年国务院发布《通用航空飞行管制条例》，这个条例的出台，规范了通用航空飞行管制，也为相关管理部门对通用航空飞行活动制订飞行管制提供了依据,该条例第一次明确提出通用航空运营人在从事相关飞行活动前需要申报飞行计划的上报程序以及申报的时限。

3. 第3个层级——民航局等部门颁布的部门规章

现大多数的民用航空部门规章是由履行航空事业管理的原中国民用航空总局制定。2008年3月国务院机构改革之后,中国民用航空总局更名为中国民用航空局,由交通运输部管理。现在很多规章都是由上述3个主体制定。

2017年11月28日,中国民用航空东北地区管理局公布了《通用航空现行有效的规章(规范性文件)目录》,关于通用航空,共含有109部(件)规章和规范性文件,其中:规章12部,管理程序(AP)8件,咨询通告(AC)47件,管理文件(MD)6件,信息通告(IB)2件,行业标准(MH)2件,下发的民航局和管理局电报与文件32份,外网发布文件2份。

这些规章的内容很广泛,包括市场准入、安全运行、适航审定、专业技术人员执照、作业标准、机场建设以及飞行管制等。这些规章为通用航空企业的发展和通用航空的成长提供了依据。

其实,在我国通用航空的规章体系很大程度上隶属于民航规章体系,通用航空作为民航的一部分,很多民航的规范性文件通用航空同样适用。因此,民航局下发的规章,也就是我们常说的CCAR体系(见图2-1),其各类法规分类如

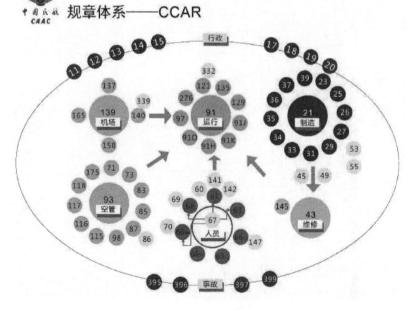

图 2 - 1　CCAR 规章体系

图 2-2 所示,某种程度上也可以作为通用航空领域可以适用的规则。

行政程序规则
11 规章制定程序规定
12 职能部门规范性文件制定程序规定
13 行政检查工作规则
14 行政处罚实施办法
15 行政许可工作规则
17 行政机关行政赔偿办法
18 航空监察员规定
19 行政复议办法
20 关于修订和废止部分民用航空规章的决定

航空器制造
21 产品和零部件合格审定规定
23 正常类、实用类、特技类和通勤类飞机适航规定
25 运输类飞机适航标准
26 运输类飞机的持续适航和安全改进规定
27 正常类旋翼航空器适航规定
29 运输类旋翼航空器适航规定
31 载人自由气球适航规定
33 航空发动机适航规定
34 涡轮发动机飞机燃油排泄和排气排出物规定
35 螺旋桨适航标准
36 航空器型号和适航合格审定噪声规定
37 材料、零部件和机载设备技术标准规定
39 民用航空器适航指令规定
45 民用航空器国籍登记规定
49 航空器权利登记条例实施办法
53 民用航空器用化学产品适航规定
55 民用航空油料适航规定

航空器维修
43 维修和改装一般规则
145 民用航空器维修单位合格审定规定

航空人员
61 驾驶员、飞行教员和地面教员合格审定规则
63 领航员、飞行机械员、飞行通信员合格审定规则
65 FS 飞行签派员执照管理规则
65 TM1 电信人员执照管理规则
65 TM2 气象人员执照管理规则
65 TM3 情报员执照管理规则
65 TM4 情报培训管理规则
66 航空器维修人员执照管理规则
66 TM 空中交通管制员执照管理规则
68 航空安全员管理规定
60 飞行模拟设备的鉴定和使用规则
67 航空人员医学标准和体检合格证管理规则
69 航空安全员合格审定规则
70 空中交通管制培训管理规则
141 驾驶员学校合格审定规则
142 飞行训练中心合格审定规则
147 维修技术人员学校合格审定规定

空管
93 民用航空空中交通管理规则
71 民用航空使用空域办法
73 民用航空预先飞行计划管理办法
83 民用航空空中交通运行单位安全管理规则
85 空中交通管理设备开放、运行管理规则
87 空中交通通信导航监视设备使用许可管理办法
98 平行跑道同时仪表运行管理规定
115 通信导航雷达工作规则
116 气象探测环境管理办法
117 航空气象工作规则
118 航空无线电管理规定
175 航空情报工作规则
86 民用航空通信导航监视设备飞行校验管理规则

运行
91 一般运行和飞行规则
91 J 私用大型
91 K 代管人
91 H 商业非运输
91 O 超轻型飞行
97 航空器机场运行最低标准的制定与实施规定
121 大型飞机公共航空运输承运人运行合格审定规则
129 外国公共航空运输承运人运行合格审定规则
135 FS 小型航空器商业运输运营人
276 危险品运输管理规定
332 公共航空旅客运输飞行中安全保卫规则

机场
139 CA 民用机场使用许可规定
137 民用机场专用设备使用管理规定
140 民用机场运行安全管理规定
158 民用机场建设管理规定
165 民航专业工程质量监督管理规定
339 民用航空安全检查规则

航空器搜寻援救和事故调查
395 民用航空器事故和飞行事故征候调查规定
396 民用航空安全信息管理规定
397 中国民用航空应急管理规定
399 民用航空器飞行事故应急反应和家属援助规定

图 2-2 各类法规分类

2.1.3　关于推进通用航空法规体系重构工作的通知

为了贯彻《国务院办公厅关于促进通用航空业发展的指导意见》（国办发〔2016〕38号）精神，落实"分类管理、放管结合、以放为主"的要求，更好地鼓励和推动通用航空发展，积极支持社会资本投资通用航空产业，2019年1月21日民航局研究制定了通用航空法规体系重构路线图，形成了通用航空业务框架和通用航空法规框架（以下简称"两个框架"）。"两个框架"是开展中国民航通用航空政策法规体系重构的总体性文件，明确了未来一段时间中国通用航空整体政策走向、立法思路和制度设计需要遵循的基本原则与具体要求。

1. 通用航空业务框架

通用航空业务框架的构建不是使用具体的经营业务名称来分类，而是从"经营能力"和"运行能力"两个维度对通用航空活动进行新的分类，并创新性地提出了通用航空业务模块化管理模式。

经营能力划分因素主要包括通用航空企业从事的经营活动是否涉及社会公众而具有较大社会影响，是否属于经营活动而需要保护消费者，是否涉及市场秩序而需要经济管制，是否涉及第三人侵权责任而需要保险要求。运行能力划分因素主要包括通用航空企业从事的运行活动的载客人数是否达到国务院事故标准等级而具有较大社会影响，运行的航空器型别等级是否达到一定等级而需要严格管理，从事的飞行活动是否具有特殊性。

47个模块组成通用航空业务框架，基本涵盖了现有通用航空活动类型，并且前瞻性地考虑了未来所有可能出现的通用航空业务模式；一个模块就是一个通用航空活动的领域，对每个模块都细化了航安、机场、空防、空管等专业的具体要求，实现管理的精准化、差异化。未来通用航空业务会有新的创新，可以依据其内在特征落实到对应模块里，找到管理要求，促进其更好发展。模块化使得对不同通用航空活动的管理和服务更加精细化、差异化，也打开了许多市场空间。

通用航空业务框架分为横轴和纵轴，横轴体现的是经营分类指标，将通用航空从经营性质上划分为经营性（A类、B类、C类）和非经营性（D类）两类。经营性行为指以取得报酬为目的而从事航空器飞行活动的行为，而非经营性行为则指不以取得报酬为目的而从事航空器飞行活动的行为。

经营性行为又分为载客、载人和非载人三大类别。载客类是指为获取酬金或者收费而从事旅客运输的行为，并且合同当事人履行的是因运送旅客而发生位移的运输合同（A 类）；而载人类是指载客运输以外且航空器上搭载有机组人员以外人员的航空活动，合同当事方履行的主合同是运输合同以外的合同（B 类）。

可见，载客类和载人类的经营性运输行为都是在通用航空器上存在机组人员以外的人员。载客类飞行目的是旅客运输，又可进一步划分为定期运输（A1 类）和不定期运输（A2 类）两类。定期运输主要是固定时间、固定航线、固定价格的短途运输，这种划分显然为短途运输的发展提供了很好的业务框架，可以预见，短途运输将从此进入一个发展的春天；不定期运输主要的模式是包机飞行。而载人类经营是不以运输为目的的经营，除了机组成员之外，通用航空器上有其他客人，这些客人的飞行目的并非"位移"，而是除运输之外的其他原因，在框架中又被细化分为面向公众的载人运输（B1 类）、面向非社会公众的载人运输（B2 类），同时将训练飞行单独列出（B3 类）。

而非载人类（C 类）的经营性活动又分为货运和除了货运之外的其他非载人类活动。不能将非载人类的运输误解为就是无人机运输，非载人类是指除了机组人员之外没有其他人员的通用航空运输，其中包含无人机运输，但是其内涵远大于无人机运输。此类又分为货运（C1 类）和除了货运之外的非载人活动（C2 类）。

非经营性行为又分为载人（D1）和非载人（D2）两类，划分标准与经营性行为一样，以是否存在机组成员之外的人员作为依据。

通用航空业务框架的横轴是对经营分类指标进行了细化，纵轴则是运行的分级指标，一共分为 6 个级别，其中 1～5 级对应的是飞机，6 级专指直升飞机。1～5 级中每一个级别针对载人、载客类按照不含机组的座位数进行划分，其中 60 座以上的为 1 级，30～59 座的为 2 级，20～29 座的为 3 级，10～19 座的为 4 级，9 座以下的是 5 级。

1～5 级中针对非载人类的是以商载吨数 3.4 t 作为分界线，1 级和 2 级（即 30 座以上机型的航空器）可以进行 3.4 t 以上的非载人类飞行活动，5 级（即 9 座以下机型的航空器）只能进行 3.4 t 以下的非载人类飞行活动。而 3～4 级则 3.4 t 之上和之下的级别都可以存在。而 6 级是针对直升飞机的划分级别，特别是在定期载客运输中又根据客座数量具体划分为：30 座以上 A1－6、20～29 座 A1－6－1、10～19 座 A1－6－2、9 座以下 A1－6－3。在直升机机型中，非载人类暂不区分机型。

横、纵轴交叉,对应地组成了 47 个业务模块,比如,使用 25 客座的航空器进行短途运输,短途运输属于 A1 类,25 客座属于 3 级,因此该业务属于 A1 - 3 模块。

业务框架的说明具体到对每一个模块的要求。首先规定了各个模块的通用要求,包括初始适航要求、生产安全一般要求、空管要求和其他要求。在此基础上又对全部的 47 个模块分别进行了差异性要求,包括具体的描述,举出典型实例,经营能力、运行能力要求,飞行计划申报要求等方面。这种模块式的业务划分,一方面使划分标准明确,另一方面也明确了各个模块直接的联系和差异,具体到每一个模块内部也有明确可依的要求。

通用航空业务框架的构建应该说为通用航空的发展制定了新的规划,经营类别将结束原有的甲、乙、丙、丁 4 类的划分,取而代之的将是模块的划分。这种模式更加科学和具体,也为通用航空的发展留有空间。通用航空业务框架特别体现了对短途运输和无人机的关注,这也是我们能够看到的未来将大有作为的两个方面。

2. 通用航空法规框架

(1) 通用航空法规框架的内容

结合通用航空业务框架,为了更清晰地展示通用航空法规体系,对原来的法规做出了具体的调整计划。其中涉及 23 部规章:新制定 3 部,修订 19 部,废止 1 部。以上所有的规章都在 2019 年和 2020 年完成修订或者送审。通用航空法规框架作为通用航空立法的指引,明确了哪些规章需要修订或制定、规章调整的方向和时间点,便于各方掌握立法工作节奏。

(2) 通用航空法规框架的特点

1) 在所调整的法律内容上进行了相对完整和科学的划分

① 调整客体:包括航空器、机场建设和航空器的损赔;

② 调整主体:包括航空人员,航空企业的准入规则,学校、航空人员及其他单位的运营规则等;

③ 调整行业内容:包括一般运行规则、航空运输、航空安保等。

从框架的设立能够看出,未来我国通用航空法律体系的基本结构基本上延续原有的立法结构特点,并没有进行较大的调整,也没有从体系根本上产生变化。

2) 框架的"强制性"

通用航空法规框架是中国民航局对通用航空经济管理和安全管理的总体政

策,民航局称其执行具有强制性。当前,民航系统不同专业对通用航空的监管要求存在一定差异,制度设计缺少统筹考虑。虽然各个专业领域在通用航空方面都在大力推动"放管服"改革,但由于概念不同、管理要求不一,导致协同效应缺乏,整体联动不充分,有的政策存在一定程度的抵触。这次调整是从上至下的顶层布局的思想,而且涵盖了各个方面,也充分考虑了未来可能出现的通用航空业务模式,通盘谋划管理手段和管理要求,能够有效避免各部门各地区通用航空政策规定不一致,有利于形成促进通用航空发展的政策合力。因此,通用航空法规框架在制度设计上必须严格遵守框架设定的政策方向。民航局称之为具有一定的"强制性"。

民航局通用航空法律体系框架的出现对于通用航空法律体系的建立无疑是一个巨大的推动,在一定程度上将通用航空体系进行了一个规制,从类别上更加清楚,框架体系中时间表的安排也保证了法律调整的时效性。民航局所称的"强制性"其实并非法律上的强制性,该框架体系并未经过立法程序、具备法律的形式,而是指其具有很强的指导效应,是下一个阶段立法调整应该予以遵循的框架体系。

2.2 关于通用航空市场准入

中国民用航空总局 2004 年 12 月 2 日发布《通用航空经营许可管理规定》,2007 年出台了《通用航空经营许可管理规定(2007)》,废止了 2004 年的管理规定。在通用航空快速发展的背景下,该规定在 2016 年、2018 年和 2019 年经过 3 次修订,在市场准入要求、许可程序等方面都作出了很大的修改。2020 年,为贯彻《国务院办公厅关于促进通用航空业发展的指导意见》(国办发〔2016〕38 号),落实国务院深化"放管服"改革、优化营商环境等要求,适应通用航空快速发展的新形势,进一步激发市场活力,促进通用航空高质量发展,并依法规范通用航空经营许可管理工作,民航局启动了《通用航空经营许可管理规定》(以下简称《规定》)全面修订,交通运输部令 2020 年第 18 号颁布新的《通用航空经营许可管理规定》,从 2021 年 1 月 1 日起开始实施。

2.2.1 经营性通用航空活动分类、许可条件、规范及规定 修改内容

1. 经营性通用航空活动分类

① 载客类,是指通用航空企业使用符合民航局规定的民用航空器,从事旅客

运输的经营性飞行服务活动；

② 载人类，是指通用航空企业使用符合民航局规定的民用航空器，搭载除机组成员以及飞行活动必需人员以外的其他乘员，从事载客类以外的经营性飞行服务活动；

③ 其他类，是指通用航空企业使用符合民航局规定的民用航空器，从事载客类、载人类以外的经营性飞行服务活动。

载客类经营活动主要类型包括通用航空短途运输和通用航空包机飞行。载人类、其他类经营活动的主要类型由民航局另行规定。

这一变化是在 2019 年民航局作出的业务框架和法规框架基础之上，停止了原来甲类、乙类、丙类经营项目的花费类别，遵循着业务框架中对通用航空业务类别的划分，将同样的航空活动类别与此相对应。

2. 明确规定了经营许可条件

① 从事经营性通用航空活动的主体应当为企业法人，企业的法定代表人为中国籍公民；

② 有符合要求的民用航空器；

③ 有与民用航空器相适应，经过专业训练，取得相应执照的驾驶员；

④ 按规定投保地面第三人责任险；

⑤ 法律、行政法规规定的其他条件。

前文所提到的民用航空器应满足下列要求：

① 在中华人民共和国进行登记，符合相应的适航要求；

② 除民航局另有规定外，用于从事载客类、载人类经营活动的民用航空器应当具有标准适航证；

③ 与拟从事的经营性通用航空活动相适应；

④ 从事载客类经营活动的，至少购买或者租赁 2 架民用航空器；从事载人类和其他类经营活动的，至少购买或者租赁 1 架民用航空器。

这里所称民用航空器，包括民用有人驾驶航空器和民用无人驾驶航空器。

未取得经营许可证擅自从事经营性通用航空活动的，或者通用航空企业超出经营许可证载明的经营范围从事经营性通用航空活动的，由民航局或者民航地区管理局责令其停止违法活动，处违法所得 3 倍以下、最高不超过 3 万元的罚款，没有违法所得的，处 1 万元以下的罚款。

通用航空企业未按规定及时办理经营许可证变更手续的，由民航局或者民航地区管理局责令其限期改正;拒不改正的,给予警告,并处 3 万元以下的罚款。

通用航空企业涂改、倒卖、出租、出借或者以其他形式非法转让经营许可证的,由民航局或者民航地区管理局责令其限期改正;拒不改正的,给予警告,并处 3 万元以下的罚款。

通用航空企业发生经营许可证遗失、损毁、灭失等情况未按规定申请补发的,由民航局或者民航地区管理局责令其限期改正;拒不改正的,给予警告,并处 3 万元以下的罚款。

被许可人以欺骗、贿赂等不正当手段取得通用航空经营许可的,由民航地区管理局依法撤销其经营许可,并处 3 万元以下的罚款;被许可人在 3 年内不得再次申请通用航空经营许可。

3. 明确通用航空企业的经营规范

通用航空企业开展经营性通用航空活动时,应当持续符合通用航空经营许可条件以及民航局规定的其他要求。

开展经营活动前,通用航空企业应当按照民航局有关信息报送规定要求,向住所地民航地区管理局备案经营活动信息;跨地区开展经营活动的,还应当向经营活动所在地区的民航地区管理局备案经营活动信息,并接受监督管理。

经营活动结束后,通用航空企业应当按照民航局有关信息报送规定要求及时、真实、完整地报送安全生产经营情况、行业统计数据以及申领民航财政补贴所需信息等有关内容。

4.《通用航空经营许可管理规定》主要修改的内容

2020 年全面修订《规定》,主要体现在以下 8 个方面:

(1) 贯彻落实民航局"放管结合、以放为主、分类管理"的通用航空发展思路

为分类培育通用航空市场,强化交通服务,扩大公益服务和生产应用等作业服务,鼓励发展驾驶员执照培训、空中游览等服务,此次修订中,对于经营性通用航空活动分类,重新划分经营项目类别,取消原按注册资金规模划分的甲乙丙丁四分法,采取按飞行活动性质划分的"载客""载人"和"其他"三类,实现对通用航空企业的分类管理。

(2) 转变政府职能,减少行政干预

最大限度降低通用航空经营许可条件。在原《规定》大幅取消准入要求的基础上,进一步降低要求。

① 落实分类管理思路,降低了对成立非载客类企业航空器数量要求,由 2 架

降低为 1 架；

② 取消对除驾驶员之外的航空人员的要求；

③ 取消对通用航空企业设立分公司的备案要求；

④ 取消对开展经营性通用航空保障业务企业的监督管理要求，进一步厘清监察员对通用航空经营许可管理的监管边界。

（3）推动企业由他律转变为自律，构建通用航空诚信体系

① 落实"信用中国"以及民航诚信体系建设工作要求，本次修订在《规定》中增加了通用航空诚信经营评价体系建设条款，同时，在《规定》中明确了记入民航行业严重失信行为信用记录的情形；

② 取消通用航空企业年检制度，将由民航机关实施年检改为由企业履行年报义务，民航机关通过随机抽查企业年报，对发现的问题依法核实、处理，同时，可以结合企业诚信情况，适当调整检查频次。

（4）降低企业经营的制度性成本，真情服务通用航空企业发展

① 简化通用航空经营许可证载明事项数量，由 10 项减少为 6 项；

② 取消通用航空经营许可证 3 年有效期限制，改为长期有效，这样，企业将极大减少申请变更许可证载明事项的次数，许可证载明事项未变更的企业，也无须定期换证，降低了企业管理成本，同时也节约了民航机关的政府行政资源；

③ 优化通用航空企业经营活动备案方式，实行网上备案，同时大幅简化事前备案要求，由按照航空器及具体经营性飞行活动逐项逐次填报，改为"一揽子"备案作业期限、地点、航空器数量等信息，便于民航行政机关准确预判辖区内通用航空经营活动信息，落实属地化监管职责，提升管理效能，同时也解决了事前备案工作量大、信息不准确的问题；

④ 明确要求报送实际生产经营数据，便于民航行政机关准确掌握行业发展态势，为后续研究优化行业发展政策等工作提供支撑。

（5）创新许可方式，实行告知承诺制

除事关人民群众生命安全的经营活动外，对绝大多数通用航空经营活动的许可实行告知承诺制审批。民航行政机关一次性告知申请人审批条件，申请人以书面的形式承诺其满足通用航空经营许可条件。民航行政机关信赖申请人的承诺、诚信，无须现场审验，依据申请人的承诺直接办理许可审批手续。

（6）创新和完善事中事后监管，增强规章的可操作性

① 根据规章条款所依据的上位法的修订及调整情况，完善相应法律责任条

款内容;

② 依据上位法,调整了企业经营规范内容,并完善了相应的法律责任;

③ 明确了通用航空市场管理属地化监管原则;

④ 明确由民航局另行制定关于载客类通用航空经营活动管理办法以及通用航空经营活动中涉及的危险品管理办法,为后续制定规范性文件提供支撑。

(7) 固化通用航空"过度监管"专项督查成果

为解决此前通用航空领域存在的"过度监管"问题,根据民航局党组工作安排,2017 年 10 月下旬至 11 月,民航局在全系统组织开展了通用航空监管专项督查,共发现和收集各类问题 193 项,其中有 9 个涉及通用航空经营许可及市场管理有关问题。经过连续 3 年对《规定》的修订,目前,通过全面修改规章的形式,从根本上解决了通用航空经营许可及市场管理领域存在的问题。

(8) 扶持无人机新业态发展

近年来我国无人机产业发展迅猛,在世界范围内取得一定先发优势,但总结经验规律和形成规范标准相对滞后,不利于在相关产业领域形成并输出中国标准,巩固并发展我国在无人机领域的产业优势。结合国家相关立法工作,在《规定》中明确了使用民用无人机从事经营性飞行活动的许可规定,完善了市场监管要求相关内容。同时,坚持审慎包容与分类监管原则,扶持无人机在通用航空领域的应用,促进相关产业安全、有序、健康发展。

2.2.2　非经营性通用航空管理

1. 原中国民航总局制定的《非经营性通用航空登记管理规定》

《非经营性通用航空登记管理规定》是原中国民用航空总局在 2004 年制定的,用以完善通用航空管理。非经营性通用航空活动,是指中华人民共和国境内的中国公民、法人或其他组织使用民用航空器开展的不以营利为目的的通用航空飞行活动。非经营性通用航空活动项目包括:不以营利为目的的人工降水、医疗救护、自用公务飞行、搜索救援飞行、海洋监测、渔业飞行、气象探测、科学实验、城市消防、空中巡查、飞机播种、空中施肥、空中喷洒植物生长调节剂、空中除草、防治农林业病虫害、草原灭鼠、防治卫生害虫、航空护林、空中拍照、航空运动训练飞行、个人飞行与娱乐飞行活动。要求中华人民共和国领域内从事非经营性通用航空活动的任何单位和个人,均应按该规定进行登记。原中国民用航空总局(以下简称民航总局)负责汇总全国非经营性通用航空登记情况。民航地区管理局负责本辖区内非经营性通用航空登记和管理工作。

2. 修订《非经营性通用航空登记管理规定》

2020 年 10 月,根据《国务院关于取消和下放一批行政许可事项的决定》(国发〔2020〕13 号)要求,民航局制定了取消"非经营性通用航空登记核准"行政许可事项后的监管措施。

(1) 建立健全非经营性通用航空备案制度

修订《非经营性通用航空登记管理规定》(民航总局令 130 号,CCAR - 285):

① 明确备案条件,落实备案人依法投保地面第三者责任险等要求;

② 明确备案人应严格依照法律、法规和规章的要求组织开展飞行活动,履行报送飞行活动信息等法定义务条款;

③ 规范相应法律责任内容。

(2) 提高管理信息化水平

根据修订后的《非经营性通用航空登记管理规定》,开发"通用航空管理系统"非经营性通用航空备案功能模块,预留与其他行业管理系统的数据接口,跨部门共享数据。按规定在民航局官网公布备案主体清单。

(3) 实施分类、精准监管

以"双随机、一公开"监管为基础,对守法诚信备案主体,适当减少或者免于检查;对违法失信主体,适当增加检查频次;对严重违法失信主体,计入民航信用记录,实施综合管理措施。依法查处违法违规问题,规范非经营性通用航空活动秩序。

(4) 加强协同,实现闭环管理

依法严格实施航空器适航管理和国籍登记、航空器驾驶员资质管理、航空电台执照管理、飞行计划管理。加强与有关部门的协同,推进低空飞行服务保障体系建设,完善飞行过程监控管理;健全通用航空安全管理体系,联合实施低空飞行安全监管,依法查处违规飞行。

2.3 空中飞行管理

2.3.1 《通用航空飞行管制条例》

《通用航空飞行管制条例》是根据《中华人民共和国民用航空法》和《中华人民共和国飞行基本规则》制定的,目的是促进通用航空事业的发展,规范通用航空飞行活动,保证飞行安全。由中央军委和国务院于 2003 年 01 月 10 日联合发布,自 2003 年 5 月 1 日起施行。

1. 飞行管制

飞行管制(air traffic control)也叫航空管制,是世界各国为维持飞行秩序、防止航空器互撞和航空器与地面障碍物相撞而对其领空内的航空器飞行活动实施的强制性的统一监督、管理和控制。

实际上,飞行管制可以说是所有民航行为的基本原则,所有航空行为包括航空附属的地面设施、资源的管理、使用调度都须依照飞行管制的内容进行。飞行管制机构通常是防空体系的组成部分,有序的空中管制是保证所有旅客和空域安全的必要程序。

出于对既促进通用航空发展,又维护国家安全利益的考虑,我国明确了 9 种需要申请审批的飞行任务,主要涉及军方需要掌握控制的国境线、国家安全等问题,以免个人或企业行动对国家利益造成损害。除了这些特殊情况需要审批外,其他普通通用航空飞行任务都不需要申请审批。通用航空飞行任务的审批,视具体情况而定。国务院民用航空主管部门负责通用航空飞行任务的审批;原总参谋部和军区、军兵种有关部门主要负责涉及国防安全的通用航空飞行任务的审核,以及地方申请使用军队航空器从事非商业性通用航空飞行任务的审批。医疗卫生、抢险救灾和处置突发事件等方面的紧急飞行,会得到优先保障。

2. 飞行计划

通用航空飞行任务在飞行实施前,须按照国家飞行管制规定提出飞行计划申请,或者通报飞行计划。飞行计划申请的内容包括:任务性质、航空器型别、飞行范围、起止时间、飞行高度和飞行条件等。各航空单位应当按照批准的飞行计划组织实施。

从事通用航空飞行活动的单位、个人使用机场飞行空域、航路、航线,应当按照国家有关规定向飞行管制部门提出申请,经批准后方可实施。

从事通用航空飞行活动的单位、个人,根据飞行活动要求,需要划设临时飞行空域的,应当向有关飞行管制部门提出划设临时飞行空域的申请。

飞行计划申请应当在拟飞行前 1 天 15 时前提出;飞行管制部门应当在拟飞行前 1 天 21 时前作出批准或者不予批准的决定,并通知申请人。执行紧急救护、抢险救灾、人工影响天气或者其他紧急任务的,可以提出临时飞行计划申请。临时飞行计划申请最迟应当在拟飞行 1 h 前提出;飞行管制部门应当在拟起飞时刻

15 min 前作出批准或者不予批准的决定,并通知申请人。

在划设的临时飞行空域内实施通用航空飞行活动的,可以在申请划设临时飞行空域时一并提出 15 天以内的短期飞行计划申请,不再逐日申请;但是每日飞行开始前和结束后,应当及时报告飞行管制部门。

使用临时航线转场飞行的,其飞行计划申请应当在拟飞行 2 天前向当地飞行管制部门提出;飞行管制部门应当在拟飞行前 1 天 18 时前作出批准或者不予批准的决定,并通知申请人,同时按照规定通报有关单位。

飞行管制部门对违反飞行管制规定的航空器,可以根据情况责令改正或者停止其飞行。

3. 飞行保障

通信、导航、雷达、气象、航行情报和其他飞行保障部门应当认真履行职责,密切协同,统筹兼顾,合理安排,提高飞行空域和时间的利用率,保障通用航空飞行顺利实施,对于紧急救护、抢险救灾、人工影响天气等突发性任务的飞行,应当优先安排。

从事通用航空飞行活动的单位、个人组织各类飞行活动,应当制定安全保障措施,严格按照批准的飞行计划组织实施,并按照要求报告飞行动态。

从事通用航空飞行活动的单位、个人,应当与有关飞行管制部门建立可靠的通信联络。在划设的临时飞行空域内从事通用航空飞行活动时,应当保持空地联络畅通。

在临时飞行空域内进行通用航空飞行活动,通常由从事通用航空飞行活动的单位、个人负责组织实施,并对其安全负责。

飞行管制部门应当按照职责分工或者协议,为通用航空飞行活动提供空中交通管制服务。

从事通用航空飞行活动需要使用军用机场的,应当将使用军用机场的申请和飞行计划申请一并向有关部队司令机关提出,由有关部队司令机关作出批准或者不予批准的决定,并通知申请人。

从事通用航空飞行活动的航空器转场飞行,需要使用军用或者民用机场的,由该机场管理机构按照规定或者协议提供保障;使用军民合用机场的,由从事通用航空飞行活动的单位、个人与机场有关部门协商确定保障事宜。

在临时机场或者起降点飞行的组织指挥,通常由从事通用航空飞行活动的单位、个人负责。

从事通用航空飞行活动的民用航空器能否起飞、着陆和飞行,由机长(飞行员)根据适航标准和气象条件等最终确定,并对此决定负责。

通用航空飞行保障收费标准,按照国家有关国内机场收费标准执行。

2.3.2 无人驾驶飞行管理

无人机的迅速发展,客观上要求无人驾驶航空器飞行管理需要有章可循。近年来,航空局相应出台多份相关规定:2016年9月21日,中国民用航空局发布了《民用无人驾驶航空器系统空中交通管理办法》;2017年5月16日,中国民用航空局发布了《民用无人驾驶航空器实名制登记管理规定》;2018年3月21日,中国民航局发布了《民用无人驾驶航空器经营性飞行活动管理办法(暂行)》。

1. 《民用无人驾驶航空器经营性飞行活动管理办法(暂行)》

该办法适用于在中华人民共和国境内(港澳台地区除外)使用最大空机质量为250 g以上(含250 g)的无人驾驶航空器开展航空喷洒(撒)、航空摄影、空中拍照、表演飞行等作业类和无人机驾驶员培训类的经营活动。无人驾驶航空器开展载客类和载货类经营性飞行活动不适用该办法。使用无人驾驶航空器开展经营性飞行活动应当取得经营许可证,未取得经营许可证的,不得开展经营性飞行活动。中国民航局是经营许可证颁发及监管管理机关。

取得无人驾驶航空器经营许可证应具备的基本条件

① 从事经营活动的主体应当为企业法人,法定代表人为中国籍公民;

② 企业应至少拥有1架无人驾驶航空器,且以该企业名称在中国民用航空局"民用无人驾驶航空器实名登记信息系统"中完成实名登记;

③ 具有行业主管部门或经其授权机构认可的培训能力(此款仅适用从事培训类经营活动);

④ 投保无人驾驶航空器地面第三人责任险。

具有下列情形之一的不予受理无人驾驶航空器经营许可证的申请

① 申请人提供虚假材料被驳回,1年内再次申请的;

② 申请人以欺骗、贿赂等不正当手段取得经营许可证后被撤销,3年内再次申请的;

③ 因严重失信行为被列入民航行业信用管理"黑名单"的企业;

④ 法律、法规规定不予受理的其他情形。

申请人应当通过"民用无人驾驶航空器经营许可证管理系统"(https://uas.

ga. caac. gov. cn)在线申请无人驾驶航空器经营许可证,申请人须在线填报以下信息,并确保申请材料及信息真实、合法、有效:

① 企业法人基本信息;

② 无人驾驶航空器实名登记号;

③ 无人机驾驶员培训机构认证编号(此款仅适用于培训类经营活动);

④ 投保地面第三人责任险承诺;

⑤ 企业拟开展的无人驾驶航空器经营项目。

民航地区管理局应当自申请人在线成功提交申请材料之日起 20 日内作出是否准予许可的决定。准予许可的,申请人可在线获取电子经营许可证,不予许可的,申请人可在线查询原因。

无人驾驶航空器经营许可证所载事项需变更的,许可证持有人应当通过系统提出变更申请。

民航地区管理局应当自申请人在线成功提交变更申请之日起 20 日内作出是否准予变更的决定。准予变更的,申请人可在线获取变更后的电子经营许可证,不予变更的,申请人可在线查询原因。

2. 无人机的立法动态

目前,我国无人机研制、销售、使用与出口的相关管理部门主要包括中国民用航空局、工业和信息化部、商务部及海关总署、中国无人机产业联盟、深圳无人机协会等。

我国民航局规定无人机只能在低空且专门分配给无人机系统运行的隔离空域飞行,不能在有人驾驶航空器运行的融合空域飞行,飞行前还要向空管部门申请飞行空域和计划,得到批准后才能行动。在此背景下,各部门和地方政府加紧出台无人机行业相关监管政策,从不同角度和多个环节对无人机的发展进行规范引导。

近年来,民航局和工信部等部门陆续发布了关于无人机生产制造、驾驶证登记注册和空中飞行管理等的相关政策,如 2019 年国家民航局飞行标准司修订了咨询通告《轻小无人机运行规定》,以进一步规范轻小无人机运行,2020 年 3 月 20 日,工信部装备二司公开征求对《民用无人机生产制造管理办法(征求意见稿)》的意见,以规范民用无人机生产制造相关活动,维护国家安全、公共安全、飞行安全,促进民用无人机产业健康有序发展。

与此同时,无人机行业相关立法工作也取得重大进展。2020 年 7 月,国务院办公厅正式印发《国务院2020年立法工作计划》,明确将《无人驾驶航空器飞行管理暂行条例》的制订纳入国务院2020年立法工作计划。该条例指出,民用无人机制造的行业管理部门由国务院工业主管部门负责,运行和运营管理部门由民用航空主管部门即民航局负责,产品认证与监督由市场监督管理部门负责。

在政策监管重点上,如表2-1所列,2019年的政策重点在于无人机运行和空中飞行方面的管理,2020年政策主要聚焦在无人机的产品和配套设施管理上。这些重大监管政策的出台和相关立法工作的开展完善了无人机行业的运行体制机制,进一步促进了无人机行业的合法化运行,并推动民用无人机行业步入强监管阶段。

表2-1 2019—2020年上半年中国无人机相关政策汇总

发布日期	发布机构	政策名称	具体内容
2019年1月	民航局	《轻小无人机运行规定(征求意见稿)》	调整无人机运行管理分类,明确无人机云交换系统定义及功能定位,增加无人机云系统应具备的功能要求,细化提供飞行经历记录服务的条件,更新取消无人机云提供商试运行资质的政策
2019年5月	民航局	《促进民用无人驾驶航空发展的指导意见(征求意见稿)》	促进无人驾驶航空健康发展,提升民用无人驾驶航空管理与服务质量
2019年11月	民航局	《轻小型民用无人机飞行动态数据管理规定》	从事轻小型民用无人机及植保无人机飞行活动的单位、个人应当通过UTMISS(无人驾驶航空器空中交通管理信息服务系统)线上数据收发接口实时报送飞行动态数据
2020年3月	工信部	《民用无人机生产制造管理办法(征求意见稿)》	对民用无人机进行了具体规定,提出相应的制造管理办法,包括民用无人机应该具备唯一产品识别码,应具有电子围栏,能在飞行中使用Wi-Fi和蓝牙,生产企业应当做好信息安全防护,产品投放市场前企业应对其安全性能进行合格检测,产品外包装应标注产品类别和风险提示
2020年5月	民航局	《民用无人驾驶航空试验基地(试验区)建设工作指引》	强调试验区建设的意义、建设原则、基本条件、布局选址、目标定位、重点任务、建设程序和保障措施等
2020年6月	国家市场监督管理总局	《无人机用氢燃料电池发电系统》	规范无人机用氢燃料电池发电系统及其配套使用的氢气储存和供应系统的技术和安全要求

3. 地方政府出台相关政策加强对无人机行业的管理

与国家相关发展战略和监管政策相呼应,各地地方政府和立法部门也积极加紧开展相关监管政策的研究出台和落地实行,督促相关企业合规合法生产经营,确保无人机行业安全、有序、可持续发展,控制好"黑飞"现象蔓延的趋势,加强对无人机行业的监管,推动行业健康、良好、有序发展。

2018年,深圳市公布了《深圳地区无人机飞行管理试点工作实施方案》和《深圳地区无人机飞行管理实施办法(暂行)》,并配套推出了无人机综合监管平台,这是我国首个无人机综合监管平台,标志着空地联合、管放结合、多部门协同管理无人机的试点工作进入试运行阶段。2019年1月2日,深圳市人民政府审议通过了《深圳市民用微轻型无人机管理暂行办法》,该办法从生产和销售管理、飞行管理及法律责任三方面出发,明确了企业与飞手责任、禁飞区域、飞行审批管理以及法律责任等,通过规范生产、销售和使用,预防事故、明确责任,有效引导合法飞行、合理应用。

2019年3月,浙江省人大常委通过了《浙江省无人驾驶航空器公共安全管理规定》,从实名、设限、严管3个角度出发,首次从立法层面对无人机安全问题作出了相应的规定。

2019年4月,西安市人民政府发布《关于2019"低慢小"航空器飞行管理的公告》,从管理对象、管理区域、违规行为、违规处罚等角度出发,对"低慢小"航空器的飞行管理作出了详细的规定。

2020年4月,海南省人民政府通过《海南省民用无人机管理办法(暂行)》,该办法从法律层面对民用无人机进行严格监管和控制。

2020年5月,上海市人民政府通过《加强民用无人机等"低慢小"航空器安全管理通告》,内容包括:"低慢小"航空器的类型,民用无人机拥有者应该按照民用航空管理相关规定予以实名登记,民用无人机等"低慢小"航空器在上海市的管控区域等。

无人机行业的迅速发展已经推动无人机管理的相关立法工作。无论从国家层面还是从地方政府层面都对此非常重视,只有完备相关的管理体系,保障行业安全发展,才能使无人机在正确的轨道上有长久、稳定的发展,满足通用航空产业的需求。

第 3 章　通用航空安全管理

3.1　安全管理体系与通用航空安全管理体系

3.1.1　安全管理体系概述

国际民用航空组织(International Civil Aviation Organization,简称 ICAO)对安全管理体系的定义:安全管理体系是有组织的管理安全的方法,包括必要的组织结构、问责办法、政策和程序。

安全管理体系(Safety Management System,简称 SMS),由安全、管理、系统3 个部分组成,是一个系统的、清晰的和全面的安全风险管理方法,它综合了运行、技术系统、财务和人力资源管理,融入公司的整个组织机构和管理活动中,包括目标设定、计划和绩效评估等,最终实现安全运行和符合局方的规章要求。

SMS 最基本的理论是 Reason 理论,前提是人会犯错误的,事故是由多种因素组合产生的。通过风险控制的方法可以阻止事故链的形成,从而避免事故的发生。风险的控制是安全生产的全程控制,包括事前的主动控制、事中的持续监督控制和事后的被动控制。

安全管理体系(SMS)具有以下特点:

① 安全成为核心价值;

② 面向全员,特别强调员工是 SMS 的关键;

③ 被动式(事后)管理与主动式(事前)管理兼备,采用安全评估和风险管理等手段,积极预防事故;

④ 能与现有的工作流程及其他业务活动计划兼容。

安全管理体系由以下 6 个部分组成:安全管理计划、文件记录体系、安全监督机制、培训系统、质量保证系统、应急预案。安全管理体系的四大支柱为安全政策和目标、安全风险管理、安全保证和安全促进,这四大支柱是安全管理体系的基础。安全管理体系结构图如图 3-1 所示。

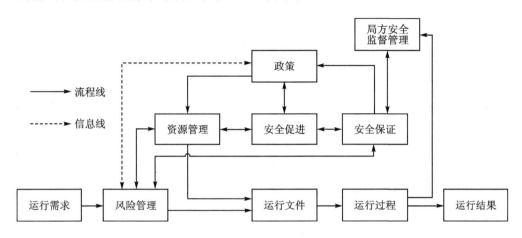

图 3-1 安全管理体系结构图

在《中国民用航空安全管理体系建设总体实施方案》中,明确提出了中国民航安全管理体系的目标有 5 个部分共 18 个要素。

① 管理承诺与策划:包括安全政策与策划、组织与职责权限、安全策划和规章符合性 4 个要素;

② 风险管理:包括危险源辨识、风险评价与风险缓解、内部时间调查 3 个要素;

③ 安全信息:包括信息管理和安全报告系统 2 个要素;

④ 实施与控制、监督:包括资源管理、能力和培训、应急响应、文件管理、安全宣传与教育 5 个要素;

⑤ 监督、测评与改进:包括安全监督、安全绩效监控、纠正措施程序和管理评审 4 个要素。

3.1.2 通用航空安全管理体系框架和模块

通用航空是民航建设和民航发展的重要基础,更是民用航空中非常关键的部分,通用航空安全管理体系的建立是落实民航安全方针的基本保障。结合民航安全管理体系,通用航空安全管理体系基本框架如表 3-1 所列。

近年来,我国通用航空产业高速发展,长期、稳定、持续的安全运营也就成了通用航空产业发展面临的首要问题。根据通用航空运行环境复杂、保障设施薄弱和航空器品种繁杂等特点,基于安全目标管理、PDCA、系统原理和风险管理理论,参考《ICAO SMS 手册》,结合我国通用航空安全管理模式,我国通用航空安全管理体系(SMS)可分为四大模块,即基础模块、运行模块、监督模块、改进模块,如图 3-2 所列。

表 3-1　通用航空安全管理体系框架

序　号	框　架	要　素
1	安全政策与目标	安全管理承诺与责任;安全问责制;任命关键的安全人员;应急预案的协调;安全管理体系文件
2	安全风险管理	危险源识别;安全风险评估与缓解措施
3	安全保证	安全绩效监测与评估;变更管理;持续改进
4	安全促进	培训与教育;安全交流

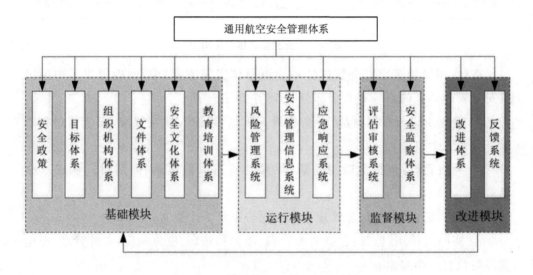

图 3-2　通用航空安全管理体系结构图

1. 基础模块

(1) 安全政策

安全管理体系构建的行动准则和基本理念,其中,民航局以及国家所颁布的相关法律法规是最主要的标准;构建全员安全生产责任制和问责政策。

(2) 目标体系

制定安全目标,其中应当包括年度目标和远景目标,尽可能使目标按去哪量化和细化,使其能够形成符合国家、行业主管部门相关要求及自身特点和定位的安全目标体系,要求具有明确的责任界定、可操作性和激励导向作用。

（3）组织机构体系

根据生产发展以及规模的需要，按民航以及国家的相关要求实现权责分明，完善安全运行的问责办法，落实全员安全生产责任制。

（4）文件体系

便于查阅和追溯，确保文件的一致性并与运行环境相符合。

（5）安全文化体系

安全管理者在安全执行的过程中所概括出的一种安全行为文化。

（6）教育培训体系

教育培训体系主要用于加强员工的安全素质和安全意识。教育形式多样化、教育内容规范化，教育要有针对性、要充分调动员工的积极性。

2. 运行模块

（1）风险管理系统

风险管理系统包括 3 个基本要素：风险识别——对危险因素或安全隐患进行有效的识别；风险评估——对风险出现的可能性以及后果进行分析；风险控制——最佳的风险控制方案。

（2）安全管理信息系统

安全管理信息系统通过对安全信息进行收集整理、分析挖掘、处理、发布、储存和反馈的过程，积极构建起信息渠道，为安全监督、审核与评估、风险管理和安全目标制定等安全活动提供决策依据。

（3）应急响应系统

应急响应系统是由预防性减灾、应急准备、快速反应和事故现场恢复组成的综合应急救援保障体系。

3. 监督模块

（1）评估审核系统

评估审核系统对通用航空生产系统运行过程中存在的危险性进行定性、定量客观评价分析，查明通用航空生产系统安全方面的薄弱环节和潜在的风险，评估通用航空公司生产系统安全状态。

（2）安全监察体系

安全监察体系通过系统、有针对性地对各职能部门的安全状况进行定期和不定期的监督，保证安全管理工作满足安全管理体系和规章制度的要求。

4. 改进模块

(1) 改进体系

持续改进安全水平是一个组织永恒的目标,改进体系周期性地审核现有的安全管理体系,识别具有改进潜力的方面。主要内容包括:

① 分析和评价现有安全管理体系现状,以识别改进的区域;

② 确定改进的目标;

③ 寻找可能的解决办法和途径,实现这些目标;

④ 评价这些解决办法并做出决策;

⑤ 实施选定的解决办法;

⑥ 验证、分析和评价改进的结果,以确定这些目标已经实现;

⑦ 正式采纳变革。

2. 反馈系统

反馈系统是确保安全管理有效落实的重要环节,同时也决定了控制系统能够及时并且较为准确地处理、接受和利用各种反馈信息,形成对安全管理体系的闭环管理,改进 SMS 系统。

3.1.3　通用航空安全管理体系实施

通用航空安全管理体系实施可以从以下两个方面着手:

1. 安全文化教育:安全文化、安全制度和安全教育培训

① 保证通用航空公司所有者及高层管理者有安全管理理念;

② 通过安全教育知识的普及提高安全管理人员的监管理念;

③ 将安全管理理念形成企业文化。

2. 安全信息系统管理:航空安全信息的收集、安全信息的处理、安全风险管理、通用航空公司风险管理程序

① 设备安全管理保障:设备主要包括通用航空机场、通用航空器以及一些分析/处理系统等;

② 安全管理制度和执行保障;

③ 员工培训和安全管理考核机制保障。

基于上述理论,联系通用航空运行机制缺陷等实际情况,按照现行的民航标准通用航空安全管理体系,制定了通用航空安全管理体系实施的流程图如图 3－3

所示。

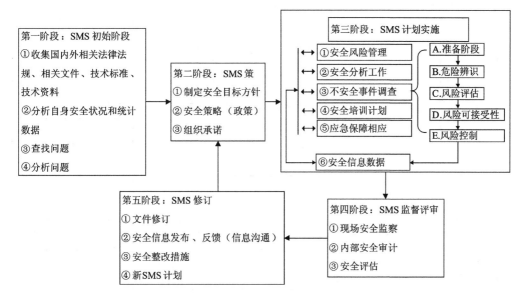

图 3－3　通用航空安全管理体系实施的流程图

3.2　通用航空安全风险管理

3.2.1　风险管理概述

按照国际民用航空组织(ICAO)的定义,风险管理是对危险及威胁到组织生存的后续风险进行识别、分析和排除(和/或将之降低到可接受或可承受的程度)的过程。风险不符合预先确定的可接受标准时,应当采取必要措施,尝试将该风险降低至可接受水平。或者,如果风险不能降低至可接受水平或可接受水平之下,但在同时满足以下 3 个条件时,该风险可以被认为是可容忍的,这 3 个条件是:

① 风险低于预先确定的不可接受的极限;

② 风险已经被降低至尽可能低(ALARP)的水平;

③ 拟使用的系统或改变所带来的效益足以证明接受该风险是值得的。

风险管理的基本流程包括危险源识别、风险分析、风险评价和风险控制,如图 3－4 所示。

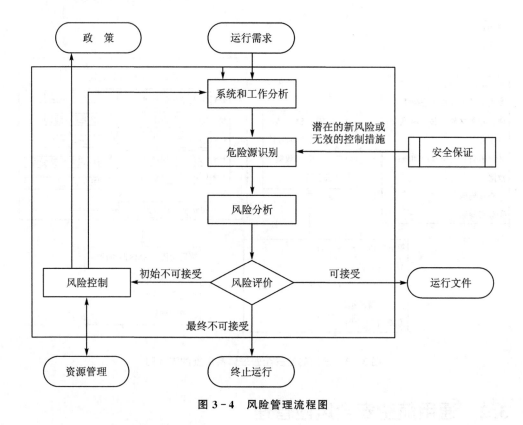

图 3 - 4　风险管理流程图

3.2.2　危险源识别

危险源识别是查找和挖掘可能导致下列情况发生的任何现有的或潜在的状况：

① 导致人员受到伤害、疾病或死亡；

② 导致系统、设备或财产遭破坏或受损；

③ 导致环境受到破坏；

④ 导致维修单位安全能力下降或无法实现安全目标。

危险源识别的方法：

① 目标推导法：将流程与其目标偏离的状况作为"危险源后果"，分析原因，并将原因作为"危险源"再次分析，逐层往前查找危险源；

② 要素推导法：针对具体流程，将流程要素（SHEL）的自身不稳定及不匹配的状况作为"危险源"，分析"危险源"的原因及后果，并将原因及后果作为"危险源"再次分析，逐层向前、向后分析查找危险源；

③ 事件推导法：对不安全事件进行分析，根据"事件发生链"，依次分析明确

事件发生的直接原因、其他相关动因以及由和它们有关的 SHEL 要素造成的不安全状态，以此来查找危险源。

3.2.3　风险分析

风险分析是对识别出的有效危险源进行全面、系统的分析和了解，确定其风险等级，为风险评价和风险控制措施的制订提供支持。风险分析通过对危险源的现有控制措施及其启动机制进行分析，确定危险源的可能性、严重性等极。危险源可能性分为频繁、偶尔、极少、不太可能、极不可能 5 个等级，如表 3-2 所列。

表 3-2　危险源可能性等级分析标准

可能性等级	定　义	参考值
频　繁	可能会发生许多次（经常发生）	5
偶　尔	可能会发生几次（有时发生）	4
极　少	很少，但会发生（很少发生）	3
不太可能	目前没有发生过	2
极不可能	几乎无法想象会发生	1

危险源可能性等级分析方法：

① 经验分析法：根据风险管理专家组成员的经验，结合危险源所处的环境、条件、控制措施及其启动机制来分析确定危险源可能性等级；

② 趋势分析法：根据危险源发生的历史统计数据分析确定危险源可能性等级；

③ 目标分析法：根据危险源与其安全管理目标的符合程度（基本满足、优于、劣于），结合历史数据、专家意见、运行环境和条件、控制措施及其启动机制分析确定危险源可能性等级。

危险源严重性分为灾难性的、特别严重的、严重的、轻微的、可忽略的 5 个等级，如表 3-3 所列。

危险源严重性等级分析方法有经验分析法和条件概率推导法。危险源的动因和后果也是危险源，条件概率推导法根据后果分析确定危险源的严重性等级，结合条件概率推导动因危险源的严重性等级。

表 3-3 危险源严重性等级分析标准

严重性等级	特定行为和状态	安全管理能力	人员伤亡	财产损失	参考值
可忽略的	事件等级小于一般差错标准的行为或状态	对安全能力造成一定影响,对生产运行系统安全系数有一定影响但很有限	人员未受到人身伤害,不需要住院观察	经济损失 1 万元以下	1
轻微的	凡构成《中国东方航空股份有限公司航空安全一般差错标准》的行为或状态	对安全能力造成一定影响,导致生产运行系统安全系数有一定幅度下降	人员受到轻微伤害,造成人体局部组织器官结构的轻微损伤或短暂的功能障碍	设备损坏或经济损失 1 万~5 万元	2
严重的	凡构成《中国东方航空股份有限公司航空安全严重差错标准》的行为或状态	对安全能力造成一定影响,导致生产运行系统安全系数较大幅度下降	造成 40 人轻伤或 9 人以下严重受伤	主要设备损坏或经济损失 5 万~100 万元	3
特别严重的	凡构成《新版民航航空器飞行事故征候标准》中"运输航空事故征候""航空器地面事故征候"的行为或状态	对安全能力造成一定影响,导致生产运行系统安全系数大幅度下降	造成 39 人以下死亡或 10 人以上严重受伤	航空器损坏或经济损失 100 万~1 000 万元	4
灾难性的	凡构成《民用航空器事故征候标准》《民用航空器飞行事故等级》《民用航空器地面事故等级》《民用航空器维修事故等级》中"严重事故征候"及以上的行为或状态	对安全能力造成极为严重的影响,导致生产运行系统安全系数极大幅度下降	造成人员死亡 40 人(含)以上	航空器损毁或经济损失 1 000 万元以上	5

3.2.4 风险评价

风险评价是根据风险分析的结论,对风险等级进行衡量和评价,以判断已实施风险控制措施的有效性,明确风险控制的责任。

风险评价制订工作程序,明确以下内容:

① 风险评价的标准、方法和要求；

② 各安全管理层对风险的可接受标准、决策权限、责任和流程；

③ 风险控制的优先等级。

根据危险源的可能性和严重性数值，判断危险源位于风险矩阵的位置以确认其风险等级，如图3-5所示。

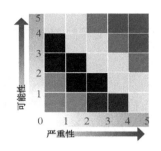

根据风险矩阵图，将风险分为5个等级：

① 绿色区域危险源：稍有危险，可以接受；

② 蓝色区域危险源：一般危险，需要注意；

③ 黄色区域危险源：显著危险，需要整改；

图3-5 风险矩阵

④ 紫色区域危险源：高度危险，需立即整改；

⑤ 红色区域危险源：极其危险，需停止作业。

根据风险矩阵图，对于处于不同区域的危险源，处理原则如下：

① 对于绿色区域危险源，不需立即处理，但需进行常态监控；

② 对于蓝色区域危险源，识别危险源的单位应自行完成风险控制，并进行常态监控；

③ 对于黄色区域危险源，识别危险源的单位应自行完成风险控制，向上级安全管理部门备案，并进行常态监控；

④ 对于紫色、红色区域危险源，识别危险源的单位应立即开展风险控制，如果在实施风险控制措施的条件下风险等级仍处于紫色、红色区域，须立即提交至总公司进行进一步处理。

3.2.5 风险控制

风险控制是在前期风险管理工作的基础上，针对危险源产生的风险，制定措施进行控制，将风险控制在可接受的范围内。可以通过以下途径制定风险控制措施：

① 规避：取消造成风险的作业或活动；

② 减少：降低造成风险的作业或活动的频率，或采取措施降低风险后果的严重程度；

③ 风险隔离：采取措施隔离风险的影响或建立余度预防风险。

风险控制措施制定要求：

① 应对每个不可接受的风险制定风险控制措施,对于处于风险矩阵绿色区域的可接受风险,应在技术上可行、成本上合理的条件下,进一步降低其风险等级;

② 在制定风险控制措施及实施计划时,应为危险源明确短期内存在的可接受风险;

③ 制定风险控制措施时应综合考虑时间、成本,措施的效果、措施的难度,确保风险控制措施与运行环境相适宜且实施的相关条件已经具备,在有限的资源条件下实现最大的风险控制效果;

④ 风险控制措施描述应准确、明了、有针对性,内容通常包括风险控制目标、相关部门及人员的职责和权限、所涉及的工作流程、所需的资源、实现该风险控制目标的具体技术措施和原则、时间进度等。

在完成风险控制措施之后,应结合风险控制措施再次进行系统和工作分析、危险源识别、风险分析和风险评价,判断是否存在衍生危险源,并分析确定制定风险控制措施后的危险源风险等级。若风险仍不可接受,应再次进行风险管理;若存在衍生危险源,应对衍生危险源实施风险管理。

3.3 事故调查和信息报告

事故调查和信息报告系统(Accident Investigation and Information Reporting System),是对发生的事故进行原因调查和信息采集报告的系统。事故调查主要是为查清生产事故发生的原因,明确责任,以便吸取教训、采取措施、改进工作,并达到教育行业内从业人员的目的。

3.3.1 事故调查

事故调查可以对已发生事故的原因和经过做出全面的分析,并就此提出相关的事故处理措施和预防机制。

1. 法规文件依据

依据《中华人民共和国民用航空法》、国务院《生产安全事故报告和调查处理条例》《民用航空器事故和飞行事故征候调查规定》(CCAR-395)、《民用航空器飞行事故调查程序》(MD-AS-2001-001)、《民用航空器飞行事故等级标准》(GB-14648-93)、《民用航空安全信息管理规定》(CCAR-396)、国际民航公约附件 13《航空器事故和事故征候调查》及国际民航组织《航空器事故和事故征候调查手册》(DOC9756),可以为组织与实施事故和事故征候调查的相关人员,从获取事故和事故征候初始信息直至最终完成调查报告提供必要的技术指导。

2. 基本概念

民用航空器事故是指民用航空器飞行事故和民用航空地面事故。民用航空器飞行事故是指民用航空器在运行过程中发生的人员伤亡、航空器损坏的事件;民用航空地面事故是指在机场活动区内发生航空器、车辆、设备、设施损坏,造成直接经济损失 30 万元(含)以上,或导致人员重伤、死亡的事件。

民用航空器飞行事故征候是指航空器在飞行实施过程中发生的未构成飞行事故或航空地面事故但与航空器运行有关,影响或可能影响飞行安全的事件。

民用航空器飞行事故等级可划分为特别重大飞行事故、重大飞行事故和一般飞行事故。

凡属下列情况之一者为特别重大飞行事故:

① 人员死亡,死亡人数在 40 人及其以上者;

② 航空器失踪,机上人员在 40 人及其以上者。

凡属下列情况之一者为重大飞行事故:

① 人员死亡,死亡人数在 39 人及其以下者;

② 航空器严重损坏或迫降在无法运出的地方(最大起飞质量 5.7 t 及其以下的航空器除外);

③ 航空器失踪,机上人员在 39 人及其以下者。

凡属下列情况之一者为一般飞行事故:

① 人员重伤,重伤人数在 10 人及其以上者;

② 最大起飞质量 5.7 t(含)以下的航空器严重损坏,或迫降在无法运出的地方;

③ 最大起飞质量 5.7~50 t(含)的航空器一般损坏,其修复费用超过事故当时同型或同类可比新航空器价格的 10%(含)者;

④ 最大起飞质量 50 t 以上的航空器一般损坏,其修复费用超过事故当时同型或同类可比新航空器价格的 5%(含)者。

3. 事故调查的目的及原则

民用航空器事故和事故征候调查的目的是查明事发原因,提出安全建议,预防事故和事故征候再次发生,而不是为了分摊过失或责任。事故调查可以为司法机关的正确执法提供相应的材料,可以为事故的统计分析、安全管理等提供信息,还可以为航空公司或政府部门安全工作的宏观决策提供依据。

事故调查的原则包括:

① 独立调查原则:调查应当由事故调查组织独立进行,任何其他单位和个人不得干扰、阻碍调查工作;

② 客观原则:调查应当实事求是、客观公正、科学严谨,不得带有主观倾向性;

③ 深入调查原则:调查应当查明事故或事故征候发生的各种原因,并深入分析产生这些原因的因素,包括航空器设计、制造、运行、维修和人员训练,以及政府行政规章、企业管理制度及其实施方面的缺陷等;

④ 全面原则:调查不仅应当查明和研究与本次事故或事故征候发生有关的各种原因和产生因素,还应当查明和研究与本次事故或事故征候发生无关,但在事故或事故征候中暴露出来的或者在调查中发现的可能影响飞行安全的问题。

4. 调查的组织

民用航空器事故和事故征候的调查应当根据事故等级、事故征候类别和属地化管理原则,分别由国务院、民航局、事发所在地地区管理局、事发所在地监管局组织实施,具体分工如下:

特别重大事故由国务院或者国务院授权的部门组织调查。

由民航局负责组织的调查包括:

① 国务院授权民航局组织调查的特别重大事故;

② 运输飞行重大、较大事故;

③ 外国航空器在我国境内发生的事故。

由地区管理局负责组织的调查包括:

① 运输飞行一般事故;

② 通用航空重大、较大和一般事故;

③ 航空地面事故;

④ 民航局授权地区管理局组织调查的事故。

由地区管理局负责组织的调查,民航局认为必要时可以直接组织调查。

由监管局负责组织的调查包括:

① 事故征候和严重事故征候;

② 地区管理局授权监管局组织调查的事故。

由监管局负责组织的调查,地区管理局或者民航局认为必要时可以直接组织调查。

由民航局组织的调查,事发所在地和事发相关单位所在地的地区管理局,应当根据民航局的要求参与调查;由地区管理局组织的调查,事发相关单位所在地地区管理局应当根据组织调查的地区管理局的要求参与调查;由监管局组织的调查,需要事发相关单位所在地地区管理局和监管局参与的,应当通过本地区管理局进行协调;由地区管理局或者监管局负责组织的调查,民航局可以根据需要指派调查员或者技术专家予以协助;涉及军、民双方的航空器事故和事故征候的调查由负责组织调查的部门与军方协商进行。

涉外事故和事故征候的调查包括:

① 在我国境内发生的民用航空器事故或事故征候由我国负责组织调查,负责组织调查的部门应当允许航空器的登记国、设计国、制造国,运营人所在国,各派出 1 名授权代表和若干名顾问参加调查,事故中有外国公民死亡或重伤的,负责组织调查的部门应当根据死亡或重伤公民所在国的要求,允许其指派 1 名专家参加调查,如有关国家无意派遣国家授权代表,负责组织调查的部门可以允许航空器运营人,设计、制造单位的专家或其推荐的专家参与调查;

② 在我国登记、运营或由我国设计、制造的民用航空器在境外某一国家或地区发生事故或事故征候,我国可以委派 1 名授权代表及其顾问参加他国或地区组织的调查工作;

③ 在我国登记的民用航空器在境外发生事故或事故征候,但事发地点不在某一国家或地区境内的,由我国负责组织调查,也可以部分或者全部委托他国进行调查;

④ 运营人所在国为我国或由我国设计、制造的航空器在境外发生事故或事故征候,但事发地点不在某一国家或地区境内的,如果登记国无意组织调查的,可以由我国负责组织调查。

3.3.2　调查组的职责与权力

1. 调查组的职责

① 查明事实情况;

② 分析事故、事故征候原因;

③ 作出事故、事故征候结论;

④ 确定事故、事故征候等级；

⑤ 提出安全建议；

⑥ 完成调查报告。

2. 调查组的权力

① 决定封存、启封和使用与发生事故或事故征候的航空器运行和保障有关的文件、资料、记录、物品、设备和设施；

② 要求发生事故或事故征候的航空器的运行、保障、设计、制造、维修等单位提供情况和资料；

③ 决定实施和解除对事发现场的监管；

④ 对发生事故或事故征候的航空器及其残骸的移动、保存、检查、拆卸、组装、取样、验证等有决定权；

⑤ 对事故或事故征候有关人员及目击者进行询问、录音，并可以要求其写出书面材料；

⑥ 要求对现场进行过拍照和录像的单位或个人提供照片、胶卷、磁带等影像资料。

调查组在履行职责和行使权力时，有关单位、个人应当予以协助配合，如实反映情况，无正当理由，不得拒绝。

3.3.3 事故调查的程序

1. 准备阶段

① 接报事故：民航总局事故调查职能部门应详细记录事故发生的时间、地点，航空器运营人、类别、型号，事故简要经过、伤亡人数，航空器损坏程度等基本信息。

② 通知相关部门：通知总局各职能部门，通知国务院各部委，通知与发生事故的航空器的运行及保障有关的飞行、维修、空管、油料、运输、机场等单位；收到事故信息后，应当立即封存并妥善保管与此次飞行有关的文件、样品、工具、设备等。

③ 组建事故调查组：事故调查组应由委任或聘任的事故调查员和临时聘请的专家组成；调查人员应当实事求是、客观公正、尊重科学、恪尽职守，正确地履行其职责和权力，不得随意对外泄露事故调查情况。

④ 赶赴现场：任何情况下，参加事故调查的人员都应利用各种有效的交通工

具和方式尽快到达事故现场,以获得尽可能完整的事故现场原貌;有关部门应当为事故调查人员尽快到达事故现场提供帮助。

2. 调查阶段

① 现场调查:事故基本情况的了解、事故现场的接管、事故现场的安全防护以及事故现场的调查(现场照相、摄像,调查航空器和发动机状态,机上乘员调查,残骸的处置,证人调查,航空医学调查等)。

② 专项验证及实验调查:各专业调查小组在整理、分析现场获得的信息、资料、证词、证据的基础上,为解决疑难问题,需要进行专项实验、验证工作,为事故原因综合分析提供依据。

3. 分析阶段

① 原因分析:分别从直接原因(包括人的不安全行为和物的不安全状态)和间接原因(包括技术原因、培训原因、安全管理)两方面对事故进行分析。

② 事故结论:对事故调查结果和在调查中确定的各种原因进行陈述。

③ 安全建议:为了预防同类事故再次发生,应当针对调查中确定的各种事故原因和影响飞行安全的所有因素,向相关部门提出改进的安全建议。

4. 审查阶段

① 形成调查报告草案:事故调查报告草案应当由事故调查组组长负责组织完成。

② 调查报告草案的审查:组织事故调查的部门航空安全委员会负责对事故调查报告草案进行最终审查。

③ 调查报告的批准及发布:由国务院或者国务院授权部门组织的事故调查,事故调查报告由国务院有关部门批准和发布,民航总局转发;由民航总局或者地区管理机构组织的事故调查,事故调查报告由民航总局批准,并负责统一发布。

5. 结束阶段

事故调查结束后,组织事故调查的部门应当对事故调查工作及时进行总结,对事故调查的文件、资料、证据等清理归档并永久保存。

3.3.4　强制事故信息报告

事故信息报告是对发生的事故做出一个全面详细的调查分析。完善安全事故信息的报告和处理工作,能建立快速反应、运行有序的信息处理工作机制,并根据法律法规和有关规定,结合通用航空生产安全管理实际,制定相关制度。

1. 事故的报告

事故发生后,事发相关单位应当立即向事发地监管局报告事故信息;事发地监管局收到事故信息后,应当立即报告事发地地区管理局,同时通报当地人民政府;事发地地区管理局收到事故信息后,应当立即报告民航局航空安全办公室和空中交通管理局运行管理中心,并且在 2 h 内以文字形式上报有关事故情况。文字报告内容应当包括:

① 事发的时间、地点和航空器运营人;

② 航空器类别、型别、国籍和登记标志;

③ 机长姓名,机组、旅客和机上其他人员人数及国籍;

④ 任务性质,最后一个起飞点和预计着陆点;

⑤ 事故简要经过;

⑥ 机上和地面伤亡人数,航空器损坏情况;

⑦ 事故发生地点的地形、地貌、天气、环境等物理特征;

⑧ 事故发生后采取的应急处置措施;

⑨ 危险品的载运情况及对危险品的说明;

⑩ 报告单位的联系人及联系方式;

⑪ 与事故有关的其他情况。

在事故发生后 12 h 内,事发相关单位应当向事发地监管局填报《民用航空安全信息管理规定》(CCAR-396)要求的"民用航空安全信息初始报告表",并且抄报事发地地区管理局、事发相关单位所在地地区管理局以及民航局航空安全办公室;事发地监管局应当立即将审核后的初始报告表上报事发地地区管理局;事发地地区管理局应当在事发后 24 h 内将审核后的初始报告表上报民航局航空安全办公室。

事故信息上报应遵照逐级上报原则,必要时允许越级上报。事发相关单位不能因为信息不全而推迟上报文字报告和"民用航空安全信息初始报告表";在上报后如果获得新的信息,应当及时补充报告。空中交通管理局运行管理中心收到事故信息后,应当立即报告民航局领导并通知民航局其他有关部门。涉及军、民航的事故,民航局航空安全办公室应当向空军安全局通报。

2. 严重事故征候的报告

严重事故征候发生后,事发相关单位应当立即向事发地监管局报告严重事故征候信息;事发地监管局收到严重事故征候信息后,应当立即报告事发地区管理局;事发地地区管理局收到严重事故征候信息后,应当立即报告民航局航空安全办公室。

事发相关单位应当在事发后 12 h 内向事发地监管局填报"民用航空安全信息初始报告表",并且抄报事发地地区管理局、事发相关单位所在地地区管理局以及民航局航空安全办公室;事发地监管局应当立即将审核后的初始报告表上报事发地地区管理局;事发地地区管理局在事发后 24 h 内将审核后的初始报告表上报民航局航空安全办公室。

严重事故征候信息上报应遵照逐级上报原则,必要时允许越级上报。事发相关单位上报"民用航空安全信息初始报告表"后如果获得新的信息,应当及时补充报告。

3. 一般事故征候的报告

一般事故征候发生后,事发相关单位应当立即向事发地监管局报告一般事故征候信息。事发地监管局收到一般事故征候信息后,应立即向事发地地区管理局报告。事发相关单位应当在事发后 24 h 内向事发地监管局填报"民用航空安全信息初始报告表";事发地监管局应当及时将审核后的初始报告表上报事发地地区管理局;事发地地区管理局应当在事发后 48 h 内将审核后的初始报告表上报民航局航空安全办公室。如果事实简单、责任清楚,也可直接填报最终报告表。

一般事故征候信息上报应遵照逐级上报原则。事发相关单位上报"民用航空安全信息初始报告表"后如果获得新的信息,应当及时补充报告。

4. 事故和事故征候信息的记录与证实

收到事故和事故征候通知的人员应当按照"事故和事故征候报告记录单"准确记录报告的内容,根据"民用航空安全信息初始报告表"的项目收集或者向报告人查询未报事项,并获得报告人的信息和联系方式。记录时可以采用文字记录和电话录音相结合的方式,如实记录全部内容,记录后请报告人予以证实。同时向可能得到信息的其他部门进一步证实信息的可靠性和准确性。

3.3.5 Y5B(D)/B-50AA 飞机坠田事故案例分析

2018 年 8 月 3 日,某通航企业机长、副驾驶驾驶该公司 Y5B(D)/B-50AA 号飞机在佳木斯市同江市青龙山农场执行农化喷洒作业。3:30 左右,机务人员进场检查飞机并试车,飞机各系统正常工作。4:08左右,飞行机组人员进场开始农化作业飞行,后续完成9架次农化作业任务。7:10,飞机落地后机务人员向两侧油箱加油共400 L,总油量大约780 L,补充药液900 kg;期间地面机务人员发现农化喷洒设备冷气手柄处漏冷气,冷气压力不足,检查拆解了冷气手柄,清洗后,其正常工作。9:01,机组人员开始第10架次作业,飞机正常工作。9:33,机组人员开始第11架次作业,起飞时,地面机务人员观察飞机起飞姿态正常,机长操纵飞机起飞后爬升到高度10 m左右,机务人员感觉发动机功率不足,越过第一树带之后,听到发动机有"放炮"的声音,螺旋桨转动变慢;机长感觉发动机动力不足,不能保持高度,操纵飞机迫降,坠落于距青龙山机场跑道中心方位184°、约2 km处的水田中,坠机地点坐标为($47°40'14''N$,$133°02'20''E$),造成机上副驾驶头部被玻璃碎片划破,受轻微伤的严重后果。B-50AA飞机虽然整体完整,但设备严重损毁。螺旋桨4片桨叶严重变形,3号桨叶完全陷入泥中,4号桨叶部分陷入泥中;发动机严重损毁,迫降时冲击地面,大量植被和泥浆进入,经厂家判断报废;飞机发动机与机身结合部下部挤压变形明显;左下翼损毁,左上翼基本完好,左两翼间张线撕断;右下翼损毁,右上翼基本完好;飞机驾驶舱左侧风挡破碎,碎片导致副驾驶头部划伤。飞机残骸如图3-6所示。

图3-6 现场飞机残骸图

对该起事故的分析如下:

1. 飞机坠落过程分析

B-50AA飞机执行当天第11架次农化作业时,地面机务人员观察其正常,机长操纵其起飞离地正常。上升高度10 m左右时机长发现飞机功率不足,保持其飞行姿态,小角度上升,但速度保持在110 km/h,无法加速。此时机长发现发动机声音不正常,柔和踩油门发现动力有减少趋势,之后感觉发动机已经停止工作,向后抱住操纵杆,飞机以正仰角姿态大角度接地。

2. 事故原因分析

根据机场监控等物证,排除飞机由于油量耗尽停车的可能,结合Y5飞机空中停车的其他案例,调查人员将调查重点转移到排气管内加温管上。在拆检中,调查人员发现左侧主排气管内加温管断裂并在飞行中脱落,但在事发现场未能找到丢失加温管。

根据发动机排气管拆检情况判断,该机起飞后由于发动机排气管内加温管脱落,导致排出的高温废气通过排气管进入汽化器,使发动机进气混合比严重失调,引起发动机功率下降,进而造成空中停车。

3. 加温管脱落分析

加温管整体脱落表明其缝隙存在时间已经很长,调查人员对日常维修情况进行深入调查,调查结果表明维修人员对适航指令要求掌握、落实不到位,存在未执行的适航指令。适航指令CAD87-Y005-04R1(运五型飞机汽化器加温管和进气门的检查和修理)中关于排气总管的检查时限要求明确:加温管在使用500 h内,结合飞机200 h定检,可仅用煤油检查加温管有无渗漏(此处"飞机200 h定检"指发动机而非机体)。然而,在2017年8月18日该机进行的发动机200 h定检、事发20天前(2018年7月14日)进行的发动机300 h定检中,维修人员只是采取"目视检查方法",使用放大镜对加温管进行了检查。在两次定检中,均没有按照适航指令CAD87-Y005-04R1用煤油检查加温管有无渗漏(如有裂纹会出现煤油浸渍),因此未能及时发现加温管裂纹,在后续的飞行中由于震动等原因导致事发时加温管整体脱落。

因此,此次事件发生的直接原因是B-50AA飞机发动机左排气管内加温管脱落,导致排出的高温废气通过排气管进入汽化器,使发动机进气混合比严重失调,引起发动机功率下降,进而造成空中停车;主要原因是机务维修人员对发动机排气加温管拆解检查不到位,未执行适航指令要求导致事故发生。

依据中华人民共和国《生产安全事故报告和调查处理条例》(国务院第 493 号令)第三条第(四)款"一般事故,是指造成 3 人以下死亡,或者 10 人以下重伤,或者 1 000 万元以下直接经济损失的事故"的规定,该事件构成一起维修原因通用航空一般事故。对于这起事故提出相应的安全建议:

① 企业应当加强飞机发动机等关键部位检查,熟悉检查方法、步骤、技术标准和程序要求,确保飞机适航检查质量;

② 企业应当以"三基"建设为契机,加强机务人员维修作风建设,提高执行规章、严格执行适航指令的严肃性和严谨性;

③ 企业应当严格落实工作单检查制度,做到熟悉规章、熟悉指令要求、提高适航放行质量;

④ 企业应当加强飞行前准备工作,确保机组人员熟悉作业环境,完善不正常程序处置预案,提高发动机失效处置能力。

第4章 通用航空保险与融资租赁

4.1 通用航空保险

4.1.1 发展通用航空保险的重要性

2019年,全国通用航空完成飞行作业112.5万小时,同比增长13.8%;在运行通用航空器2 368架;行业飞行员总数3 121人,同比增长15.3%;全年新成立通航企业72家,注销16家,净增56家,总数达到478家;颁证通用机场246座,颁证通用机场数量首次超过运输机场。截至12月底,全国使用无人机开展运营活动企业7 194家,飞行作业超过125万小时,登记无人机80 779架。2019年通用航空发展情况如图4-1所示。

飞行总量/万小时	运营企业/家	颁证通用机场/座
112.5▲13.8%	478▲13.2%	246▲22.4%
运行机队/架	驾驶员1/人	
2 368	3 121▲15.3%	
无人机运营企业/家	无人机经营作业/万小时	登记无人机/架
7 194	125+	80 799

图4-1 2019年通用航空发展情况

2016年至今,通用航空发展呈现快速增长态势,截至2019年年底,通用航空企业由320家增加至478家,飞行小时数年均增长率达到12%,如图4-2所示。无人机应用驱动明显。2019年,实名登记无人机39万架,较2018年年底增长45%以上,应用场景不断丰富,飞行总量超百万小时,成为快速驱动通用航空发展的新动能。

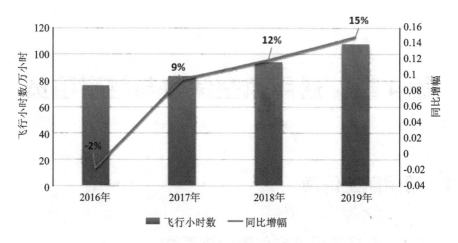

图 4-2 2016—2019 年通用航空飞行小时情况

随着低空空域的逐步开放和国家政策支持力度的加大,我国通用航空事业的发展迎来了光明的前景,但同时也带来了更多的安全风险。

通用航空事业的发展会遇到各类不同的风险,例如,飞机的坠毁,雷击、爆炸,飞行过程中发生碰撞、劫持等事故,都可能造成重大人员伤亡和财产损失。通用航空保险的发展,可以起到转移和分散风险、化解矛盾的作用,为我国通用航空事业的发展保驾护航。为了保障通用航空事业稳定、安全、健康发展,通用航空保险无可替代。低空飞行的放开必将促进我国通用航空事业快速发展,也将引爆相关保险需求,为通用航空保险的发展提供广阔的市场前景。

4.1.2 从事通用航空业务的保险公司和保险经纪公司

1. 从事通用航空业务的保险公司

(1) 中国人民保险集团股份有限公司(以下简称人保)

人保于 2010 年成立了特殊风险事业部,由这个部门对包括通用航空业务在内的航空航天以及能源业务实行业务拓展、核保、再保安排、理赔以及客户服务全线管理,有效地聚集了人才、客户资源,可以制定统一的标准实施客户服务。人保在国内通用航空保险市场一直处于主导地位。在整个航空险领域,人保财险承保了包括中国航空集团公司、中国东方航空集团公司、中国南方航空集团公司在内的国内 23 家航空公司的一揽子保险业务。此外,其在民用机场责任保险、航空维修人责任险、航空产品责任险、航空注油责任险领域也处于市场主导地位。

(2) 中国平安保险(集团)股份有限公司(以下简称平安保险)

平安保险成立了特殊风险业务部,主要负责包括通用航空在内的航空航天以及石油上游业务的拓展和核保。在原有销售职能的基础上植入了核保的职能,可以集中管理任何团队的这三类业务。对分支机构的业务进行统筹规划、管理和支持,可以让总、分公司各司其职,即总部负责该类业务的统筹规划、支持和管理,分公司负责客户的发掘、沟通和维护,责任分担、利益共享。

(3) 中国太平洋保险(集团)股份有限公司(以下简称太保)

太保的业务管理分为总部和分公司两个层级,在总部由重大客户部负责管理包括通用航空保险业务在内的全国重大客户的重要保险业务。分公司具体实施客户的拓展、业务的操作。公司作为中国领先的综合性保险集团公司,在人寿保险、财产保险和保险资产管理等多个业务领域均拥有领先的市场份额和举足轻重的市场地位,公司主要通过下属太保寿险、太保产险为客户提供全面的人寿及财产保险产品和服务,并通过下属的太保资产管理公司运用保险资金。

2. 从事通用航空业务的保险经纪公司

(1) 扬子江保险经纪有限公司

扬子江保险经纪有限公司作为海航集团旗下专业保险经纪服务公司,是国内两家专业从事航空保险的经纪公司之一,凭借丰富的为客户量身订做保险方案的航空保险行业经验,为国内外多家航空公司及航空相关企业提供风险和保险解决方案,包括机身及零备件一切险和责任险、机身战争险、超额战争责任险、机身免赔额保险、机场责任险、航空产品责任险、航空维修人责任险等险种。扬子江保险经纪有限公司深入学习贯彻党的十九大精神,始终牢固树立"四个意识",始终服从和服务于国家战略,坚持党的领导,坚持服务实体经济,坚持防范金融风险,持续深化改革,加快转型升级,以新思想引领新征程,努力建设成为受信赖、具价值的一流保险经纪公司。

(2) 航联保险经纪有限公司

航联保险经纪有限公司由中国航空、南方航空、东方航空等13家大型国有企业联合投资组建,是一家专业从事航空保险的经纪公司,其客户群体包含股东旗下的各航企。航联保险经纪有限公司拥有一支由保险、金融、航空、财经、法律等方面专业人才组成的技术队伍,与世界排名前三位的保险经纪公司有牢固的合作关系,有畅通的国际渠道,善于把握国内外保险行业的最新动态,在航空保险领域具备国内最完善的管理和最全面的操作经验。在客户飞机保险及责任保险,机场、空中交通管制以及飞机制造和维修企业责任险等多项高价值、高技术的特殊风险保险领域占据国内市场主导地位和技术领先优势。

4.1.3 通用航空企业面临的风险

企业风险无处不在,通用航空企业的任何商业活动都带来相应的风险。在市场竞争中,没有风险就没有回报。要求的回报率越高,所要承担的风险就越大。风险蕴含着盈利的机会,也意味着失败的可能。通用航空企业要想取得预期的回报,就必须处理好以下面临的风险。

1. 行业政策风险

目前,我国通用航空服务行业还刚刚起步,难以适应国民经济发展的需要,难以为我国经济发展转型提供应有的支撑。发展通用航空必须解放思想,转变观念,真正认识到通用航空对国民经济和社会发展的重要作用。改革空域使用和机场建设等方面的审批制,以国家立法明确空域的性质、管理与使用,按机场类别制定机场建设标准和审批程序,加大政府对通用机场建设的扶持力度,通过市场化方式解决专业技术人员短缺的问题。通用航空服务业是一个政策性较强的行业,受到《中华人民共和国民用航空法》《一般运行和飞行规则》等法律法规的限制,尽管目前国家出台的一系列政策支持通用航空业的发展,但相关法规制定、服务保障措施建设滞后于发展规划,给通用航空企业的发展带来了一定的政策风险。

2. 运营风险

通用航空的业务特征和政策监管要求决定了通用航空企业存在如下运营风险:

① 行业对飞行安全的要求极高,出现安全事故将对公司的声誉和持续经营产生较大影响,并增加包括保持航空器适航性、提高航空器操作人员素质、完善飞行前和飞行过程中的定位、沟通技术等运营成本;

② 通用航空飞行计划需要取得空军和民航局相关部门的审批,并受天气、军方活动、空中管制等多种因素的影响,导致年度飞行计划无法得到精准地执行,影响企业经营销售计划的制定和目标的实现。图 4-3 显示出 2009—2018 年 1～6 月中国民航通用航空事故万架次数、万架次率、万架次率 3 年滚动指标值、5 年滚动指标值以及 10 年滚动指标值。从图中可以看到,2018 年,通用航空事故万架次率有所上升,通用航空事故万架次率 3 年滚动指标值和 10 年滚动指标值

也都呈现出上升态势,这说明 2018 年通航事故率高于近 3 年、近 10 年的平均水平。相比于前 10 年而言,如今的通航事故率处于较高的水平。

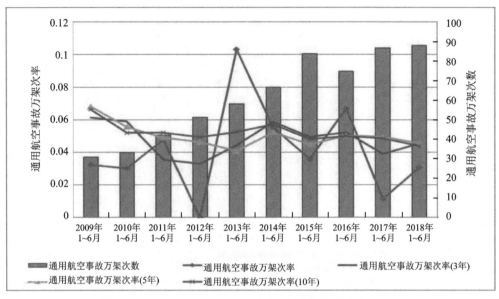

图 4 - 3 2009—2018 年 1～6 月中国民航通用航空事故情况

3. 灾害风险

灾害风险是自然灾害或人为灾害给通用航空企业带来的风险,主要包括火灾、地震、海啸、流行疾病等自然灾害带来的风险和战争、恐怖袭击、政局动荡、政策变更、盗窃等人为因素带来的风险。图 4 - 4 为事故原因组成图,明显可以看出天气意外占有很大一部分比例。

4. 财务风险

财务风险是通用航空企业进行各项财务管理活动时可能遇到的各种风险,主要包括汇率风险、利率风险、流动性风险、结算风险、投资风险、经济合同风险、债务风险、担保风险、信用风险、预算和计划风险、财务数据不完整或不准确带来的风险、税收方面带来的风险、财务分析风险等。

通用航空企业是资金密集型产业,资金的需求量十分大。如果现金回笼速度慢、资产变现能力差,可能导致通用航空企业陷于财务危机,增加流动性风险。通用航空企业管理层在缺乏财务数据或财务数据不准确可靠和缺乏其他相关决策信息的基础上作出的投资决策,将会带来投资不当而造成经济效益下滑、投资成本上升的投资风险。另外,在履行各项经济合同的过程中,合同对方违反合同规定或遇不可抗力影响造成经济损失,将给通用航空企业带来经济合同风险。举债不当或举债后资金使用不当将给通用航空企业带来债务风险。通用航空企

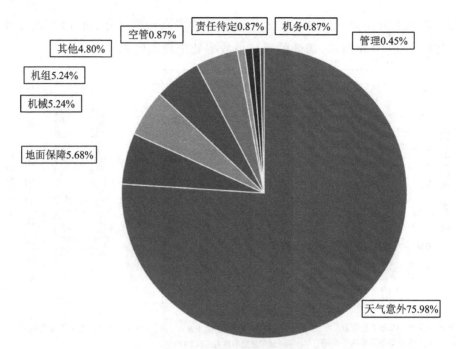

图 4-4 事故原因组成图

业为其他企业提供各种担保,其他企业财务状况恶化不能履行所担保的义务时,通用航空企业代其履行相应义务而遭受损失,将为通用航空企业带来担保风险。预算和计划不切实际,根本无法执行,将给通用航空企业带来预算和计划风险。财务数据不够准确、完整、及时,无法有效、全面、真实反映通用航空企业经营状况,将给通用航空企业带来财务风险。财务人员素质不高,不能及时做出科学、客观的财务分析,将给通用航空企业带来财务分析风险。税收政策的变化,税务问题处理得不规范、不合理等将给通用航空企业带来税收风险。

5. 市场风险

激烈的市场竞争给通用航空企业带来巨大的市场风险。市场风险一方面来源于购入航油、航材等生产资料或接受机场、地面服务代理等提供服务的市场;另一方面来源于通用航空企业向潜在顾客提供服务的市场。其主要包括产品或服务价格风险、产品或服务质量风险、产品或服务创新风险、供应商变更风险、顾客流失风险、库存风险、物流风险等。

4.1.4 通用航空保险的主要产品

1. 飞机运营企业

(1) 机身一切险

① 对于由承保风险造成的保单明细表中列明的航空器发生的意外损失或损

坏,包括航空器失踪,保险人有权选择赔付、重置或修复的方式进行赔偿;

② 如果航空器投保了飞行风险,保险人可以另外支付因航空器损坏或迫降时,被保险人为保证航空器即时安全(而采取措施)所发生的必要且合理的紧急费用。

(2) 第三者责任险

第三者责任险是指保险人对被保险人(通用航空公司)在使用飞机时,由于飞行或从机上坠人坠物造成第三者(即他人)人身伤亡或财物的损失,应由被保险人负责的经济赔偿责任,也负责赔偿。需要注意的是,属于由被保险人(通用航空公司)支付工资的机上、机场工作人员,以及被保险飞机上的旅客的人身伤亡或财产损失,保险人不负赔偿责任。

(3) 机上人员责任险

对于被保险人依法应付的下述赔偿金额(包括判决被保险人应支付的费用),由保险人支付:

① 机上人员在乘坐或上下航空器时所遭受的意外人身伤亡;

② 由航空器的保险事件引起的机上人员行李和个人物品的损失或损坏。

2. 飞机维修类企业

(1) 场地责任险

由被保险人或参与被保险人业务的任何其雇员的过错或疏忽,或者是被保险人经营中所使用的场地、道路、车间、机器设备或厂房存在的任何缺陷所引起的人身伤亡或财产损失的经济赔偿责任。场地责任险包含两个方面:

① 在被保险人的场地之内或附近,由被保险人所提供的服务直接造成的人身伤亡或财产损失;

② 在其他地方,当被保险人或其雇员在进行与其业务或经营活动相关的任何工作或履行任何职责的过程中发生的人身伤亡或财产损失。

(2) 机库管理人责任险

非被保险人拥有、租借或租赁的,且正停于地面在被保险人或其任何雇员的看护、保管或控制之下或者正在由被保险人或其任何雇员保养、处理或维修的飞机或飞机设备的毁灭或损坏而获得赔付的保险。

(3) 产品责任险

由于拥有、使用、消费或操作任何被保险人或其雇员所生产、建造、改装、修理、保养、处理、销售、提供或分发的任何货物或产品所引起的人身伤亡或财产损失的保险,仅限于飞机的组成部分或与飞机相关的货物或产品,且当货物或产品不再为被保险人拥有或控制之后。

（4）停航责任险

修理完毕的飞机向一个或多个将该飞机用于飞行运营的购买者或经营者交付并被其接受后，由于风险原因所引起的一次事故造成飞机停航并丧失使用价值的损失的保险。

3. 飞机组装类企业

企业应承担的责任险为场地责任险、机库管理人责任险。

4. 飞机试飞：试飞保险

承保被保险飞机在试飞期间发生事故导致的被保险飞机的损失、损坏或灭失或者被保险人应承担的法定赔偿责任。对于每架被保险飞机，保险责任从飞行员进入驾驶舱时开始，直至飞机试飞结束，买方或其代理人根据飞机销售合同正式接收飞机时终止。

5. 飞机停放：财产一切险

处于停放状态的飞机因自然灾害或意外事故造成的直接物质损坏或灭失的保险。

6. 飞机销售责任险

飞机销售：产品责任险。

7. 航材运输：货物运输险

货物运输险是以运输途中的货物作为保险标的，保险人对由自然灾害和意外事故造成的货物损失负赔偿责任的保险。

8. 航材库存：财产一切险

处于库存状态的航材因自然灾害或意外事故造成的直接物质损坏或灭失的保险。

通过以上保险产品及其他附加产品的合理组合，可以使通用航空产业链上下游相关风险获得有效转移。

4.1.5　国外运输保险制度

美国基本航空服务（EAS）体系下运营的通勤航空、空中出租车业务与我国通用航空短途运输业务具有相似的属性，均是应用小飞机实现偏远地区的航空运输出行。

1. 美国通勤航空承运人责任保险

美国通勤航空的运营飞机是小型飞机，指拥有座位数不超过 60 个或者最大净载重不超过 8.2 t（18 000 磅）的飞机。关于通勤航空的保险额度，主要分以下情况：

① 飞机事故对第三人造成伤亡及财产损失的投保额度为：单次事故每架飞机最低保额为 200 万美元，单次事故第三人受害者每人投保额不低于 20 万美元；

② 通勤航空企业经营旅客运输,投保额度不仅涵盖上述对第三人的最低保额 200 万美元,还应包括每位伤亡乘客保额不低于 30 万美元,以及单次事故每架飞机保额不低于 30 万美元。

可见,美国对于通勤航空的责任保险制度基本与商业运输航空一致。

2. 美国空中出租车运营人责任保险

美国的空中出租车主要界定为使用小型飞机直接从事旅客、货物或邮件运输,未从事任何通勤航空业务的航空运输。其保险额度及要求为:

① 飞机事故对第三人造成伤亡及财产损失的投保额度为:每次事故 7.5 万美元/人,每次事故涉及的航空器总共 30 万美元;每次事故财产损失的保险限额至少 10 万美元;

② 美国空中出租车运营人经营旅客运输,每名旅客的投保额度最低限额为 7.5 万美元,每次事故涉及的航空器全部保险额为 7.5 万元乘以航空器的旅客座位数的 75%。

4.1.6 通用航空保险存在的问题

1. 航空保险专业程度高,市场准入门槛高

由于航空事业在技术上非常复杂,航空保险的承保、查勘、定损等对专业化技术的要求较高,因此,保险公司进入航空保险市场的门槛也高,一般中小型保险公司不具备这些条件及实力,很难进入航空保险市场经营运作。

2. 航空保险风险较高

航空保险隶属于财产保险,但与普通财产保险相比又有其独有特点,即高价值、高风险、高技术。航空保险所承保的保险标的价值昂贵,一旦发生风险事故,面临全损的可能性较高,所要承担的赔付金额较大。

3. 国内航空保险承保能力不足

全球航空保险的承保人主要集中在欧洲和美国。其中,伦敦保险市场在航空保险上拥有绝对优势地位。与国际航空保险市场活跃着的众多保险人相比,中资保险公司在专业技术、承保经验等方面差距较大,在航空风险管控及应急救援上,中资保险公司的能力也相对较弱。航空保险金额大、风险集中的特点决定了其对国际再保险的高度依赖。

4.1.7 通用航空公司投保的流程

通用航空公司投保流程如图 4-5 所示。

产生保险需求

联系保险公司
或经纪公司

建议客户和专业的航空险经纪公司联系，委托经纪人办理投保事宜。经纪人可以充分利用其专业的航空保险知识，以及对市场的掌控，在为客户取得优惠费率的同时提供专业的后续服务

选择合适的
保险产品

保险经纪人会根据客户反馈的风险调查问卷中飞机的实际用途及运营范围，提供专业的保险建议，确定各保险险种的限额，从而利于后续询价谈判环节的顺利开展。当询价结束之后，客户对各家保险公司的报价进行对比，最终确定保险人、投保费率及条件

填写投保单并
提供相关单证

在确定保险人、投保费率及条件的前提下，如实填写投保申请书并反馈至保险经纪人处

保险公司审
核、签发保单

保险公司根据投保申请书进行核单、签发

投保人支付
保费，保单生效

投保人支付保费。在投保人支付保费的前提下，保单将按照保单上的投保日期生效

图 4－5　投保流程

4.1.8　提高航空保险业务能力

为应对通用航空产业的快速发展，满足通用航空保险的需求，必须尽快提高我国通用航空保险的专业能力、承保能力和服务能力。

1. 专业能力

航空保险的复杂性,要求保险人和经纪人必须提高自身的保险专业技术能力,这是当前制约我国航空保险发展的瓶颈,各保险主体和经纪公司应该加强与国际航空保险业的交流学习,快速提升我国航空保险从业人员的专业水准。

2. 承保能力

① 要尽快提升我国航空险业务的精算水平,掌握航空险业务的定价能力;

② 随着国内保险主体逐步了解、熟悉和掌握航空保险的专业技术与风险管理措施,会有更多的保险人积极参与到航空保险领域中来,通过组建共保体的方式,不断提高国内航空险业务的承保能力。

3. 服务能力

① 当前国内通用航空产业链相关保险产品种类较少,同质化比较严重,因此,要深入了解通用航空产业链中的风险情况,积极开发航空保险新产品,全面解决通用航空产业各环节中的风险需求;

② 要改变目前开展航空保险重承保前的沟通、轻防灾防损的问题,积极参与到通用航空产业发展的风险管理过程中,帮助通用航空企业提高风险管理水平;

③ 要解决航空险理赔流程、手续复杂,时效较长,理赔金额与客户期望存在较大差距的问题,加快优化理赔流程,提高处理效率和理赔专业水准,加强与客户沟通。

目前,中国人保财险联合金汇通航在江西地区建立 1 个直升机救援基地、9 家 120 急救中心。2018 年内在全国分 3 个阶段累计投入约 100 架直升机,并整合各省市 120 急救中心、院前救援单位和三甲医院等资源,建成覆盖全国的空中医疗救援网络。

通用航空保险链接:

空中救援 | 中国人保财险首推直升机救援服务项目

中国人保财险向该公司的家庭自用车客户(被保险人)免费赠送金汇通航救援服务卡,被保险人在保险期间内可享受不限次数的免费直升机院前救援服务。而获得直升机救援服务的被保险人,一旦发生严重的人伤事故并拨打中国人保财险 95518 服务热线或 4009 - 120 - 999 向金汇通航提出救援申请,在符合院前救援适应证及直升机适航条件的情况下,金汇通航将依托其联合卫生部门、空管及医院搭建的空地联动救援体系,确保地面救护车和空中救援直升机同时出动赶往现场实施救援。图4-6为金汇救援工作照。

图4-6 金汇救援工作照

一般救援直升机(见图4-7)飞行收费标准为4万~7万元/小时,但只要是获赠救援服务卡的中国人保财险客户,救援费用将由中国人保财险与金汇通航直接结算,被保险人无须承担。

图4-7 救援直升机

某航空公司通用航空机身一切险及责任险主要条款

1 机身一切险

1.1 保障范围

1.1.1 保险人负责赔偿保单明细表所列被保险飞机因本保单非除外责任导致的意外损失或毁坏,包括被保险飞机失踪,即飞机起飞后10天内没有任何消息,并有权选择货币赔付、重置或修理等任何一种方式进行赔偿,但保险人依据本项责任承担的赔偿金额不超过保单明细表第三项所列被保险飞机的保险金额,并要扣除本条款第1.3.3项所规定的金额。

1.1.2 如果保单明细表所列被保险飞机投保了飞行风险,保险人将在保险金额之外另行赔付被保险飞机毁坏或紧急迫降后为保证飞机即时安全而发生的、必要的、合理的应急救助费用,此费用赔偿以不超过保单明细表第三项所列被保险飞机的保险金额的10%为限。

1.2 仅适用于本部分的除外责任

对于下列损失,保险人不负责赔偿:

1.2.1 无论由于任何原因导致的被保险飞机任何单元的自然磨损、渐进损坏、机械故障、内在缺陷或失灵,以及由此引起的限于该单元范围内的任何后果损失;

1.2.2 任何有渐进或累积效应的因素对任何单元造成的损失,但对于可归因于单一的、有记录的事件的损失,则可在上述第1.1.1项下获得赔偿。

由于上述第1.2.1和第1.2.2项所述情形造成被保险飞机的意外损失或毁坏,可在上述第1.1.1项下获得赔偿。

1.3 仅适用于本部分的条件

1.3.1 如果被保险飞机发生损坏:

1.3.1.1 未经保险人同意,被保险人不得对被保险飞机进行拆卸或修理,除非出于安全考虑的需要,或是为了防止被保险飞机进一步的损失、或是为了遵守有关当局的指令而采取的行为;

1.3.1.2 除非保险人对被保险人另有书面许可,保险人仅负责赔偿以最经济的方式进行的修理和运送人员及材料的费用支出。

1.3.2 如果保险人行使选择权,对被保险飞机进行货币赔付或重置:

1.3.2.1 保险人可将被保险飞机(包括所有相关记录、注册和所有权的文件)作为残值收回;

1.3.2.2 保单本部分针对该架飞机的保险保障终止,即使该架飞机出于价值或其他考虑仍由被保险人保留;

1.3.2.3 除非保险人与被保险人另外达成协议,重置的飞机应当与原飞机型号、构造相同,且在合理范围内具有相似的状况。

1.3.3 除保险人选择以货币赔付或重置飞机的方式进行赔偿外,对于本部分第1.1.1项下发生的索赔,应当做下述扣除:

1.3.3.1 保单明细表第八项第1条第一款所列之金额;

1.3.3.2 对于任何被修复或更换的单元,其大修费用按已使用时间占大修寿命的比例计算所得的部分。

1.3.4 除非保险人选择将飞机作为残值收回,否则被保险飞机在任何时候都应当仍被视为被保险人的财产,保险人有权不接受被保险人的委付。

1.3.5 推定全损指被保险飞机发生保险事故后,飞机的修理费用加上施救费用及从事故地点运往修理地点及返回经营地的运输费用达到或超过保险金额的75%。这种情况下,保险人将按飞机全损赔付并扣除受损飞机的残值。飞机的残值可由专家确定或经保险双方协商认定。

1.3.6 保单本部分承保的飞机损失或毁坏发生后,如果被保险人在其他保险项下也可以获得赔偿,并且该保险是被保险人或其代表在本保单保险人事先不知情或没有同意的情况下生效或将要生效的,则本保单对于该损失或毁坏不予赔偿。

2 第三者(非旅客)责任险

2.1 保障范围

被保险人对于由被保险飞机或从被保险飞机上坠落的任何人或物对第三者(不包括机上旅客)造成的意外的人身伤亡和财产损失,依法有责任支付并且要支付的补偿性赔款(包括被保险人被判决需要支付的费用,但不包括惩罚性赔款),由保险人予以赔偿。

2.2 仅适用于本部分的除外责任

保险人不负责赔偿下列损失:

2.2.1 被保险人或其业务合作伙伴的任何董事或雇员在其为被保险人工作或履行职责的期间所遭受的人身伤亡或财产损失;

2.2.2 任何参与被保险飞机操作的飞行人员、机舱服务人员或其他机组成员所遭受的人身伤亡或财产损失;

2.2.3 任何乘客在乘坐及上下飞机过程中遭受的人身伤亡或财产损失;

2.2.4 被保险人拥有或由被保险人照看、保管或控制的财产损失或毁坏;

2.2.5 后附"噪声、污染及其他风险除外条款"(AVN46B)除外的损失。

2.3 适用于本部分的赔偿责任限额

保险人对于本部分承担的保险赔偿责任不超过保单明细表第七项所列金额,并要扣除保单明细表第八项所列免赔额。此外,对于第三者就保单本部分项下承保的补偿性损害针对被保险人进行的索赔诉讼,保险人还将另行赔付被保险人为进行抗辩而发生的、经保险人书面同意的法律费用。但是,如果被保险人为解决上述索赔而支付的或被判决的赔偿金额超过了保单规定的责任限额,则保险人对于该法律费用的赔偿责任仅限于责任限额除以实际补偿性赔款金额之比例部分应分摊的法律费用。

3 乘客责任险

3.1 保障范围

保险人负责赔偿被保险人对于下列损害依法有责任支付并且要支付的全部补偿性赔款(包括被保险人被判决需要支付的费用,但不包括惩罚性赔款):

3.1.1 乘客在乘坐或上下飞机过程中遭受的意外人身伤亡;

3.1.2 由于被保险飞机发生意外事故导致乘客行李或其个人物品的损失或毁坏。

3.2 保险人依据本部分承担上述乘客赔偿责任的前提条件

3.2.1 在乘客登上被保险飞机之前,被保险人应采取必要措施,在法律许可的范围内免除或限制被保险人在前述两项损害下的赔偿责任;

3.2.2 如果上述3.2.1项提及的必要措施包括向乘客签发客票、行李单或签订航空服务合同,被保险人应确保乘客在登上被保险飞机前的合理时间内,收到准确完好的客票、行李单或合同。

如果被保险人未能遵守上述3.2.1或3.2.2的规定,保险人本部分项下所承担的保险责任将不超过被保险人假定遵守了上述规定而可能存在的法定责任赔偿金额。

3.3 仅适用于本部分的除外责任

保险人不负责赔偿下列人员遭受的人身伤亡和财产损失:

3.3.1 在为被保险人工作或受雇履行职责期间的被保险人或其业务合作伙伴的任何董事或雇员;

3.3.2 任何参与执行被保险飞机操作的飞行人员、机舱服务人员或其他机组成员。

3.4 适用于本部分的保单赔偿责任限额

保险人在本部分项下承担的保险赔偿责任不应超过保单明细表第七项所列的相应金额,并要扣除保单明细表第八项所列之免赔额。此外,对于乘客就保单本部分项下承保的补偿性损害针对被保险人进行的索赔诉讼,保险人还将另行赔付被保险人为进行抗辩而发生的、经保险人书面同意的法律费用。但是,如果被保险人为解决上述索赔而支付的或被判决的赔偿金额超过了保单规定的责任限额,则保险人对于该法律费用的赔偿责任仅限于责任限额除以实际补偿性赔款金额之比例部分应分摊的法律费用。

4.2 通用航空融资

4.2.1 通用航空融资的分类

通用航空(General Aviation)是指军事、警务、海关缉私飞行和公共航空运输飞行以外的民用航空活动,其所用的飞行器包括滑翔机、动力伞以及喷气式飞机。全球大部分的航空交通飞行均属于这一类别,而全球大部分的机场也均设有专为通用航空服务的区域。

飞机是科技含量最高、结构最精密的民用工业产品之一,也是 20 世纪人类最重要的发明之一。飞机的购买价格高,资金占用多,因此,无论是航空公司、大型企业还是个人客户,以融资方式拥有飞机使用权,是自然而然的需求。对于金融机构来说,由于飞机具有供给相对稀缺、实用性高、使用年限长、残值好、资产处理较方便等优势,被称为"可以移动的不动产",金融机构也愿意为飞机购买提供融资服务。有了供给与需求,飞机融资市场就逐渐形成。

通用航空飞机的价格区间大、种类繁杂,从价值几亿元的喷气公务机,到价值数千万元的涡桨飞机、涡轴直升机,再到价值数百万元的活塞螺旋桨飞机、直升机均有,且机型、型号、制造商的数量也多于商用飞机。通用航空飞机经济属性不一,既有用于直接盈利的商务运输、空中观光、商业飞行培训,也有用于间接盈利的遥感物探、电力巡线、设备吊装、农林喷洒,还有用于消费的公务飞行、娱乐飞行、驾驶训练,以及公共服务性质的政府空中指挥、警务执法、应急救援、海岸巡逻、森林防火等。通用航空飞机的购买主体多样化,通用航空运营商、航空俱乐部、高净值人士、企业以及政府都可能成为买家。

以上这些特点使得通用航空飞机的融资难度高于商用飞机,因为融资机构最关心的问题——融资目的、还款来源、还款意愿、还款能力、资产变现能力等,通用航空飞机都不如商用飞机。因此,通用航空飞机的融资状况需要按标的金额、经济属性、客户属性分别来看待。

1. 公务机融资

这里提到的公务机主要是指价值 800 万美元以上的私人或企业用飞机,特别是指价值超过 3 000 万美元的超中型以上喷气公务机,也包括少数高价值涡桨公务机。对于这类飞机,国外的私人银行就可以为买家融资。因为公务机买家多为私人银行的长期忠实客户,其相当多的资产委托私人银行管理。私人银行对其资产状况、信用状况了如指掌,为其提供融资不存在征信困难。而且私人银行为客户提供的公务机融资条件会相当优惠,因为这是提升客户满意度的重要机会,即使私人银行在本次融资中收益不多,也可期待未来在该客户的其他业务上获得更多回报。

而在国内,给公务机融资的主体却变成了众多金融或融资租赁公司。形成这种局面的原因有以下 4 点:

① 国内商业银行对公务机融资项目认识不足,私人银行多经营高端零售业务而非真正的家族资产管理,因此均无法为客户提供信贷支持;

② 2009—2011 年,国内公务机市场快速成长,与金融租赁公司成立发展的时机恰好吻合,部分租赁公司将公务机融资视为重点开拓领域之一;

③ 部分租赁公司把握住了 2008 年金融危机后公务机价格的短暂低迷期,将商用飞机中常见的批量投机采购(Speculative Order)模式用到了公务机上,形成了一定路径依赖;

④ 经过数年的探索实践,保税区融资租赁逐渐成熟,在保税区设立单机 SPV 可实现进口环节关税、增值税的递延缴纳,增值税发票还可用于企业抵扣,在营业税等税收方面也有不同程度的优惠,可降低融资双方的交易成本。

公务机具有利用率低且用时不定的特点,目前,在世界范围内依靠公务机日常运营来获利都相当困难,因此公务机也被金融机构认作消费性设备,而非生产性设备,融资形式也多以商业贷款或者融资性租赁为主,而很少有经营性租赁的案例。总部位于欧洲的 Vista Jet,其主要盈利模式是包机获利,应该说其最有可能采取经营性租赁,但由于 Vista Jet 的部分盈利来源于二手公务机溢价转让,因此其还是采用了融资性租赁。

由于公务机是消费性设备,因此国内金融机构对公务机融资项目的审核更类似于贷款,主要偏重客户本身的资质,如客户个人或家族的资产状况、还款来源、还款意愿,以及客户所控制企业的运营状况和信用状况等,而对公务机本身的资产价值等情况会相对弱化一些。(国内为数不多的以长期信贷形式做的公务机融资,也是由于购买飞机的主体背靠的母公司为上市企业,实力雄厚,因而被当作长期项目融资来对待。)

另外,值得注意的是,上文中提到国内租赁公司批量采购公务机之后再融资租赁,对公务机市场的发展起到了相当大的催化作用,但在当前经济形势不甚明朗的情况下遇到了一些困难。该模式本身值得肯定,厂商、客户、租赁公司均从中获益,然而不能因市场繁荣而忽视了对飞机资产本身的价值评估,产生什么机型都卖得掉的错觉。采购飞机,机型、机位、价格等要素尤其重要,租赁公司需要均衡发展"买、租、管、退"的专业能力,才能将此模式运用得游刃有余。

2. 涡轴直升机与涡桨固定翼融资

这里提到的涡轴直升机与涡桨固定翼主要是指价值在 200 万美元～700 万美元的机型,例如,起飞质量 2～4 t 的轻型直升机(Bell407,Bell429,EC135,AW109 等),以及起飞质量 2～5 t 的轻型固定翼飞机(Cessna208B,PC－12,PA－46,King Air C90 等)。为方便论述,以下对此类百万美元级飞机以通用航空飞机作为代称。

在国外,此类通用航空飞机的用途广泛,二手市场流通较好,残值有保障,加之融资金额适中,因此一些地区性银行都可以承接其融资项目。而在国内,此类飞机的融资尽管有不少成功案例,但更多时候是遇到尴尬。

(1) 标的物金额尴尬

大型租赁公司和商业银行认为几百万美元的通用航空飞机与几千万美元的商用客机以及大型喷气公务机相比,需要投入同样的人力和时间,项目金额却相差十倍以上,因此不愿过多介入。而部分有意愿的金融机构专业技术能力不足,又无法迅速开展此项业务。

(2) 融资主体尴尬

正如前文所述,金融机构在审核项目时,最注重的是融资主体的还款能力和意愿,近些年民营通用航空公司如雨后春笋般发展起来,通用航空公司普遍缺乏财务记录、运营记录、安全记录,这使得传统的项目审查无法适用,但通用航空企业没有飞机就无法产生上述的记录,从而陷入一个先有鸡还是先有蛋的死循环。反观国有或国资背景的通用航空企业,已有稳定且利润不菲的作业项目,外加政府对通用航空的补贴或拨款,又有母公司的资金以及人员支持,有的甚至已经上市,不缺乏飞机采购资金来源。总体来看,通用航空企业的"马太效应"相当明显。

(3) 标的物性质尴尬

通用航空飞机的用途广泛,特别是百万美元级别的飞机正是各类作业的主力机型,照说应该按照生产型设备来对待。然而,许多通用航空公司并没有可靠的作业订单和明确的盈利模式,这就使得金融机构无法将通用航空飞机按照常规生产设备来进行融资。如果采用类似公务机的消费性融资标准来审核,对于大多数通用航空公司来说又显得苛刻,一些增信措施,如土地和房产抵押,也让飞机融资偏离了本身的意义。

(4) 运营环境尴尬

尽管我国政府以及主管部门近些年为通用航空的发展做出了相当大的努力,制定了多项鼓励政策,《通用航空飞行任务审批与管理规定》等实质性文件也已经出台,然而,离真正的自主飞行还有较大的差距。千里马在围栏里是无法发挥其能力的,通用航空飞机亦然,不具备宽松的运营环境,金融企业也是有心无力,一些租赁公司涉足通用航空运营和机场建设,实际上也有一些无奈的成分。

(5) 资产流通尴尬

通用航空飞机数量的增长与二手飞机市场的发展是正相关关系,通用航空飞机残值高、保值性好的特点,也是以通用航空飞行活跃,飞机需求量大为前提。目前国内主流通用航空飞机多数为进口,由于适航标准、维修保障能力、关税增值税等问题,使得引进和退出都存在一定困难,特别是国内二手机处置到国外,估价会较国外同等条件的同型号飞机低。而国内市场又尚未成熟,容量偏小,这些都使得通用航空飞机的资产优势难以发挥。国产通用航空飞机尽管数量也在增长,但拥有 FAA 或 EASA 适航证的机型寥寥无几,于是流通性更差一些。此外,国内缺乏飞机价值评估的人才和参照体系,也使得金融企业对能否顺利处置通用航空飞机顾虑重重。

(6) 成本收益尴尬

尽管通用航空飞机融资面临着困境,但按道理来讲,应该还是有愿意承担较大风险的金融机构来做此业务,并索取较高风险溢价。然而飞机融资的国际化程度高,一些资质好的通用航空企业甚至可以拿到境外出口信贷机构的低成本资金,这就制约了通用航空飞机融资价格的上浮。从已成交的国内通用航空飞机融资案例来看,各金融机构都在争抢为数不多的优质项目,也导致了通用航空飞机的融资价格走低,使得现有和潜在的融资客户都对融资价格抱有较低的期望。面对目前国内金融市场资金紧张、融资价格普涨的现状,通用航空飞机显然属于机会成本较高的项目,导致不少金融企业都在问"通用航空飞机风险不确定,收益又不高,我们为什么要做?"这个令人纠结的问题。

3. 轻型运动型或教练机融资

这里提到的轻型运动型或教练机主要是指价值在 30 万美元~70 万美元的活塞固定翼和直升机,如 DA40,Cessna172,R44,269C 等。轻型活塞飞机广受国内客户青睐,保有量相对较多。但由于民航局对新筹建通用航空企业有至少需要 2 架自购飞机的规定,因此,部分通用航空企业倾向自购此类飞机,以较低的成本来满足局方要求。此外,轻型活塞飞机的标的金额对金融机构来讲过低,也使得融资购买此类飞机的比例较低。

目前,轻型活塞飞机的融资案例多集中在航空学校的大规模采购上。由于航空学校的盈利模式相对其他通用航空业务更加明晰,而且国内对商业飞行员、通用航空飞行员的需求量较大,此类融资项目获得金融企业支持的可能性也相对高一些。

轻型活塞飞机未来最值得期待的是个人飞机融资项目。随着飞行文化的普及、低空开放政策的落实,中产阶级可负担起的,以短途娱乐飞行为主的个人通用航空消费会有爆发性增长,届时轻型活塞飞机的融资也会像当今汽车贷款一样深入人心。尽管我们尚不能预期这个通用航空黄金时代何时到来,但有计划介入通用航空飞机融资的金融机构,应当从现在开始就进行研究和布局。

目前国内的通用航空飞机融资状况苦乐不均。高端公务机融资类似于大型企业融资,金融企业参与的积极性高,融资渠道较为通畅,融资成本也相对合理;以轻型涡轴直升机与涡桨固定翼为代表的百万美元级别飞机融资类似于中小企业融资,尽管不乏成功案例,但依然存在较大困难,市场供需矛盾非常突出;轻型运动型或教练机融资更类似于个人小额贷款,融资除了航空学校批量采购之外,市场有待开发。

4.2.2 权益性融资和债务性融资

权益性融资是指向其他投资者出售公司的所有权,即用所有者的权益来交换资金。债务性融资是指通过银行或非银行金融机构贷款或发行债券等方式融入资金。

1. 权益性融资

权益性融资是企业融资方式的一种,通常与债务性融资的概念在一起,两者的概念容易混淆,其实两者都属于融资方式,但是也有不同之处,简单来说,权益性融资就是入股,而债务性融资则是借贷。

权益性融资不是贷款,不需要偿还。实际上,权益性投资者成了企业的部分所有者,通过股利支付获得他们的投资回报,权益性投资者一般具有 3 年或 5 年投资期,并期望通过股票买卖收回他们的资金,连同可观的资本利得。

权益性融资构成企业的自有资金,投资者有权参与企业的经营决策,有权获得企业的红利,但无权撤退资金。因为包含着风险,权益性投资者要求非常苛刻,他们考虑的商业计划中只有很小的比例能获得资金。权益性投资者认为,具有独特商业机会、高成长潜力、明确界定的利基市场以及得到证明的管理层的企业才是理想候选者。未能满足这些标准的企业,获得权益性融资就会很艰难。许多创业者不熟悉权益性投资者使用的标准,当他们被风险投资家和天使投资者不断拒绝时就会变得很沮丧。他们没有资格得到风险资本或天使投资的原因,经常不是因为他们的商业建议不好,而是因为他们未能满足权益性投资者通常使用的严格标准。

权益资金是企业投资者的投资及其增值中留存企业的部分,是投资者在企业中享有权益和承担责任的依据,在企业账面上体现为权益资本。权益性融资主要方式有:吸收直接投资、发行普通股股票、留存收益。

权益性融资作用:

① 权益性融资筹措的资金具有永久性特点,无到期日,不需归还,项目资本金保证项目法人对资本的最低需求,是维持项目法人长期稳定发展的基本前提;

② 权益性融资是负债融资的基础,是项目法人最基本的资金来源,它体现着项目法人的实力,是其他融资方式的基础,尤其可为债权人提供保障,增强公司的举债能力;

③ 没有固定的按期还本付息压力,股利的支付与否和支付多少,视项目投产运营后的实际经营效果而定,因此项目法人的财务负担相对较小,融资风险较小。

2. 债务性融资

从现有的融资渠道看,债务性融资主要包括 3 种方式:银行贷款融资、民间借贷和发行债券融资。

(1) 银行贷款融资

从银行借款是企业最常用的融资渠道。中国人民银行的统计表明,我国中小企业的融资供应有 98.7% 来自银行贷款。从贷款方式来看,银行贷款可以分为 3 类。

① 信用贷款方式,指单凭借款人的信用,无须提供担保而发放贷款的贷款方式,这种贷款方式没有现实的经济保证,贷款的偿还保证建立在借款人的信用承诺基础上,因而贷款风险较大;

② 担保贷款方式,指借款人或保证人以一定财产作抵押(质押),或凭保证人的信用承诺而发放贷款的贷款方式,这种贷款方式具有现实的经济保证,贷款的偿还建立在抵押(质押)物及保证人的信用承诺基础上;

③ 贴现贷款方式,指借款人在急需资金时,以未到期的票据向银行融通资金的一种贷款方式,这种贷款方式中,银行直接贷款给持票人,间接贷款给付款人,贷款的偿还保证建立在票据到期付款人能够足额付款的基础上。

从总体上看,银行贷款融资对于通用航空创业者来说门槛较高。出于资金安全考虑,银行往往在贷款评估时非常严格。由于借款对通用航空企业获得的利润没有要求,只是要求按期支付利息,到期归还本金,因此银行往往更追求资金的安全性。实力雄厚、收益或现金流稳定的通用航空企业是银行欢迎的贷款对象。对于通用航空初创公司来说,由于经营风险较高,银行一般不愿冒太大的风险借款,即使企业未来可能拥有非常强劲的成长趋势。不仅如此,银行在向通用航空初创公司提供贷款时往往要求创业者必须提供抵押或担保,贷款发放额度也要根据具体担保方式决定。这些抵押方式都提高了通用航空企业融资的门槛。同时,出于对资金安全的考虑,银行往往会监督资金的使用,它不允许通用航空企业将资金投入到那些高风险的项目中去,因此,即使成功贷款的企业在资金使用方面也常常感到掣肘。

因此,对于通用航空企业来说,通过银行解决企业发展所需要的全部资金是比较困难的,尤其是对于初创企业而言。

(2) 民间借贷

在债务性融资方式中,民间借贷是一种相当古老的借贷方式。近几年来,随着银行储蓄利率的下调和储蓄利息税的开征,民间借贷在很多地方又活跃起来。由于将资金存储在银行的收益不高,而将资金转借给他人开办企业或者从事商业贸易活动,则更能够获得较高的资金收益。从发达的浙江到落后的甘肃,从福建到新疆,民间借贷按照最原始的市场原则形成自己的风格。

从法律意义上讲,民间借贷是指自然人之间、自然人与企业(包括其他组织)之间,一方将一定数量的金钱转移给另一方,另一方到期返还借款并按约定支付利息的民事行为。因此,民间借贷的资金往往来源于个人自有的闲散资金,这一特定来源决定了民间借贷具有自由性和广泛性的特征,民间借贷的双方可以自由协议资金借贷和偿还方式。民间借贷的方式主要有口头协议、打借条的信用借贷和第三人担保或财产抵押的担保借贷两种方式。随着人们的法律意识、风险意识逐步增强,民间借贷也正朝着成熟、规范的方向发展。在民间借贷市场上,供求是借贷利率的决定要素。在经济发达的江浙,民间借贷因资金充裕而尤为活跃;而在经济落后的内陆省区,资金供给不足使借贷利率趋高。在资金面吃紧的时候,尤其是在央行接连提升法定存款准备金率后,民间借贷利率也随着公开市场利率上涨。当然,在民间借贷市场中,借贷人的亲疏远近、投资方向的风险大小也对利率的高低有影响。

(3) 发行债券融资

在债务性融资方面还有一种方式是发行债券融资。债券融资与股票融资一样,同属于直接融资。在发行债券融资方式中,通用航空企业需要直接到市场上融资,其融资的效果与通用航空企业的资信程度密切相关。

从我国金融市场的发展现状来看,中小企业或者新创企业采用发行债券的方式进行融资的操作空间较小,往往是政府部门、大型企业、大金融机构具备得天独厚的优势。但是同时也应当看到,随着政策的逐步放开和调整,企业债务市场也会逐渐成为中小企业融资的重要渠道。通用航空企业也应当做好准备,积极面对未来可能的融资机遇。

4.2.3 权益性融资成本和债务性融资成本

1. 权益性融资成本

权益融资是通过扩大企业的所有权益,如吸引新的投资者、发行新股、追加投资来实现,而不是出让所有权益或出卖股票,权益融资的后果是稀释了原有投资者对企业的控制权。

企业在权益融资上所实际支付的资本成本就是其所支付的股息、红利的账面金额。权益融资的资本成本的计算公式:

优先股资本成本=优先股年股利/(优先股实际融资额一实际融资费用)

普通股资本成本=普通股年股利/(普通股实际融资额一实际融资费用)

如果一个公司的股利是按照一个既定比率每年增长,则还有如下公式:

普通股资本成本=普通股年股利/(普通股实际融资额一实际融资费用/既定增长率)

2. 债务性融资成本

债务性融资需支付本金和利息,能够带来杠杆收益,但是提高企业的负债率。通俗地说,就是企业所支付的债息、利息等基于债务资本所产生的资本成本,其中相当于所得税率比例的部分是国家以其所得税支付的。这就是税前抵减项目的所得税抵减效应。依据上述分析,可以得到债务融资的资本成本的计算公式:通常在债务成本资本诸如利息、债息等内容的名义数额上乘以所得税抵减效应系数"1—所得税税率"即可。

银行借款资本成本=借款利息×(1—所得税税率)/(银行借款实际融资额—融资费用)

公司债券成本=债券利息率×(1—所得税税率)/(债务实际融资额—融资费用)

债务性资金,是通过增加企业的负债来获取的,如向银行贷款、发行债券、向供货商借款等。债务性资金必须到期偿还,一般还要支付利息。

权益性资金,是通过增加企业的所有者权益来获取的,如发行股票、增资扩股、利润留存。权益性资金是企业的自有资金,不需要偿还,不需要支付利息,但可以视企业经营情况,进行分红、派息。

保守型企业倾向于使用更多的权益性资金,尽可能少地筹借债务性资金,因为这样可以降低经营成本和债务风险,使企业稳健发展。激进型企业敢于筹借较多的债务性资金,利用财务杠杆"借鸡生蛋",借用别人的钱来做生意,使企业具有高速发展的潜力,但同时也会增加企业的经营成本和债务风险。债务利息可以抵所得税,而权益资金不可以抵所得税,故一般债务资金成本比权益资金成本低。

4.3 通用航空融资租赁业务

4.3.1 通用航空租赁市场前景

租赁将成为国内通用航空运营商引进飞机的主要方式。我国现有通用航空器存量市场中,近70%的通用航空飞机来自国外制造商。目前,我国进口通用航空飞机的关税税率为4%、增值税税率为17%,显著高于大型商用飞机的相应进口税率,如图4-9所示。较高的进口税率将大大增加国内运营商的购机成本,对于价格昂贵的公务机尤为明显。考虑平均价值1.2亿元的公务机,关税为480万元,增值税约为 2 040 万元,将为普通运营商带来很大成本压力。

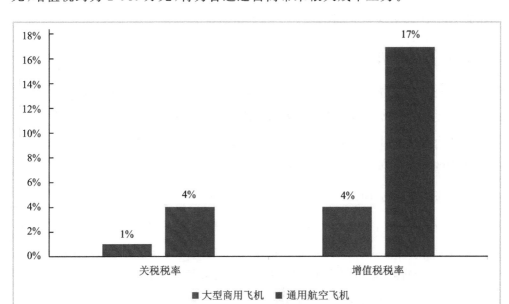

图 4 - 9 我国大型商用飞机与通用航空飞机的关税税率与增值税税率对比图

在短期内,市场没有完全打开,运营前景不够明晰,导致投入的资本难以回收的背景下,直接购机不是企业的最优选择,而租赁将逐渐成为企业引进飞机的主要方式。目前,我国国内现有机队中,通过租赁方式引进的飞机约占 60%,全球有约 21% 的新晋航空公司采用完全租赁的方式获得机队,而通用航空产业发展初期,租赁同样将成为运营商引进飞机的主要方式。

近年来,通用航空产业方兴未艾,通用航空飞机的购置包括新机和二手机的购置,也越来越多地引入了融资性租赁与经营性租赁的模式。飞机经营性租赁与融资性租赁的对比如表 4 - 1 所示。

表 4 - 1 飞机经营性租赁与融资性租赁的对比

项 目	经营性租赁	融资性租赁
合同	可撤销,灵活性强	不可撤销
风险	出租人承担经营风险	承租人承担经营风险
租期	短期,通常 3～5 年	租期较长,约为飞机寿命 70%
租金	费用较高	费用较低
租期结束	续租或退还	续租、退还或廉价购买
交易结构	简单双边交易	涉及多方,协议复杂

交易模式的创新、风险避控、资产评估等问题，都将成为飞机卖家、飞机用户与租赁公司在未来很长时间内共同关注的重点。

4.3.2　飞机租赁

飞机租赁（Aircraft Leasing，国际上也称作航空器租赁）是指出租人在一定时期内把飞机提供给承租人使用，承租人则按租赁合同向出租人定期支付租金。飞机的所有权属于出租人，承租人取得的是使用权。飞机租赁期一般较长，是一种以融物的形式实现中长期资金融通的贸易方式。

1. 飞机租赁的优点

① 有效满足航空公司挤兑扩张的需求，缓解资金压力，改善航空公司的财务状况和经营压力；

② 避免通货膨胀、汇率风险、经济危机等带来的风险；

③ 租金可摊入成本，减少企业税费；

④ 可享受一系列的优惠政策，包括减免增值税、预提所得税。

2. 飞机租赁的形式

飞机租赁的形式多种多样，从性质上可分为融资租赁和经营租赁，按租赁范围可分为干租和湿租，按出租人的融资来源和付款对象可分为转租和售后回租等。飞机租赁还有很多衍生类型，但基本上脱胎于上述类型。

融资租赁：出租人购买承租人（航空公司）选定的飞机，享受飞机所有权，并在一定期限内将飞机出租给承租人有偿使用。这是航空公司使用的基本租机方式。对于融资租赁而言，三个主体，即出租人、承租人、飞机供应商，缺一不可。融资租赁尽管叫作租赁，但本质是债权债务关系，只要承租人即客户正常归还租金，租赁公司作为出租人不能行使所谓的所有权项下的权利。也就是说，租赁公司不能有一天突然和客户说，"对不起，我要收回我的飞机，因为我找到了一个出价更高的承租人，你的损失我赔给你，但是我需要把飞机收走"，这在法律上是得不到支持的。另外，需要强调的是，如果承租人操作一笔融资租赁业务，那么他的财务报表资产会在固定资产科目项下多一笔融资租赁，同时负债端多一笔长期应付的负债。出租人只是一个融资行为，也就是出租人出资购买飞机，而飞机购置和交付的风险由承租人承担。一旦飞机的交付出现风险或者飞机本身的产品质量有瑕疵，那么这个风险是由承租人承担的。此外还需注意，本金和利息都会有 17% 的增值税发票,因为利息会被认定是一个分期购买的方式,货物有一个分期流转的过程,所以租金利息的部分仍然可以开出 17% 的增值税发票供承租人补充;同样,融资额不包含税款,因为它不属于固定资产购置税务范畴,而是一个流转税。

经营租赁:一种以提供飞机短期使用权为特征的租赁形式,出租人(租赁公司)根据市场需求,选择通用性较强的飞机,在一定的期限内供承租人(航空公司)选择租用,以回收投资成本和风险报酬。这种模式和我们日常租车、租房的道理是一样的。要点主要是由出租人即租赁公司负责购置交付飞机,很显然,这个风险是由出租人承担,而不是由承租人承担了,同时它是部分转让的物权,会被认定是部分流转,所以仍然可以开出 17% 的专用发票供承租人抵扣。此外,经营性租赁不是一个债权债务关系,这个业务在承租人的负债表上不会体现,只会体现当期的损益,因为资产和负债都体现在出租人即租赁公司的财务报表中。这种租赁方式又可分为湿租和干租。

干租:航空运输企业将飞机在约定的时间内出租给他人使用,出租方只提供飞机,不承担运输过程中的各种费用,收取固定租赁费,机组人员、维修、保险及备件等均由承租方自己解决。

湿租:是相对干租而言的,湿租要求出租方不仅要提供飞机,还要提供相应的机组人员、机务维修人员、保险及备件,以提供飞行服务。

转租:出租人从另一家融资租赁公司或航空公司租进飞机,然后转租给承租人使用。

售后回租:航空公司首先将自己的飞机出售给融资租赁公司(出租人),再由租赁公司将飞机出租给原飞机使用方(承租人)使用。回租和直租一样,都是债权债务关系,租赁公司也会对资产的价值进行评估并打折。因为没有一个购置的过程,所以对于回租模式来说,租赁公司放款即是交付。需要强调的是,回租业务的租赁利息无法开出 17% 的专用发票,因为回租不会被认定为资产购置的过程,而是一个单纯的融资过程,所以只能开出 6% 的普通发票。

4.3.3　通用航空租赁中面对的问题

1. 资金成本高

资金成本高的原因是单一性,目前,航空器租赁产品的资金来源一部分是自有资金,一部分是银行贷款,而银行贷款风险管控是非常严格的,再加上承租人资质问题,成本不可避免会有一定提高;另外,航空器本身税负问题增加了航空器本身价值,从而提高了整体运营成本。

2. 通用航空租赁人才缺失

真正能够做通用航空租赁业务的人才非常少,通用航空租赁对人才综合素质要求更高,因为品牌、产品特别多,要了解产品、金融知识以及税法,所以复合型人才还是比较缺失的。

3. 租后的风险管控

租后的风险管控包括资金的风险管控以及对资产本身的风险管控。后续如何很好地经营这些资产,如何让这些资产很好地增加价值,这是很多租赁公司面对的问题。

目前,我国通用航空基础设施建设相对滞后,以及航空器安全保障问题也是致使租赁等资本仍在观望的原因。

总体上看,我国通用航空业规模仍然较小,通用航空市场会迎来一个发展的阶段。对租赁公司而言,需要更多创新以支持通用航空产业发展,未来或可以通过控股、参股等不同模式,为不同的产品需求提供综合配套、降低成本的一揽子解决方案。

4.3.4 通用航空公司在签订租赁合同前需要注意的问题

1. 选择出租人

通用航空公司应该选择经济实力较强、售后服务好的出租人。选择好的出租人对于承租人来讲就是降低经营风险。

2. 选择型号合适的飞机

通用航空服务市场范围广阔,所需求的飞机种类也不一样,另外,通用航空公司也需要根据自己的经济实力、维修能力、客户需求和市场发展水平选择飞机及发动机。

3. 租 金

飞机经营租赁有固定租金和浮动租金。出租人为了降低风险多愿意采用浮动租金,而通用航空公司多愿意采用固定租金。浮动租金和固定租金各有千秋,通用航空公司应综合考虑出租人的经营情况、承租飞机新旧程度、通用航空市场发展程度以及利率、汇率等因素进行选择。

4. 保证金的支付方式

飞机经营租赁中,出租人需要通用航空公司支付保证金作为履行合同的先决条件。保证金有固定式和随租金浮动式2种,个人建议保证金应采用固定式,这样可避免风险。在经营租赁期间存在出租人破产或违约的情况,如果出租人违约或破产,通用航空公司的保证金有可能无法收回。为避免保证金损失,保证金可采用其他方式支付。

5. 飞机的协议价格

飞机协议价格的高低直接影响通用航空公司日后的经营成本。通用航空公司每年向保险公司支付保险费,向银行支付担保费都是以飞机协议价格为基础,价格高,通用航空公司支付的费用就高,反之则低。飞机的协议价格是租赁双方谈判的结果。

4.3.5 通用航空器融资租赁的一般流程

1. 选择飞机,签订意向书

通用航空器融资租赁首先要选择飞机,并签订意向书。

2. 引进通用航空器申请

引进通用航空器,承租人(或代管人)应向注册地或户籍地管理局申报,包括申请人主体资料、近3年飞行安全记录、计划引进通用航空器的机型、数量、进度和引进方式、运营计划或用途、租赁协议或租赁意向协议。若从事经营性通用航空活动,还需提交经营许可证。管理局评审无异议的,出具备案证明。引进喷气式公务机的,由民航局出具备案证明或签发核准文件,批准文件自签发之日起2年内有效。

3. 订购飞机

通用航空企业与飞机制造商签订正式飞机购买合同。

4. 租赁公司选定与购买合同转让

通用航空企业对租赁公司提出的融资方案进行评估,主要针对租赁期限、货币和汇率风险、投资与贷款比例、期末购买价值、净现值、租赁利率、贷款利率、投标者的资信等。通用航空企业选定租赁公司后,将购机合同转让给出租人。

5. 承租人工作

方案报管理局备案或民航局批准;向外商发出委托书;审查保险、担保和法律意见书的格式、经济计算部分和责任保证部分；准备飞机租赁的有关先决文件和办理有关手续，如授权书、飞机国籍登记承诺书、特许飞行证、银行担保函、保险单、律师意见书等。

6. 飞机交付

在满足所有的先决条件后，应当进行验机、试飞、交付等流程。在验机时，往往有初检以及交付检，在交付检时进行试飞。交付时，特别是二手机，往往采用在公海上空进行交接。

7. 交付后事项

引进进口飞机的，要在正式签约后向国家外汇管理局进行外债登记，取得外债登记证，并要求担保银行签署担保函转让确认书、保险公司签署保险转让通知书。

交付后，承租人负责在航空主管部门完成飞机的民用航空器国籍登记、所有权登记、抵押权登记、融资租赁占有权登记。

第 5 章　空管系统运行的基本知识

5.1　空域管理和飞行活动

5.1.1　空域管理

1. 空中交通管理目的

有效地维护和促进空中交通安全,维护空中交通秩序,保障空中交通顺畅。

中国民用航空局负责统一管理全国民用航空空中交通管理工作,中国民用航空地区管理局负责监督管理本辖区民用航空空中交通管理工作。

2. 空中交通服务

空中交通管制服务:防止航空器与航空器、航空器与障碍物相撞。

飞行情报服务:向飞行中的航空器提供有助于安全和有效实施飞行的建议和情报,如避开危险天气及各种限制性空域。

告警服务:航空器遇险时,向有关组织发出需要搜寻援救航空器的通知。

3. 空中交通流量管理

空中交通流量管理是在空中交通流量接近或者达到空中交通管制可用能力时,适时地进行调整,保证空中交通最佳地流入或者通过相应区域,提高机场、空域可用容量的利用率。

空域管理是依据国家相关政策,逐步改善空域环境,优化空域结构,尽可能满足空域用户使用空域的需求。

在空域方面,我国的低空空域分为管制、监视、报告三类空域。目前,大部分空域都处于管制状态,尚未完全开放给通用航空飞行。因此,通用航空飞行要么只能在指定的空域内长期飞行,要么必须在每次飞行前向空管部门申请,导致飞行效率较低。

管制空域是指为飞行活动提供空中交通管制服务、飞行情报服务、航空气象服务、航空情报服务和告警服务的空域。

监视空域是指为飞行活动提供飞行情报服务、航空气象服务、航空情报服务和告警服务的空域。

报告空域是指为飞行活动提供航空气象服务和告警服务,并根据用户需求提供航空情报服务的空域。

5.1.2 空中交通服务空域结构

当空中交通服务已被确定将在部分特定的空域或机场提供,那么这些机场和空域应根据所提供的管制服务来命名。

根据《中国民用航空空中交通管理规则》相关规定,民用空域被分为飞行情报区、管制区、限制区、危险区、禁区、航路和航线。

1. 飞行情报区

飞行情报区是指为提供飞行情报服务和告警服务而划定范围的空间。搜寻援救区的范围与飞行情报区相同。

全国共划分沈阳、北京、上海、广州、昆明、武汉、兰州、乌鲁木齐、三亚、香港和台北 11 个飞行情报区。

2. 管制区和管制地带

为 IFR 飞行提供管制服务的空域应划为管制区和管制地带。为 VFR 飞行提供管制服务的管制空域应划为 B,C,D 类空域。

管制区应当覆盖提供空中交通管制服务的空域,管制区包括高空管制区、中低空管制区、进近管制区和机场塔台管制区。

3. 机场区域

为了保障运输飞行和通用航空飞行的安全,在航路和航线上的机场应划定机场区域。

机场区域是指机场及其附近地区上空,为航空器在机场上空飞行、加入航线、进入机场和进行降落而规定的空间,包括空中走廊和各种飞行空域。

机场区域的范围在(机场使用细则是机场开放的必备文件之一,是为有关单位组织机场运行的基本依据)内予以说明。

4. 航 路

航路(Airway):以走廊形式建立的,装设有无线电导航设施的管制区域或其中一部分。

用以规定空中交通服务航路或航空器飞行航径以及为其他航行和空中交通服务目的而规定的地理位置,称为重要点。

空中交通管制航路的宽度为 20 km,其中心线两侧各 10 km;航路的某一段受到条件限制的,可以减少宽度,但不得小于 8 km;在航路方向改变时,则包括航路段边界线延长至相交点所包围的空域。空中交通管制航路的高度下限为最低高度层,上限与巡航高度层上限一致。

5. 航 线

航线(Air Track):航空器在空中飞行的预定路线,沿线需有为保障飞行安全所必需的设施。

航线存在交通需求,但达不到一定的流量,分为固定航线和临时航线。

固定航线:满足定期航班需求,尚未建立航路的地区。

临时航线:临时航空运输飞行或通用航空飞行,尽量避免与航路交叉以及飞越繁忙机场上空。

航线导航设备不能保证航空器作 IFR 飞行时,应作 VFR 飞行。

我国国内航线集中分布于哈尔滨—北京—西安—成都—昆明一线以东的地区,其中又以北京、上海、广州的三角地带最为密集。从整体上看,航线密度由东向西逐渐减小。航线多以城市对为主,以大、中城市为辐射中心为辅。

国内主要航线多呈南北向分布,在此基础上,又有部分航线从沿海向内陆延伸,呈东西向分布。

6. 空中走廊

在机场分布比较密集,飞行活动频繁的地区,为减少各机场、航线与空域之间的飞行冲突,设置若干条空中走廊作为机场和航路之间的过渡,用于限定航空器进离空港的路线。

空中走廊的宽度为 8~10 km,在走廊口和转折点设置导航设备规定进出机场的航向,以及航空器在走廊内的高度层和上升、下降阶段。图 5-1 为空中走廊分布图。

7. 特殊空域

空中交通管制单位应当严密监视飞行中的航空器动态,发现航空器将误飞

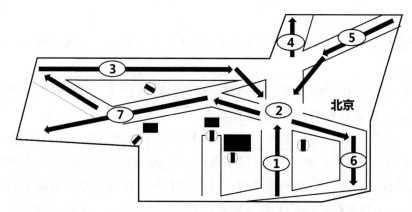

1号走廊单向进港；2号走廊军方使用双向；3号走廊单向进港；4号走廊单向出港；
5号走廊单向进港；6号走廊单向出港；7号走廊单向出港

图 5-1　空中走廊分布图

入空中危险区、空中限制区、空中禁区时,应当及时提醒航空器,必要时采取措施予以纠正。

危险区是一个划定范围的空域,在规定的时间内,此空域中可能存在对飞行有危险的活动,如对空射击或者发射使用的空间。

危险区不仅可以在主权空域内设置,也可以在公海上空等非主权空域内设置,但应公布时间和高度范围,以及设置危险区的原因。

驾驶员可以自行决定能否进入或飞越此类空域并能保证飞行安全。但在中国,在规定时限内,禁止无关航空器飞入空中危险区或者临时空中危险区。

限制区是在一个国家的陆地或领海上空,根据某些规定条件限制航空器飞行的一个划定范围的空域。

限制区内的活动对航空器构成的影响是凭驾驶员自身所不能判定的,所以需要用时间和高度等条件限制航空器的进入和飞越,如军事要地、兵器试验场上空和航空兵部队、飞行院校等航空单位的机场飞行空域。

在中国,在规定时限内,未经飞行管制部门许可的航空器,不得飞入空中限制区或者临时空中限制区。

8. 空中禁区

禁区是在一个国家的陆地或领海上空禁止航空器飞行的一个划定范围的空域。

禁区的设置通常是为了保护重要的国家政治、经济、军事设施,重要的工业集团(避免由于航空器事故引起灾难性的后果,如核电站、敏感的化工集团)或者是关系到保卫国家安全的特别敏感的设施。

禁区分为永久性禁区和临时禁区。

永久性禁区禁止航空器在任何时间、任何飞行条件下进入,如北京、上海、沈阳、武汉、长辛店、葫芦岛等禁航区。

临时禁航区只在规定的时间内禁止航空器飞入,如杭州、北戴河等禁航区。

在中国,未按照国家有关规定经特别批准,任何航空器不得飞入空中禁区和临时空中禁区。

9. 防空识别区

防空识别区(Air Defense Identification Zone,简称 ADIZ),指的是一国基于空防需要,单方面所划定的空域。目的在于为军方及早发现、识别和实施空军拦截行动提供条件。

2013 年 11 月 23 日,中华人民共和国政府根据一九九七年三月十四日《中华人民共和国国防法》、一九九五年十月三十日《中华人民共和国民用航空法》和二〇〇一年七月二十七日《中华人民共和国飞行基本规则》,宣布划设东海防空识别区。

5.1.3 飞行的组织与实施

1. 航空器和空勤人员

在大气层中进行飞行的飞行器称为航空器,即任何可以从空气的反作用力(不包括由空气对地面的反作用力)取得支撑力的机器。飞到大气层之外的飞行器称为航天器。

(1) 航空器的使用

使用总寿命:大型航空器一般按机身飞行总时间和起落架次计算,中、小型航空器一般按机身总飞行时间计算。

使用基本数据:航空器使用手册是机组使用该航空器的基本依据,也是飞行签派员和空中交通管制员签派与管制航空器飞行的依据。除了局方和所属航空公司另有规定外,一般应按照使用手册规定执行。

航空器的检查维护:通常分为航行前检查、航行后维护、定期维护或分区维护、进厂大修等。各航空器的维护均有不同的规定和要求,应按各型航空器维护手册进行。

(2) 航空器的适航管理

设计民用航空器应取得民航局颁发的型号合格证,生产民用航空器应取得民航局颁发的生产许可证和适航证,进口民用航空器应取得民航局颁发的准予进口的型号认可证书,租用外国航空器应由民航局对其原登记国颁发的适航证进行审查认可或另行颁发适航证,出口民用航空器应由民航局签发出口适航证。

(3) 空勤人员

空勤人员是指在飞行的航空器上执行任务的人员,通常包括飞行人员、乘务人员、航空摄影人员和安全保卫人员。

飞行人员是指在飞行中直接操纵航空器和航空器上航行、通信等设备的人员,包括驾驶员、领航员、飞行通讯员、飞行机械员。

机组可以分为驾驶舱机组和客舱机组。机长是机组的领导,由正驾驶担任,当机组至少配备2名驾驶员时,应当指定1名机长。

机组执行飞行任务时的工作,通常按照飞行的4个阶段进行,如图 5-2 所示。

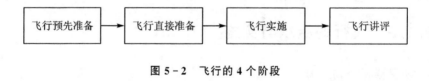

图 5-2 飞行的 4 个阶段

2. 机场相关定义

机场是在地面或水面上划定的一块区域(包括相关的各种建筑物、设施和装置),是供飞机起飞、着陆、停放、加油、维修及组织飞行保障活动之用的场所,机场系统如图 5-3 所示。

机场基准点(CAAC):用以标定机场地理位置的一个点,以主跑道中线的中点作为机场基准点,用经纬度表示,精确到秒,如图 5-4 所示。

机场标高:主跑道中线上最高点到平均海平面的垂直距离,精确到米,如图 5-5 所示。

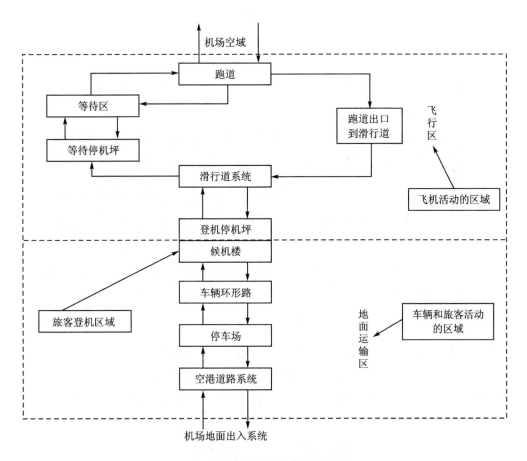

图 5-3　机场系统

图 5-4　机场基准点

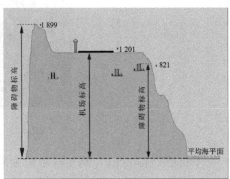

图 5-5　机场标高

机场基准温度:机场或接近机场的气象台、站所记录的年最热月的日最高气温的月平均值,以摄氏度计(取5年平均值)。

跑道:陆地机场上划定的长方形地区,供航空器着陆和起飞之用。

滑行道:陆地机场上划设的通道,供航空器滑行之用,用于提供从跑道到航站区和机库之间的连接通道,分为主用滑行道、出口滑行道(联络道)、快速出口滑行道(60°)和辅助滑行道,如图5-6所示。

图5-6 机场滑行道

净空道(Clearway,CWY):自跑道端向外、向上延伸的部分,等级代码1~2的飞行区净空道宽度为75 m,3~4的飞行区净空道宽度为150 m,除了必要的灯光设施外,不允许有任何其他障碍物,以保护飞机起降安全,如图5-7所示。

图5-7 机场净空道

停止道(Stopway,SWY):由跑道端向外延伸的部分,用于减少飞机中断起飞时冲出跑道的危险,宽度不小于跑道宽度,一般和跑道等宽,长度不小于60 m,强度要足以支撑飞机中断起飞时的质量,如图5-8所示。

跑道入口:跑道可用于着陆部分的始端,机场跑道如图5-9所示。

停机坪:陆地机场上供航空器上下旅客,装卸货物、邮件等而划定的区域,如

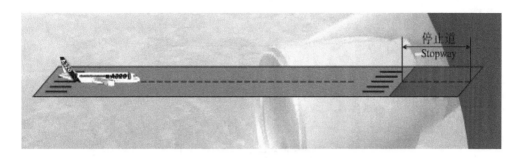

图5-8　机场停止道

图5-9　机场跑道

图5-10所示。

图5-10　机场停机坪

机场交通地带:为保护机场交通而环绕机场划定的区域,如图5-11所示。

活动区:机场上供航空器起飞、着陆和滑行使用的部分,包括机动区和停机坪。

机动区:机场上供航空器起飞、着陆和滑行使用的部分,但不包括停机坪。

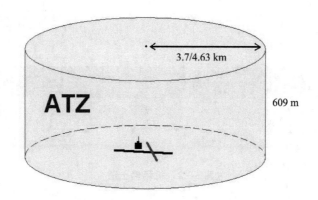

图 5 - 11　机场交通地带

决断高:在精密进近程序中规定的当不能取得继续进近要求的目视参考而必须开始复飞的以跑道入口平面为基准的高度(垂直距离)。

跑道视程:航空器上的飞行员在跑道中线上能看到跑道道面上的标志、跑道边界灯或中线灯的最大距离。

机场的公布距离如图 5 - 12 所示。

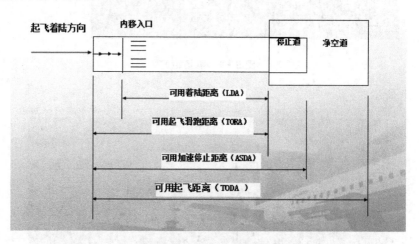

图 5 - 12　机场的公布距离

计算公式:

TORA(可用起飞滑跑距离)=RWY

TODA(可用起飞距离)=TORA+CWY

ASDA(可用加速停止距离)=TORA+SWY

LDA(可用着陆距离)=TORA-THR

例题 1：已知跑道长度 3 600 m，入口内移长 600 m，净空道长 300 m，停止道长 120 m，确定 TORA，TODA，ASDA，LDA。

TORA＝RWY＝3 600 m；

TODA＝TORA＋CWY＝3 600 m＋300 m＝3 900 m；

ASDA＝TORA＋SWY＝3 600 m＋120 m＝3 720 m；

LDA＝TORA－THR＝3 600 m－600 m＝3 000 m。

基准飞行场地长度：航空器在最大起飞质量和标准条件（即海平面高度、气温 15℃、无风、跑道无坡度）下起飞所需要的最小场地长度。

非标准条件的机场需要进行下列修正：海拔修正、气温修正、坡度修正。

3. 机场飞行区技术标准

为了使机场飞行区各种设施的技术要求与在这个机场上运行的航空器性能相适应，我国采用飞行区等级代码和飞行区等级代字来表征和描述民用航空运输机场飞行区对航空器的接纳能力。

(1) 飞行区等级代码

根据机场飞行区使用的最大航空器的基准飞行场地长度将飞行区分为 1，2，3，4 四个等级，如表 5－1 所列。

(2) 飞行区等级代字

根据机场飞行区使用的最大航空器的翼展和主起落架外轮外侧间的距离将飞行区分为 A，B，C，D，E，F 六个等级，如表 5－1 所列。

表 5－1　机场参考代码

飞行区等级代码	最大航空器的基准飞行场地长度/m	飞行区等级代字	最大航空器翼展/m	主起落架外轮轮距/m
1	1～<800	A	0～<15	0～<4.5
2	800～<1 200	B	15～<24	4.5～<6
3	1 200～<1 800	C	24～<36	6～<9
4	≥1 800	D	36～<52	9～<14
		E	52～<65	9～<14
		F	65～<80	14～<16

4. 机场的场道

(1) 跑　道

1) 跑道分类

机场跑道分类如图 5－13 所示。

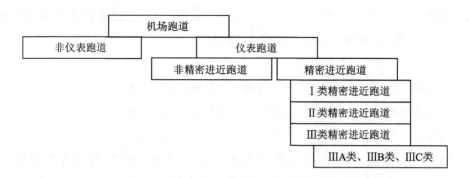

图 5－13　机场跑道

非精密进近:使用甚高频全向信标台(VOR)、无方向性无线电信标台(NDB)或者航向台(LLZ)(仪表着陆系统 ILS 下滑台不工作)等地面设施,只提供方位引导,不具备下滑引导的仪表进近。

精密进近:使用仪表着陆系统(ILS)、微波着陆系统(MLS)或精密进近雷达提供方位和下滑引导的仪表进近。

精密进近分为Ⅰ类精密进近、Ⅱ类精密进近、Ⅲ类精密进近,Ⅲ类精密进近分为ⅢA类、ⅢB类、ⅢC类。

如表 5－2 所列,Ⅰ类精密进近,决断高 60 m,跑道视程 800 m;Ⅱ类精密进近,决断高 30 m,跑道视程 400 m;ⅢA 类决断高 0 m,跑道视程 200 m;ⅢB 类决断高 0 m,跑道视程 50 m;ⅢC 类决断高 0 m,跑道视程 0 m。

表 5－2　精密进近

类　别	决断高度/m	跑道视程/m
Ⅰ类	60	800
Ⅱ类	30	400
ⅢA 类	0	200
ⅢB 类	0	50
ⅢC 类	0	0

2) 跑道宽度

跑道的宽度根据航空器的翼展和主起落架外轮外侧间距而定。飞行区等级代码为 1 的跑道宽 18～23 m,飞行区等级代码为 2 的跑道宽 23～30 m,飞行区等级代码为 3 的跑道宽 30～40 m,飞行区等级代码为 4 的跑道宽 45 m。

3）跑道强度

对于起飞质量超过 5 700 kg 的飞机，为了准确地表示飞机轮胎对地面压强和跑道强度之间的关系，国际民航组织规定使用飞机等级序号（Aircraft Classfication Number，ACN）和道面等级序号（Pavement Classfication Number，PCN）方法来决定该型飞机是否可以在指定的跑道上起降。

PCN 数是由道面的性质、道面基础的承载强度经评估而得出的，每条跑道都有一个 PCN 值。

ACN 数则是根据飞机的实际质量、起落架轮胎的内压力、轮胎与地面接触的面积以及主起落架机轮间距等参数，由飞机制造厂计算得出的，飞机的质量不同，ACN 不同。

飞机要在跑道上降落，要求 ACN≤PCN，否则，可能损坏跑道，使道面出现裂纹。但是满足下列要求时，偶尔允许 ACN 稍大于 PCN：

- 对于刚性道面，允许 ACN 超过 PCN5%；
- 对于柔性道面，允许 ACN 超过 PCN10%。

超载起降次数不超过该道面年度总起降次数的 5%。

（2）跑道道肩

跑道道肩是紧靠铺筑面侧边，经过整备作为铺筑面与邻接地面之间过渡用的区域，如图 5-14 所示。飞机偶然（强侧风、一发失效、操作失误）滑出跑道时，它可以使航空器的结构不致受到损坏，还可以防止因发动机的喷气吹起地面的泥土或砂石使发动机受损。

图 5-14　跑道道肩

一般每侧跑道道肩宽度为 1.5 m（根据跑道宽度而定，和飞行区等级代字有关），道肩的路面要有足够强度，以备在出现事故时，飞机不致遭受结构性损坏。

（3）滑行道

滑行道的宽度根据航空器前后轮距和主起落架外轮轮距而定，如表 5-3 所列。

表 5-3　滑行道的宽度

飞行区等级代字	滑行道宽度/m
A	7.5
B	10.5
C	15～18
D	18～23
E	23
F	25

（4）跑道选择

选择的内容：使用跑道、起降方向。

选择依据：风速、风向，航空器的性能，进离场程序、起落航线，净空条件，跑道参数（长度、宽度、坡度）、导航设施。

5. 机场标志

地面标志要求颜色明显，易于识别，没有反光。跑道标志以白色为好，滑行道和航空器停放位置标志用黄色。

（1）跑道号码标志

在跑道入口处涂绘跑道号码标志，如图 5-15 所示。

跑道号码由进近方向最接近跑道中心磁方位 1/10 的 2 位整数组成。当其为个位数时，其十位数为"0"。

有平行跑道时，在每条跑道号码下，按从进近方向看，左"L"，右"R"，中央"C"。

（2）跑道入口标志

在跑道入口处涂绘跑道入口标志。

跑道入口标志自离跑道入口 6 m 处开始向内，由 1 组长度相同的线段组成，线段长 30 m，宽约 1.8 m，间距约 1.8 m，横向排列至距跑道边 3 m 以内。靠近跑道中线的两条线段用双倍的间距分开。

（3）跑道中线标志

沿跑道中线，在跑道号码之间涂绘跑道中线标志，如图 5－16 所示。

图 5－15　跑道号码标志

图 5－16　跑道中线标志

跑道中线标志线段长 30 m，间距 20 m，形成虚线，线宽 0.45 m，Ⅱ类和Ⅲ类精密进近跑道线条宽 0.9 m。

（4）跑道中心圆标志

跑道中心圆标志位于跑道中央，标志形状为有 4 个缺口的圆环。

（5）接地地带标志

精密进近跑道的接地区应涂绘接地地带标志。

该标志从跑道入口起，以 150 m 的纵向间距对称设置。飞行区等级代码为 4 的跑道设 6 对，飞行区等级代码为 3 的跑道设 5 对。

（6）跑道边线标志

跑道道面与道肩不能明显辨别的跑道应涂绘跑道边线标志。

跑道边线为宽 0.9 m（跑道宽 30 m 以上）或 0.45 m（跑道宽小于 30 m）的连续实线，其外侧与跑道道面边缘大致相齐。

（7）滑行道中线标志

滑行道中线为宽 15 cm 的连续实线，在直线段应沿中线设置，在弯道处应保持在与道面两边缘等距处设置，在滑行道与跑道相交处，滑行道中线标志应以曲线形式转向跑道中线标志，并与跑道中线（相距 0.9 m）平行延伸至超过切点至少 60 m 处。

（8）滑行等待位置标志

对于滑行等待位置距跑道中线的距离，飞行区等级代码为 3，4 的跑道为 75 m，精密进近跑道为 90 m 浅色道面上的 A，B 型跑道等待位置标志如图 5－17、

图 5 – 18 所示。

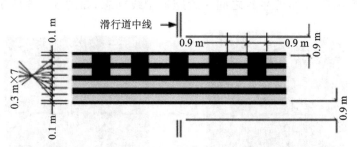

注：沿着"实线—虚线"方向行进将引导航空器或车辆进入跑道。

图 5 – 17　浅色道面上的 A 型跑道等待位置标志

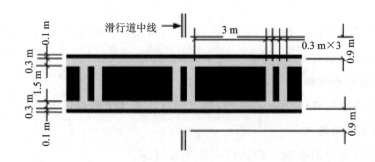

图 5 – 18　浅色道面上的 B 型跑道等待位置标志

6. 机场灯光

机场的地面标志和灯光设备都是目视助航设备,作用是引导航空器更好地安全着陆。

(1) 机场灯标

机场灯标设在机场内或机场的邻近地区,用于指示机场位置。

(2) 进近灯光系统

1) 进近中线灯

跑道中心线延长线上一行固定的可变白光灯,如图 5 – 19 所示。

精密进近跑道的进近中线至少延伸 900 m,简易进近灯光系统和中光强度进近灯光系统至少延伸到跑道中心线延长线 420 m 处。

2) 进近横排灯

在距跑道入口 300 m 处设置进近横排灯(Ⅱ,Ⅲ类精密进近跑道在距跑道入口 150 m 和 300 m 处各设置 1 排),如图 5 - 20 所示。进近横排灯被跑道中心线延长线垂直平分,每边内侧灯距跑道中心线延长线 4.5 m,各向外再设 7 个灯,灯间距为 1.5 m,灯的颜色为可变白光。

3)进近旁线灯

从跑道入口延伸至距跑道入口 270 m 处的红光灯(Ⅱ,Ⅲ类精密进近跑道安装此灯),如图 5 - 21 所示,灯距为 30 m。

图 5 - 19　进近中线灯　　　图 5 - 20　进近横排灯　　　图 5 - 21　进近旁线灯

(3) 跑道灯光系统

1)跑道边线灯

跑道边线灯沿跑道全长设在对称于跑道中线、距离跑道边线外侧不大于 3 m 的两条平行线上,如图 5 - 22 所示。

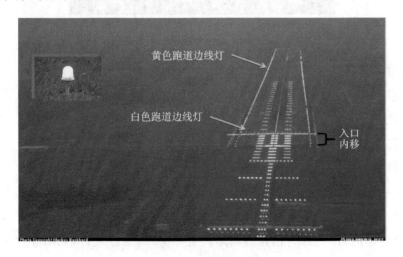

图 5 - 22　跑道边线灯

跑道边线灯的间距不大于 60 m。

位于跑道两端 600 m 范围内(或跑道长度 1/3,取较小值)的跑道边线灯采用半白半黄发光的灯具,并使白光向外,黄光朝向跑道中部。

如果跑道入口内移,从跑道端至内移跑道入口之间的跑道边线灯向进近方向显示为红色。

跑道边线灯采用轻型易折式灯具。

2)跑道入口灯

跑道入口灯均匀布置在垂直于跑道中线的直线上,从进近方向看,灯光为绿色(半红半绿),如图 5-23 所示。设有跑道边线灯的跑道必须设置跑道入口灯,如为非精密进近跑道,跑道入口至少装 6 个灯具,如为精密进近跑道,跑道入口灯以不大于 3 m 的间距在跑道边线灯间沿跑道入口等距设置。

跑道入口灯采用轻型易折式或平地式灯具。

图 5-23 跑道入口灯

3)跑道末端灯

跑道末端灯一般采用与跑道入口灯共用半红半绿发光的灯具,以其向跑道中部发红光部分作为跑道末端灯。灯具的布置同中光强跑道入口灯。

跑道末端灯采用轻型易折式或平地式灯具。

4)跑道中线灯

跑道中线灯沿跑道全长设在跑道中心线上,灯距为 30 m。从跑道入口到距跑道末端 930 m 范围内全部为白光灯,从距跑道末端 900 m 处起至距跑道末端 300 m 处范围内,红光灯与白光灯相间设置,其余均为红光灯,如图 5-24 所示。

Ⅱ类、Ⅲ类精密进近跑道必须设置跑道中线灯。

5)接地地带灯

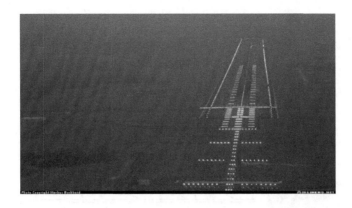

图 5 - 24　跑道中线灯

接地地带灯从跑道入口开始至跑道入口后 900 m 沿跑道纵向按间距 60 m（RVR 大于或等于 300 m 时使用的跑道）或 30 m（RVR 小于 300 m 时使用的跑道）对称地设在跑道中线的两侧。接地地带灯采用平地式单向发白光的灯具，朝向该侧跑道入口发光。

Ⅱ类或Ⅲ类精密进近跑道须设接地地带灯。

6）停止道灯

停止道灯沿停止道的全长等距地设在跑道边线灯的延长线上，灯距为 40～60 m，灯光颜色为红色。此外，横贯停止道末端还应设置 3 个灯，与跑道中心线垂直、距停止道端线不大于 3 m。

7）目视进近坡度指示系统（VASIS）及精密进近航道指示器（PAPI）

该灯光系统由多组成对的灯组组成，其中，目视进近坡度指示系统灯光对称地排列在跑道两侧，精密进近航道指示器排列在跑道左侧。二者都用于引导飞机在进近过程中保持正常的下滑航迹。

目视进近坡度指示系统的指示情况如图 5 - 25 所示，当航空器高于标称下滑航径时，航空器驾驶员看到所有灯光都是白色；当航空器正在标称下滑航径上时，航空器驾驶员看到下风灯是白色，而上风灯是红色；当航空器低于标称下滑航径时，航空器驾驶员看到所有灯光都是红色。

精密进近航道指示器如图 5 - 26 所示。

精密进近航道指示器的指示情况如图 5 - 27 所示，当航空器高于下滑航径时，航空器驾驶员看到的坡度灯光为三白或四白；当航空器在下滑航径上时，航空器驾驶员看到的坡度灯光为两红两白；当航空器低于下滑航径时，航空器驾驶员看到的坡度灯光为三红或四红。

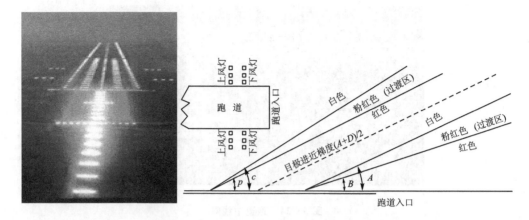

图 5 - 25　目视进近坡度指示系统的指示情况

图 5 - 26　精密进近航道指示器

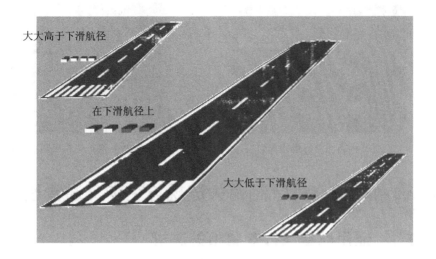

大大高于下滑航径

在下滑航径上

大大低于下滑航径

图 5 – 27　精密进近航道指示器的指示情况

8）"T"字灯

T 字目视进近下滑指示灯（T - VASI）的设计是当飞机以正确的角度下滑时，只能看到跑道两侧与跑道垂直的白色灯号。当下滑角过高或过低时，则分别会看到一个倒 T 字（⊥）或一个正 T 字（⊤），且 T 字的竖边长短指示飞机下滑角的偏离程度，十分形象。下滑角严重过低时，整体灯号会转为红色以警告飞行员。但由于 T 字目视进近下滑指示灯在下滑角正确时的灯号容易与 PAPI 指示下滑角过高的灯号混淆，且 T 字的竖边在下滑角偏离不大时远距离难以看清，目前机场已很少采用该款灯号。

（4）滑行道灯光系统

1）滑行道边线灯

如图 5 - 28 所示，滑行道边线灯沿滑行道边缘外 3 m 以内设置，直线段间距不大于 60 m；在短的直线段和弯道上适当减小灯距。滑行道边线灯采用全方向发蓝光的轻型易折式灯具。

2）滑行道中线灯

Ⅱ类精密进近跑道必须设置滑行道中线灯。如图 5 - 29 所示，滑行道中线灯沿滑行道中线均匀布置，其直线段间距为 30 m；在短的直线段和弯道上视情况减小灯距。滑行道中线灯采用双向发绿光的平地式灯具。

图 5-28　滑行道边线灯

图 5-29　滑行道中线灯

5.2　通用航空飞行管制相关法规与空中交通管理

5.2.1　通用航空飞行管制相关法规

1. 法　律

《中华人民共和国民用航空法》。

2. 法　规

《中华人民共和国飞行基本规则》《通用航空飞行管制条例》。

3. 规　章

《通用航空飞行任务审批与管理规定》《民航东北地区飞行计划管理暂行办法》。

5.2.2　通用航空飞行管制条例

《通用航空飞行管制条例》是 2003 年由国务院、中央军事委员会下发的第一部针对通用航空飞行管制的法规文件,全文一共六个章节四十五条,明确了规范的范畴、调整了空域的管理办法、改进了飞行申请的方法、解决了飞行保障中的突出问题,同时也考虑了与相关法规的衔接问题。

通用航空飞行管制条例

第一章　总　则

第一条　为了促进通用航空事业的发展,规范通用航空飞行活动,保证飞行安全,根据《中华人民共和国民用航空法》和《中华人民共和国飞行基本规则》,制定本条例。

第二条　在中华人民共和国境内从事通用航空飞行活动,必须遵守本条例。

在中华人民共和国境内从事升放无人驾驶自由气球和系留气球活动,适用本条例的有关规定。

第三条　本条例所称通用航空,是指除军事、警务、海关缉私飞行和公共航空运输飞行以外的航空活动,包括从事工业、农业、林业、渔业、矿业、建筑业的作业飞行和医疗卫生、抢险救灾、气象探测、海洋监测、科学实验、遥感测绘、教育训练、文化体育、旅游观光等方面的飞行活动。

第四条 从事通用航空飞行活动的单位、个人,必须按照《中华人民共和国民用航空法》的规定取得从事通用航空活动的资格,并遵守国家有关法律、行政法规的规定。

第五条 飞行管制部门按照职责分工,负责对通用航空飞行活动实施管理,提供空中交通管制服务。相关飞行保障单位应当积极协调配合,做好有关服务保障工作,为通用航空飞行活动创造便利条件。

第二章 飞行空域的划设与使用

第六条 从事通用航空飞行活动的单位、个人使用机场飞行空域、航路、航线,应当按照国家有关规定向飞行管制部门提出申请,经批准后方可实施。

第七条 从事通用航空飞行活动的单位、个人,根据飞行活动要求,需要划设临时飞行空域的,应当向有关飞行管制部门提出划设临时飞行空域的申请。

划设临时飞行空域的申请应当包括下列内容:

① 临时飞行空域的水平范围、高度;

② 飞入和飞出临时飞行空域的方法;

③ 使用临时飞行空域的时间;

④ 飞行活动性质;

⑤ 其他有关事项。

第八条 划设临时飞行空域,按照下列规定的权限批准:

① 在机场区域内划设的,由负责该机场飞行管制的部门批准;

② 超出机场区域在飞行管制分区内划设的,由负责该分区飞行管制的部门批准;

③ 超出飞行管制分区在飞行管制区内划设的,由负责该管制区飞行管制的部门批准;

④ 在飞行管制区间划设的,由中国人民解放军空军批准。

批准划设临时飞行空域的部门应当将划设的临时飞行空域报上一级飞行管制部门备案,并通报有关单位。

第九条 划设临时飞行空域的申请,应当在拟使用临时飞行空域7个工作日前向有关飞行管制部门提出;负责批准该临时飞行空域的飞行管制部门应当在拟使用临时飞行空域3个工作日前作出批准或者不予批准的决定,并通知申请人。

第十条 临时飞行空域的使用期限应当根据通用航空飞行的性质和需要确定,通常不得超过12个月。

因飞行任务的要求,需要延长临时飞行空域使用期限的,应当报经批准该临时飞行空域的飞行管制部门同意。

通用航空飞行任务完成后,从事通用航空飞行活动的单位、个人应当及时报告有关飞行管制部门,其申请划设的临时飞行空域即行撤销。

第十一条 已划设的临时飞行空域,从事通用航空飞行活动的其他单位、个人因飞行需要,经批准划设该临时飞行空域的飞行管制部门同意,也可以使用。

第三章 飞行活动的管理

第十二条 从事通用航空飞行活动的单位、个人实施飞行前,应当向当地飞行管制部门提出飞行计划申请,按照批准权限,经批准后方可实施。

第十三条 飞行计划申请应当包括下列内容:

① 飞行单位;

② 飞行任务性质;

③ 机长(飞行员)姓名、代号(呼号)和空勤组人数;

④ 航空器型别和架数;

⑤ 通信联络方法和二次雷达应答机代码;

⑥ 起飞、降落机场和备降场;

⑦ 预计飞行开始、结束时间;

⑧ 飞行气象条件;

⑨ 航线、飞行高度和飞行范围;

⑩ 其他特殊保障需求。

第十四条 从事通用航空飞行活动的单位、个人有下列情形之一的,必须在提出飞行计划申请时,提交有效的任务批准文件:

① 飞出或者飞入我国领空的(公务飞行除外);

② 进入空中禁区或者国(边)界线至我方一侧 10 km 之间地带上空飞行的;

③ 在我国境内进行航空物探或者航空摄影活动的;

④ 超出领海(海岸)线飞行的;

⑤ 外国航空器或者外国人使用我国航空器在我国境内进行通用航空飞行活动的。

第十五条 使用机场飞行空域、航路、航线进行通用航空飞行活动,其飞行计划申请由当地飞行管制部门批准或者由当地飞行管制部门报经上级飞行管制部门批准。

使用临时飞行空域、临时航线进行通用航空飞行活动,其飞行计划申请按照下列规定的权限批准:

① 在机场区域内的,由负责该机场飞行管制的部门批准;

② 超出机场区域在飞行管制分区内的,由负责该分区飞行管制的部门批准;

③ 超出飞行管制分区在飞行管制区内的,由负责该区域飞行管制的部门批准;

④ 超出飞行管制区的,由中国人民解放军空军批准。

第十六条 飞行计划申请应当在拟飞行前 1 天 15 时前提出;飞行管制部门应当在拟飞行前 1 天 21 时前作出批准或者不予批准的决定,并通知申请人。

执行紧急救护、抢险救灾、人工影响天气或者其他紧急任务的,可以提出临时飞行计划申请。临时飞行计划申请最迟应当在拟飞行前 1 h 前提出;飞行管制部门应当在拟起飞时刻 15 min 前作出批准或者不予批准的决定,并通知申请人。

第十七条 在划设的临时飞行空域内实施通用航空飞行活动的,可以在申请划设临时飞行空域时一并提出15天以内的短期飞行计划申请,不再逐日申请;但是每日飞行开始前和结束后,应当及时报告飞行管制部门。

第十八条 使用临时航线转场飞行的,其飞行计划申请应当在拟飞行2天前向当地飞行管制部门提出;飞行管制部门应当在拟飞行前1天18时前作出批准或者不予批准的决定,并通知申请人,同时按照规定通报有关单位。

第十九条 飞行管制部门对违反飞行管制规定的航空器,可以根据情况责令改正或者停止其飞行。

第四章　飞行保障

第二十条 通信、导航、雷达、气象、航行情报和其他飞行保障部门应当认真履行职责,密切协同,统筹兼顾,合理安排,提高飞行空域和时间的利用率,保障通用航空飞行顺利实施。

第二十一条 通信、导航、雷达、气象、航行情报和其他飞行保障部门对于紧急救护、抢险救灾、人工影响天气等突发性任务的飞行,应当优先安排。

第二十二条 从事通用航空飞行活动的单位、个人组织各类飞行活动,应当制定安全保障措施,严格按照批准的飞行计划组织实施,并按照要求报告飞行动态。

第二十三条 从事通用航空飞行活动的单位、个人,应当与有关飞行管制部门建立可靠的通信联络。

在划设的临时飞行空域内从事通用航空飞行活动时,应当保持空地联络畅通。

第二十四条 在临时飞行空域内进行通用航空飞行活动,通常由从事通用航空飞行活动的单位、个人负责组织实施,并对其安全负责。

第二十五条 飞行管制部门应当按照职责分工或者协议,为通用航空飞行活动提供空中交通管制服务。

第二十六条 从事通用航空飞行活动需要使用军用机场的,应当将使用军用机场的申请和飞行计划申请一并向有关部队司令机关提出,由有关部队司令机关作出批准或者不予批准的决定,并通知申请人。

第二十七条 从事通用航空飞行活动的航空器转场飞行,需要使用军用或者民用机场的,由该机场管理机构按照规定或者协议提供保障;使用军民合用机场的,由从事通用航空飞行活动的单位、个人与机场有关部门协商确定保障事宜。

第二十八条 在临时机场或者起降点飞行的组织指挥,通常由从事通用航空飞行活动的单位、个人负责。

第二十九条 从事通用航空飞行活动的民用航空器能否起飞、着陆和飞行,由机长(飞行员)根据适航标准和气象条件等最终确定,并对此决定负责。

第三十条 通用航空飞行保障收费标准,按照国家有关国内机场收费标准执行。

第五章　升放和系留气球的规定

第三十一条 升放无人驾驶自由气球或者系留气球,不得影响飞行安全。

本条例所称无人驾驶自由气球,是指无动力驱动、无人操纵、轻于空气、总质量大于 4 千克自由飘移的充气物体。

本条例所称系留气球,是指系留于地面物体上、直径大于 1.8 m 或者体积容量大于 3.2 m³、轻于空气的充气物体。

第三十二条 无人驾驶自由气球和系留气球的分类、识别标志和升放条件等,应当符合国家有关规定。

第三十三条 进行升放无人驾驶自由气球或者系留气球活动,必须经设区的市级以上气象主管机构会同有关部门批准。具体办法由国务院气象主管机构制定。

第三十四条 升放无人驾驶自由气球,应当在拟升放 2 天前持本条例第三十三条规定的批准文件向当地飞行管制部门提出升放申请;飞行管制部门应当在拟升放 1 天前作出批准或者不予批准的决定,并通知申请人。

第三十五条 升放无人驾驶自由气球的申请,通常应当包括下列内容:

① 升放的单位、个人和联系方法;

② 气球的类型、数量、用途和识别标志;

③ 升放地点和计划回收区;

④ 预计升放和回收(结束)的时间;

⑤ 预计飘移方向、上升的速度和最大高度。

第三十六条 升放无人驾驶自由气球,应当按照批准的申请升放,并及时向有关飞行管制部门报告升放动态;取消升放时,应当及时报告有关飞行管制部门。

第三十七条 升放系留气球,应当确保系留牢固,不得擅自释放。

系留气球升放的高度不得高于地面 150 m,但是低于距其水平距离 50 m 范围内建筑物顶部的除外。

系留气球升放的高度超过地面 50 m 的,必须加装快速放气装置,并设置识别标志。

第三十八条 升放的无人驾驶自由气球或者系留气球中发生下列可能危及飞行安全的情况时,升放单位、个人应当及时报告有关飞行管制部门和当地气象主管机构:

① 无人驾驶自由气球非正常运行的;

② 系留气球意外脱离系留的;

③ 其他可能影响飞行安全的异常情况。

加装快速放气装置的系留气球意外脱离系留时,升放系留气球的单位、个人应当在保证地面人员、财产安全的条件下,快速启动放气装置。

第三十九条 禁止在依法划设的机场范围内和机场净空保护区域内升放无人驾驶自由气球或者系留气球,但是国家另有规定的除外。

第六章 法律责任

第四十条 违反本条例规定,《中华人民共和国民用航空法》《中华人民共和国飞行基本规则》及有关行政法规对其处罚有规定的,从其规定;没有规定的,适用本章规定。

第四十一条 从事通用航空飞行活动的单位、个人违反本条例规定,有下列情形之一的,由有关部门按照职责分工责令改正,给予警告;情节严重的,处2万元以上10万元以下罚款,并可给予责令停飞1个月至3个月、暂扣直至吊销经营许可证、飞行执照的处罚;造成重大事故或者严重后果的,依照刑法关于重大飞行事故罪或者其他罪的规定,依法追究刑事责任:

① 未经批准擅自飞行的;

② 未按批准的飞行计划飞行的;

③ 不及时报告或者漏报飞行动态的;

④ 未经批准飞入空中限制区、空中危险区的。

第四十二条 违反本条例规定,未经批准飞入空中禁区的,由有关部门按照国家有关规定处置。

第四十三条 违反本条例规定,升放无人驾驶自由气球或者系留气球,有下列情形之一的,由气象主管机构或者有关部门按照职责分工责令改正,给予警告;情节严重的,处1万元以上5万元以下罚款;造成重大事故或者严重后果的,依照刑法关于重大责任事故罪或者其他罪的规定,依法追究刑事责任:

① 未经批准擅自升放的;

② 未按照批准的申请升放的;

③ 未按照规定设置识别标志的;

④ 未及时报告升放动态或者系留气球意外脱离时未按照规定及时报告的;

⑤ 在规定的禁止区域内升放的。

第四十四条 按照本条例实施的罚款,应当全额上缴财政。

第七章　附　则

第四十五条 本条例自2003年5月1日起施行。

5.2.3　空中交通管理

1. 空中交通管理的任务和组成

空中交通管理的基本任务是使航空公司或经营人的航空器能够按照原来预定的起飞时间和到场时间飞行,在实施过程中,能以最少(小)程度的限制,不降低安全系数地有序运行。

空中交通管理主要包括空中交通服务、空域管理和空中交通流量管理。

2. 空中交通服务

(1) 空中交通服务的目标

空中交通服务的目标分为以下五点:

① 防止空中的航空器相撞,防止出现各种事件;

② 防止飞机和障碍物在起飞、降落及相关区域出现相撞等事故;

③ 加速空中交通流量,维持良好飞行秩序;

④ 为航空器提供各种建议、情报、信息来避开危险天气及各种限制性空域;

⑤ 在航空器遇险时,通知各保障单位及时开展工作。

(2) 空中交通服务的组成

空中交通服务包括空中交通管制服务、飞行情报服务和告警服务三部分。

1) 空中交通管制服务

空中交通管制服务是空中交通服务的主要部分,分为区域管制服务、进近管制服务和机场管制服务三部分。

2) 飞行情报服务

飞行情报服务通常由区域管制单位代替完成,但在有些地区,考虑到飞行量大、飞行组成复杂等现实情况可成立专门的机构从事该项工作。

广州新白云机场进离场航线示意图如图 5-30 所示,北京区域管制中心大厅如图 5-31 所示。

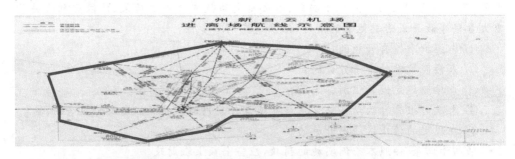

图 5-30　广州新白云机场进离场航线示意图

图 5-31　北京区域管制中心大厅

3) 告警服务

告警服务是当航空器处于搜寻和救援状态下,如图 5-32 所示,涉及向有关单位发出通知,并给予协助的服务。

(3) 间隔标准

间隔标准是在空中交通管制过程中将航空器在纵向、横向和垂直方向隔开的最小距离,如图 5-33 所示。间隔标准分为两类:垂直间隔和水平间隔。航班飞行高度层垂直间隔方案对比图如图 5-34 所示。

图 5 - 32　告警服务

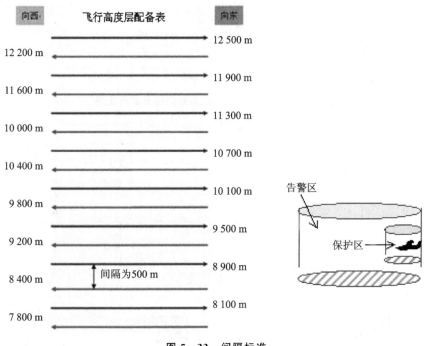

图 5 - 33　间隔标准

（4）飞行规则

飞行规则分为 3 个部分：通用飞行规则、目视飞行规则和仪表飞行规则，如图 5 - 35 所示。

3.空中交通管制服务

（1）空中交通管制服务的任务与组成

1）空中交通管制服务的任务

空中交通管制服务的任务是为每个航空器提供其他航空器的即时信息和动态；由这些信息确定各个航空器之间的相对位置；发出管制许可，使用许可和信息防止航空器相撞；用管制许可来保证控制空域内各航班的间隔，保证飞行安全；分析空中交通状况，使空中交通的流量提高。

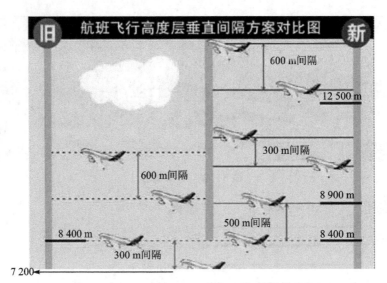

图 5-34　航班飞行高度层垂直间隔方案对比图

目视起落

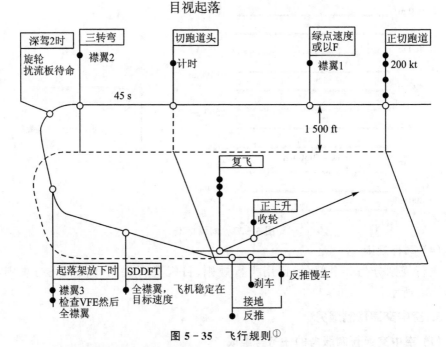

图 5-35　飞行规则①

2）空中交通管制服务的组成

空中交通管制系统按照管制范围的不同分为三部分,即区域(航路)管制、进近管制和机场管制;按照管制手段的不同又可将空中交通管制系统分为程序管

———————————

① 考虑到通用航空的行业习惯,本书部分地方保留了一些非国际单位。

制和雷达管制。

在机场范围内,起落航线上为飞行提供的管制服务称为机场管制服务,由塔台提供服务。

对按仪表飞行规则在仪表气象条件下起飞或降落的飞行所提供的服务称为进近管制服务,这种服务由进近管制室来提供。

航空器进入航路,在航路(线)上为飞行提供的空中交通管制服务称为区域管制服务,由区域管制中心提供。

3)空中交通管制服务单位

进近管制室:为按仪表飞行规则在仪表气象条件下起飞或降落的飞行提供服务。

塔台:在机场范围内,起落航线上为飞行提供管制服务,针对目视可见的飞机。

区域管制中心:航空器进入航路,在航路(线)上为飞行提供空中管制服务。

航空器整个飞行过程由这三个单位来分别管制,这些管制单位之间的控制范围的划分不是硬性的,在有利于空中交通的情况下,可以做一些灵活的调整。

(2)机场管制

机场管制服务的范围和内容:航空器在机场交通管制区的空中飞行;航空器的起飞和降落;航空器在机坪上的运动;防止飞机在运动中与地面车辆和地面障碍物的碰撞。

机场管制服务由机场管制塔台提供,因此管制员也被称为塔台管制员。他们在塔台的高层,一般靠目视来管理飞机在机场上空和地面的运行。

机场地面交通管制如图 5-36 所示,机场空中交通管制如图 5-37 所示,塔台管制室如图 5-38 所示,起落航线如图 5-39 所示,飞机离场如图 5-40~

图 5-36　机场地面交通管制

图 5-42 所示,飞机进场如图 5-43~图 5-47 所示。

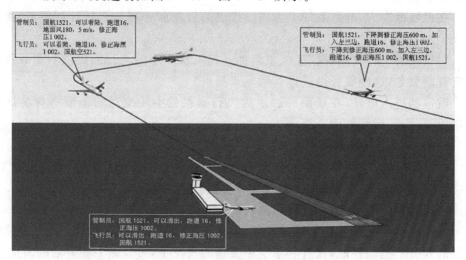

图 5-37　机场空中交通管制

图 5-38　塔台管制室

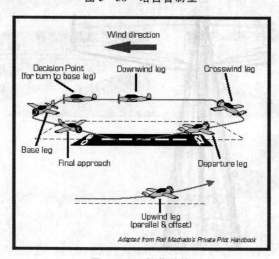

图 5-39　起落航线

图 5 - 40　离场(1)

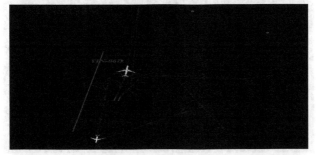

图 5 - 41　离场(2)

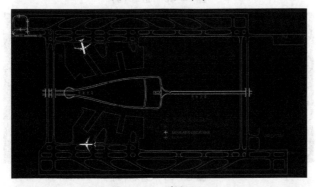

图 5 - 42　离场(3)

图 5 - 43　进场(1)

图 5 - 44　进场(2)

图 5 - 45　进场(3)

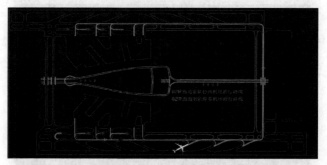

图 5 - 46　进场(4)

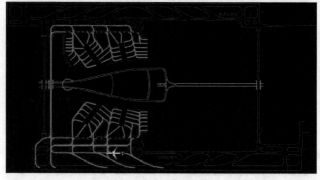

图 5 - 47　进场(5)

(3) 进近管制

进近管制是针对按仪表飞行规则飞行的航空器的起飞和着陆的管制,如图 5-48 所示。

1) 进近管制的任务

进近管制是塔台管制和航路管制的中间环节。

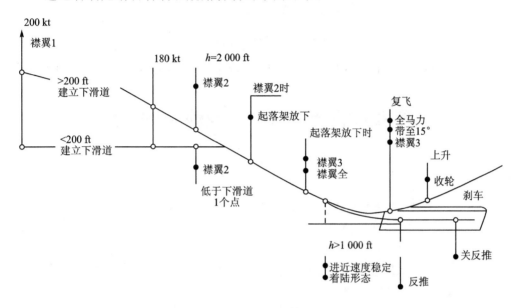

图 5-48　进近管制

2) 间隔控制

一般机场都制定出一个标准仪表离场程序,进近管制员只要给出间隔,驾驶员就按照这个程序飞到航路区域。

当进近着陆的飞机较多,而又在大约同一时间到达时,为了保持飞机的间隔,必须由管制员"制造"出间隔以保证飞机的顺序降落,这要依靠等待航线来实现。

(4) 区域(航路)管制

航空器在航路上的飞行由区域管制中心提供空中交通管制服务,每一个区域管制中心负责一定区域上空的航路、航线网的空中交通的管理,如图 5-49 所示。

(5) 程序管制

在雷达引入空中交通管制之前,管制主要是使用无线电通信按照规定的程序来完成的,因此称为程序管制。

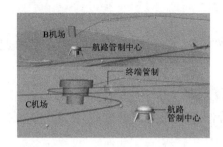

图 5-49　区域(航路)管制

程序管制——飞行计划如图 5-50 所示,程序管制——进程单如图 5-51 所示。

图 5-50　程序管制——飞行计划

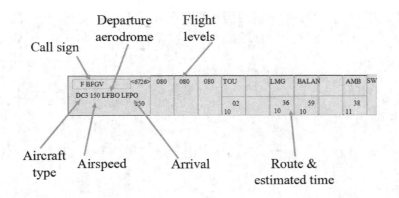

图 5-51　程序管制——进程单

(6) 雷达管制

雷达管制与程序管制的主要区别是雷达管制使用了精确的监视雷达设备，雷达管制使用的雷达种类分为一次监视雷达和二次监视雷达。雷达原理如图 5-52 所示，ATC 雷达显示如图 5-53 所示。

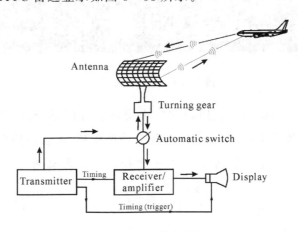

图 5-52　雷达原理

5.3　新航行系统

5.3.1　新航行系统的组成及特点

基于对未来商务交通量增长和应用需求的预测，为解决现行航行系统在未来航空运输中的安全、容量和效率不高等问题，提出了新航行系统。

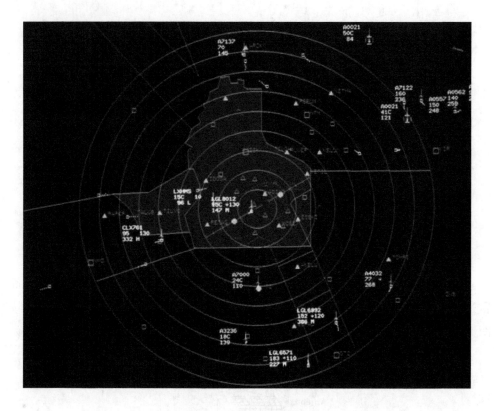

图 5-53 ATC 雷达显示

新航行系统由通信、导航、监视和空中交通管理四部分组成,其中,通信、导航和监视系统是基础设施,空中交通管理是管理体制、配套设施和应用软件的组合。新航行系统主要是"卫星技术＋数据链技术＋计算机网络技术"这些新技术的应用。

新航行系统的特点:

① 具有充分的覆盖性;

② 能够充分利用信息资源;

③ 大大减少地面空管设施的数量。

新航行系统与现行航行系统的比较如表 5-4 所列,卫星导航如图 5-54 所示,卫星定位原理如图 5-55 所示。

表 5 - 4　新航行系统与现行航行系统的比较

组成部分	现行航行系统	新航行系统
通　信	VHF 话音 HF 话音	VHF 话音/数据 AMSS 话音/数据 SSR S 模式数据链 ATNHF 话音/数据 RCP
导　航	NDB VOR/DME ILS INS/IRS 气压高度	RNP/RNAV GNSS DGNSS INS/IRS MLS 气压高度
监　视	PSR SSR A/C 模式 话音位置报告	ADS SSR A/C 模式 SSR S 模式 RMP
空中交通管理	ATC FIS AWS	ASM ATS ATFM A/C RATMP

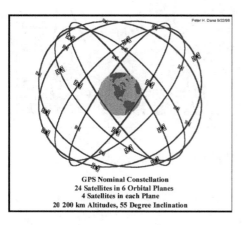

图 5 - 54　卫星导航

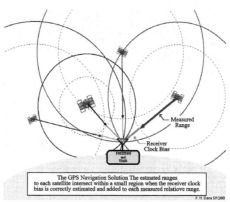

图 5 - 55　卫星定位原理

5.3.2 通信系统

在新航行系统中,导航和监视系统所形成的各种数据都是通过通信系统来传输的,因此,通信系统是新航行系统的基础。

现在的通信环境和未来的通信环境如图 5-56、图 5-57 所示。通信系统如图 5-58 所示。

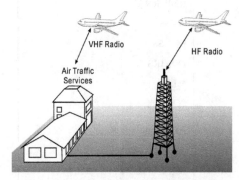

图 5-56 现在的通信环境   图 5-57 未来的通信环境

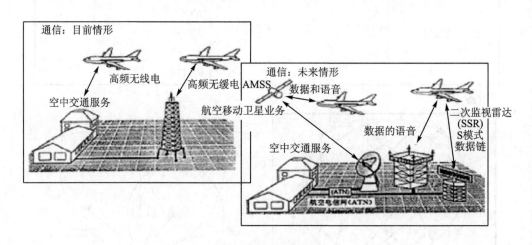

图 5-58 通信系统

航空电信网如表 5-5 所列。

表 5-5　航空电信网

飞行阶段	来自飞机	到飞机
滑　行	链路测试/时钟更新； 燃油/机组信息； 延误报告； 滑行 (OUT)	离港前许可(PDC)； 自动终端情报服务； 载重和配平； 机场分析； 垂直速度； 飞行计划硬拷贝,注入 FMS
起　飞	飞机脱离跑道信息(OFF)	
离　港	发动机数据	飞行计划更新； 气象报告
航　路	位置报告； 气象报告； 预计到达时间； 话音请求； 发动机信息； 维修报告	ATC 许可； 气象报告； 再许可； 地面话音请求(选择呼叫)
进　近	准备； 廊桥请求； 预计到达时间； 特殊请求； 发动机信息； 维修报告	廊桥确认； 廊桥联系； 旅客和机组信息； 自动终端情报服务
着　陆	着陆信息(OFF)	
滑　行	滑行到停机坪； 燃油信息； 机组信息； 取自中央维修计算机的故障信息(IN)	

5.3.3　导航系统

导航系统主要涉及全球卫星导航系统、所需导航性能、广域增加系统、本地增加系统。

现在的导航环境和未来的导航环境如图 5−59、图 5−60 所示。

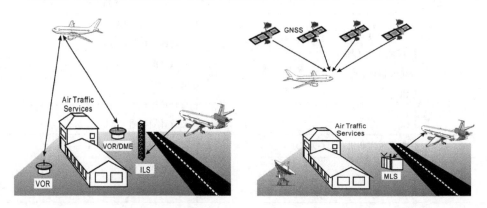

图 5−59　现在的导航环境　　　　图 5−60　未来的导航环境

导航星座水平定位精度和垂直定位精度如表 5−6 所列。

表 5−6　导航星座水平定位精度和垂直定位精度

单位：m

导航星座	水平定位精度		垂直定位精度	
	95%	99.99%	95%	99.99%
GPS	100	300	156	500
GLONASS	24	140	48	585

GPS 卫星星座如图 5−61 所示。

图 5−61　GPS 卫星星座

5.3.4　监视系统

新航行系统中的监视系统主要包括 A/C 模式或 S 模式的二次监视雷达、自动相关监视(ADS)和广播式自动相关监视(ADS‑B)。现在的监视环境和未来的监视环境如图 5‑62、图 5‑63 所示。

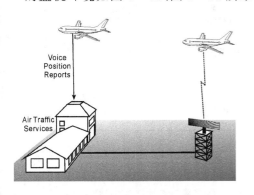

图 5‑62　现在的监视环境

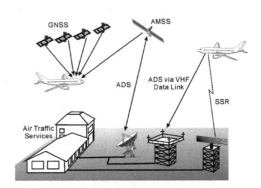

图 5‑63　未来的监视环境

新的监视系统具有如下特点:可以减少位置报告的误差;可对非雷达空域进行监视,提供更为精确的位置数据;可以提供更便捷的航线,允许飞机剖面的临时改变从而提高灵活性,大大节约成本。监视系统的比较如表 5‑7 所列。

表 5‑7　监视系统的比较

项　目	话　音	雷　达	自动相关监视
定位手段	机载设备	地面设备	机载设备
参与者	管制员、飞行员	管制员	管制员
功　能	固定航路、利用飞行进程单跟踪	监视 CRT 显示的位置	监视数据终端显示的数据
通　信	VHF/HF/SATC OM 话音		VHF/HF/SATC OM 数据链

5.3.5　空中交通管理系统

在新航行系统中,空中交通管理(ATM)是以通信、导航和监视系统为基础的高级应用,也是新航行系统的实现目标。

空中交通管理系统如图 5‑64 所示。

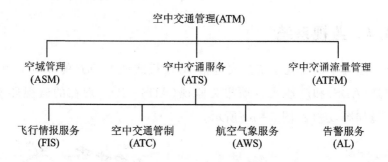

图5-64 空中交通管理系统

ATC 与 ATM 的比较如表5-8所列。

表5-8 ATC 与 ATM 的比较

项 目	ATC	ATM
名 称	空中交通管制	空中交通管理
功 能	空中交通管制服务、飞行情报服务、告警服务	空域管理、空中交通服务、空中交通流量管理
方 法	战略管制	战术管理
飞行活动	受限于管制员的许可和指挥	较大选择余地
通信手段	话音为主	数据为主
监视手段	PSR,SSR	ADS,SSR
导航手段	陆基为主	星基为主
飞行计划登记和处理	根据申报的飞行计划打印飞机窄条; 机组通过话音请求偏航; 管制员人工记录飞行计划的变更	电存储飞行计划,拷贝作图; 机组通过 CPDLC 请求偏航; 管制员通过 CPDLC 实时更新飞行计划
一致性监视	管制员将雷达和话音报告的内容与飞行窄条比较飞行过程; 管制员人工识别与飞行计划的偏离	显示 ADS 周期位置报告; 依据 ADS 意图数据显示中间位置; 飞机自动发送有关偏航、超障高度的事件报告; 为管制员提供显示
间隔保证	管制员通过话音报告,监控飞机位置,保证间隔; 管制员根据雷达显示,保证间隔; 管制员通过话音通信指挥飞机调动	管制员根据监控显示,保证间隔; 软件评估飞行计划和 ADS 意图数据; 飞机用 FOM 表示导航性能,允许变化的间隔限制; 管制员通过 CPDLC 指挥飞机
飞机管制移交	管制员保持与飞机的话音联系,直至飞机移交到下一管区	管制员通过 CPDLC 确认将移交的飞机; 飞机通过 CPDLC 显示要求联络的管区; 管制员通过 CPDLC 发送服务的限度

项　目	ATC	ATM
冲突检测和解决	管制员人工识别冲突隐患； 当飞机相互靠近时,雷达提供告警； 管制员通过话音通信指挥飞机的调动	比较飞行计划,显示可能的冲突隐患； 变更飞行计划时,自动检查与其他飞机可能的冲突； 管制员有足够的时间处理冲突隐患,无须逃避性调动； 软件提供解决冲突的选择
险情监控	管制员人工识别冲突隐患； 当飞机相互靠近时,雷达提供告警； 管制员通过话音通信指挥飞机的调动	比较飞行计划,显示可能的冲突隐患； 变更飞行计划时,自动检查与其他飞机可能的冲突； 管制员有足够的时间处理冲突隐患,无须逃避性调动； 软件提供解决冲突的选择

ATC 与 ATM 所依赖的技术如图 5－65、图 5－66 所示。

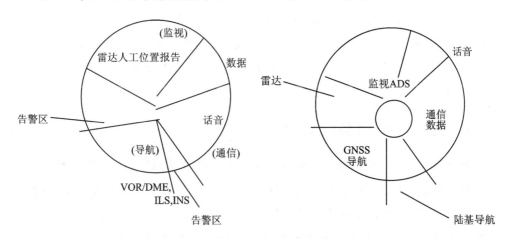

图 5－65　ATC 所依赖的技术　　　　　图 5－66　ATM 所依赖的技术

5.4　通用航空飞行服务站

5.4.1　飞行服务站定位

1. 通用航空飞行服务站是通用航空空管服务的关键部位

通用航空飞行服务站协助空域使用监管及民航行业监管;通用航空飞行服务站为通用航空飞行活动、地面保障服务提供服务。

① 空域使用监管：国家空管委办公室、空军参谋部航管局、战区空军、管制分区；

② 民航行业监管：民航局空管行业办、地区管理局、监管局、空管分局站；

③ 通用航空飞行活动：通用航空公司、通用航空器拥有者作业、交通及娱乐等；

④ 地面保障服务：基础设施产权单位、通用航空机场、地面通信监视气象台站。

通用航空飞行服务站，是军民航空管体系的补充和完善，是基于公益服务的公共基础设施。其属性决定了它不是空域与飞行的管理者，而是产业运行的融合部与润滑剂，服务属性则是飞行服务站的基因。

2. 通用航空飞行服务站职能

通用航空飞行服务站以促进地区通用航空事业发展，维护公共资源公开、公平、便携、高效为基础原则。A 类通用航空飞行服务站，负责通用航空用户资质审核，向通用航空用户提供飞行前、飞行中和飞行后服务，提供飞行计划申请、飞行监视、低空气象、航空情报、告警与协助救援等服务，统计、储存本服务区内飞行活动的飞行数据，协助通用航空区域信息处理系统收集、整理服务区内的气象、情报原始资料，协助军民航、地方政府开展搜寻救援、查证违法违规飞行、不明空情等，实施 24 h 值班。

5.4.2　飞行服务站建设

通过"1＋4＋N"（区域数据中心＋各地飞行服务站）体系的构建逐渐完成管理与服务交融，可形成通用航空飞行计划、情报、气象、监视、无人机管控、应急航空救援、目视航图以及基础数据的汇聚。数据就是生产力，通用航空飞行数据的汇聚可为通用航空产业发展提供数据支持。通用航空数据组成如图 5-67 所示。

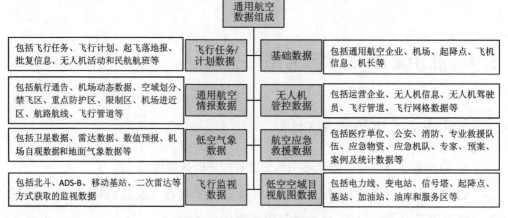

图 5-67　通用航空数据组成

5.4.3 飞行服务站功能

1. 飞行服务站内部系统——业务模块终端分类

沈阳服务站通过三类终端,即互联网终端、移动终端、通用航空空管信息智能终端部署,解决8种业务需求:计划申报、地空通信、对空监视、低空气象、通用航空情报、目视航图、告警、救援以及记录重演。

2. 飞行服务站内部系统——对空监视覆盖

飞行服务站内部系统如图5-68所示。

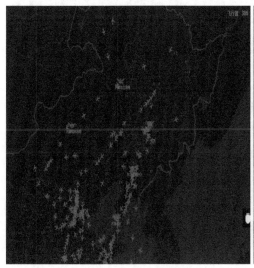

图5-68 飞行服务站内部系统

3. 飞行服务站——岗位设置

飞行服务站岗位设置如图5-69所示。

(1) 飞行计划服务

1) 服务对象

① 通用航空用户;

② 军航管制单位;

③ 民航管制单位;

④ 政府相关单位。

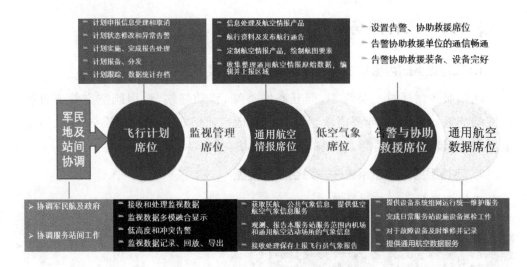

图 5-69　飞行服务站——岗位设置

2）服务内容

① 飞行任务计划备案、飞行计划审核；

② 代理飞行计划申请、次日计划受理、飞行计划变更申请；

③ 飞行计划咨询服务、飞行计划查询；

④ 飞行计划数据统计。

3）服务方式

① 主要：服务站网站、通用航空飞行计划 APP（联系服务站下载）、服务频率、服务站值班电话/传真、服务站手机工作微信；

② 辅助：服务站公用邮箱、服务站微信公众账号。

（2）低空气象服务

1）服务对象

① 通用航空用户；

② 飞行员。

2）服务内容

① 基础气象信息查询服务，包括公共气象情报信息\民航机场气象情报信息\通用航空机场、起降点自观气象情报信息\飞行员报告气象信息；

② 常作业区未来三日趋势气象预报；

③ 实时天气信息、危险天气跟踪；

④ 定制化低空气象咨询服务。

3）服务方式

① 通用航空气象服务平台；

② 服务站网站(气象信息功能)；

③ 东北地区气象服务系统；

④ 服务频率；

⑤ 通用航空飞行计划 APP 气象服务功能；

⑥ 服务站手机工作微信群推送；

⑦ 飞行员机载终端；

⑧ 飞行员电子飞行包。

(3) 通用航空情报服务

1）服务对象

① 通用航空用户；

② 军航管制单位；

③ 民航管制单位；

④ 政府相关单位。

2）服务内容

① 航空资料汇编、目视航图；

② 机场情报咨询服务；

③ 接受、处理、发布飞行情报；

④ 空域使用动态、通知公告。

3）服务方式

① 中国民航通用航空信息服务平台；

② 服务站网站情报信息功能、电子飞行包；

③ 通用航空飞行计划 APP 通知公告功能(联系服务站下载)；

④ 通用航空转报系统(正在测试中)；

⑤ 服务频率；

⑥ 服务站值班电话/传真；

⑦ 服务站手机工作微信。

(4) 飞行动态监视服务

1）服务对象

① 通用航空用户；

② 军航管制单位；

③ 民航管制单位；

④ 政府相关单位。

2）服务内容

① 提供融合多种数据源监视功能；

② 二次雷达、ADS－B、4G/5G 公网＋北斗；

③ 无人机监视；

④ 监视数据回放（长期储存）；

⑤ 越界告警监视服务。

3）服务方式

① 服务站网站监视管理功能；

② 通用航空飞行计划 APP 监视功能；

③ 飞行员手持终端；

④ 飞行员电子飞行包。

（5）通用航空救援服务

1）服务对象

通用航空用户。

2）服务内容

① 救援事件触发生成：电话报警，机载终端 SOS，确认失联或失事，其他搜集，整理相关气象、飞行、位置、状态资料，生成救援协调报，通报军民航空管制单位、地方政府机关、相关通用航空公司；

② 持续跟踪救援事件，随时推送给军民航空管制单位、地方政府机关、相关通用航空公司；

③ 救援结束，生成救援报告，推送给军民航空管制单位、地方政府相关部门。

3）服务方式

① 飞行员手持终端；

② 服务频率；

③ 服务站值班电话/传真（89398188/89398177）；

④ 服务站网站通用航空救援功能。

（6）通用航空数据服务

1）服务对象

① 通用航空用户；

② 军航管制单位;

③ 民航管制单位;

④ 政府相关单位。

2）服务内容

① 通用航空企业注册数据;

② 飞行计划数据;

③ 飞行计划执行情况数据;

④ 低空气象数据;

⑤ 通用航空情报基础资料数据;

⑥ 飞行监视数据;

⑦ 低空目视航图数据等;

⑧ 空域数据。

3）服务方式

① 服务站网站数据统计功能;

② 服务站工作日志;

③ 服务站值班电话/传真;

④ 服务站工作微信。

东北低空空域大数据如图 5 - 70
所示。

图 5 - 70　东北低空空域大数据

(7) 目视飞行导航服务

1）服务对象

① 通用航空用户;

② 飞行员。

2）服务内容

① 电子航图;

② 飞行手册;

③ 飞行计算;

④ 飞行资料;

⑤ 飞行计划;

⑥ 飞行日志;

⑦ 实用工具。

3）服务方式

电子飞行包是一种电子信息管理设备，如图 5 - 71 所示，帮助飞行乘员（机组）使用更少的纸张，更容易、有效地执行飞行管理任务。

图 5 - 71　电子飞行包

第6章 通用航空企业中的项目管理

6.1 项目管理综述

6.1.1 项目的定义

人类在能够进行有组织、有目的的活动时就产生了项目活动。例如,古人们的狩猎就是一个简单的项目——短时性,其目的是获取食物;埃及的金字塔、中国的长城、美国的阿波罗登月计划都可称之为项目。

目前,国际上对"项目(Project)"一词的含义尚未达到观点一致。如质量专家朱兰在 1989 年提出:项目就是一个计划要解决的问题;德国国家标准DIN69901 将项目定义为:在总体上符合如下条件的唯一任务"具有预定的目标,具有时间、财务、人力和其他限制条件,具有专门的组织"。虽然众说纷纭,但其共性的内容是:项目是在限定条件下,为完成特定目标要求的一项有时限的任务。任何项目的设立都一定有其特定的目标,这种目标从广义的角度来看,表现为预期的项目结束之后所形成的"产品"或者"服务",有人把这类目标称为"成果性目标"。与之相对应的还有另一类项目的目标,称为"约束性目标",如费用限制、成本控制以及进度要求等。显然,成果性目标是明确的,它是项目的最终目标,在项目实施过程中被分解为项目的功能性要求,是项目过程的主导目标;约束性目标通常又称限制条件,是实现成果性目标的客观条件和人为约束的统称,是项目实施过程中必须遵循的条件,从而成为项目管理的主要目标。

从广义的概念来讲,项目是一个特殊的将被完成的有限任务,它是在一定时间内,满足一系列特定目标的多项相关工作的总称。此概念包含 4 层含义:

① 项目是一项有待完成的任务,在特定的环境,有着具体的要求,这一点明确了项目自身具有动态性,即项目是一个过程,而不是过程终结后所形成的"产

品"或"服务";

② 在一定的组织机构内,利用有限资源(人力、物力、财力等),在规定的时间内完成该项目要求的所有任务,任何的项目,在实施过程中,都会受到环境、资源、理念等条件的约束,在众多的约束条件中,质量(工作标准)、进度、费用是项目普遍存在的,并且是极其重要的 3 个约束条件;

③ 任务要满足一定性能、质量、数量、技术指标等要求,项目是否实现,能否交付用户,必须达到事先规定的目标要求,功能的实现、质量的可靠、数量的达标、技术指标的稳定,是任何可交付项目必须满足的要求,在项目合同中,这些均有要求、均有明文规定;

④ 项目是一种临时性的任务,它有具体的时间计划,项目的生命周期具有明确的开始点和结束点,规定在限定的期限内完成既定的目标,当达到预定目标时,就意味着项目任务的完成、寿命的终止。

此外,项目的外延是广泛的,建设桥梁、安装一条新的生产线、开发一种新的产品等都是项目,正如美国项目管理专业资质认证委员会主席 Paul Grace 所讲:"在当今社会中,一切都是项目,一切也将成为项目"。

6.1.2 项目管理的定义

管理学家彼得·莫里斯在《项目的管理》一书中曾说:"对项目的管理是人类最古老的、最值得尊敬的成就之一。我们敬畏地面对着古老奇迹创造者的伟大成就,他们是金字塔的建造者,古老城市的建筑师,大教堂和清真寺的泥瓦匠与工匠,还有中国长城和世界其他奇迹背后的权力和劳动。"所以,项目管理产生在古老的时代。

项目管理给人的一个直观概念就是"对项目进行的管理",这也是其最原始的概念,这其中包含了两个方面的意思:一方面,项目管理属于管理的范畴;另一方面,项目管理的对象是项目。然而,随着项目及其管理实践的发展,项目管理的内涵得到了较大的充实和发展,当今的"项目管理"已是一种新的管理方式、一门新的管理学科的代名词。

"项目管理"一词有着两种不同的含义:

① 指一种管理活动,即一种有意识的、按照项目的特点和规律,对项目进行组织管理的活动;

② 指一种管理学科,即以项目管理活动为研究对象的一门学科,它是探索科

学组织管理项目活动的理论与方法。

前者是一种客观实践活动,后者是前者的理论总结;前者以后者为指导,后者以前者为基础,就其本质而言,二者是统一的。

基于以上观点,我们将项目管理定义如下:

项目管理(Project Management,PM)就是以项目为对象的系统管理方法,通过一个临时性的、专门的柔性组织,对项目进行高效率的计划、组织、指导和控制,以实现项目全过程的动态管理和项目目标的综合协调与优化。

所谓实现全过程的动态管理,是指在项目的生命周期内,不断进行资源的配置和协调,不断作出科学决策,从而使项目执行的全过程处于最佳的运行状态,产生最佳的效果。所谓项目目标的综合协调与优化,是指项目管理应综合协调好时间、费用及功能等约束性目标,在相对较短的时期内,成功地达到一个特定的成果性目标。

项目管理通常贯穿于项目的整个生命周期,在项目启动、项目计划编制、项目实施和项目收尾等整套工作流程中,都发挥着自己的作用。项目管理是全过程的动态管理,在项目的生命周期内,项目管理者使用计划、组织、指导和控制的手段,不断进行资源的配置和协调,从而使项目执行的全过程处于最佳的运行状态,并在时间、费用和技术效果等方面达到预定目标。

6.1.3 项目管理的发展历程

人类的项目管理实践可以追溯到几千年前,但项目管理的理念意识最早起源于美国。项目管理从经验走向科学,经历了漫长的历程,原始潜意识的项目管理萌芽,经过大量的项目实践之后,才逐渐形成了现代项目管理的理念,其历程大致可分为以下 5 个阶段:

1. 项目管理的产生阶段

从远古到 20 世纪 30 年代以前,是项目管理的潜意识产生阶段,人们是无意识的、按照项目的形式运作。西方曾有人提出:人类最早期的项目管理是埃及的金字塔和中国的长城。但是可以发现,在 20 世纪初以前,项目管理尚未形成行之有效的计划方法、科学的管理手段、明确的操作规范和技术标准,对项目的管理,只是凭借个别人的经验、智慧和直觉,缺乏科学性。

2. 项目管理的初始形成阶段

从 20 世纪 30 年代初期到 20 世纪 50 年代初期,是传统项目管理的初始形成时期,本阶段的项目和项目管理起源于国防、建筑业,主要特征是横道图已成为军事工程与建设项目规划和控制的重要工具。横道图又名条线图,由亨利 L. 甘特发明,故又被称为甘特图,是一个用条形图表示工程进度的标志系统。因其直观而有效,便于监督和控制项目的进展情况,时至今日仍是管理项目尤其是建筑项目的常用方法。与此同时,规模较大的工程项目和军事项目中广泛采用里程碑系统。但是,在该阶段仍未明确提出项目管理的相关概念。

3. 项目管理的推广发展阶段

从 20 世纪 50 年代初期到 20 世纪 70 年代末期,是项目管理的传播和现代化时期,本阶段的重要特征是开发和推广应用网络计划技术。西方习惯于称现在的项目管理为 MPM(Modern Project Management),网络计划技术的出现是 MPM 的起点。而网络计划技术的开端是关键路径法(CPM)和计划评审技术(PERT)的产生与推广应用,特别是美国海军的“北极星(Polaris)”号潜水艇所采用的远程导弹 F.B.M 项目的应用,使美国海军部门顺利解决了组织、协调参加这项工程的遍及美国 48 个州的 200 多个主要承包商的 11 000 多个企业的复杂问题,节约了投资,缩短了约两年的工期(计划工期 8 年)。20 世纪 60 年代,耗资 400 亿美元、涉及 2 万多企业的阿波罗载人登月计划,也是采用 PERT 进行计划和管理的。此后,美国三军和航空航天局在各自的管辖范围内全面推广 PERT 技术。网络计划技术也由此成为一门独立的学科,项目管理因之更加充实,并逐渐发展和完善起来。

此外,日本、苏联、法国及加拿大等国家应用网络计划技术也卓有成效。他们的经验表明,应用网络计划技术,可节约投资 $10\% \sim 15\%$,缩短工期 $15\% \sim 20\%$,而编制网络计划所需费用仅为总费用的 0.1%。而早在 20 世纪 60 年代初期,我国就引进和推广了网络计划技术,华罗庚教授结合我国“统筹兼顾,全面安排”的指导思想,将该技术称为“统筹法”,组织小分队深入重点工程进行推广和应用,并取得了良好的经济效益。

4. 项目管理的进一步完善阶段

从 20 世纪 70 年代末到 20 世纪 80 年代,是现代项目管理进一步发展和完善时期,本阶段的特点主要表现为项目管理应用范围的进一步扩大。与其他学科的交叉渗透和相互促进,极大地丰富和推动了项目管理的发展。项目管理在理论和方法上得到了更加全面深入的探讨,逐步把最初的计划和控制技术与系统论、组织理论、经济学、管理学、行为科学、心理学、价值工程、计算机技术等,与项目管理的实践结合起来，并吸收了控制论、信息论及其他学科的研究成果，逐渐发展成为一门较完整地独立学科体系。

进入 20 世纪 70 年代以后，项目管理的应用范围由最初的航空、航天、国防、化工及建筑等部门，迅速普及到了医药、矿山、石油等领域。计算机技术、价值工程和行为科学等理论在项目管理中的应用，进一步丰富和推动了项目管理的发展。

5. 现代项目管理阶段

20 世纪 80 年代以后，特别是进入 20 世纪 90 年代，以信息系统工程、网络工程、软件工程等为代表的高科技项目的开展，取得了突飞猛进的发展。相应地，项目管理的发展也有了新的突破，其特点是面向市场，迎接竞争。项目管理除了计划和协调外，对采购、合同、进度、费用、质量、风险等给予了更多的重视，并形成了现代项目管理的框架。为了在迅猛变化、剧烈竞争的市场中，迎接经济全球一体化的挑战，项目管理更加注重人的因素，注重顾客需求，注重柔性管理，力求在变革中谋生存、求发展。现代项目管理的追求目标是力争做到所有参与方的满意最大化以及项目目标的综合最优化。

6.2　通用航空项目管理综述

6.2.1　通用航空项目管理的定义

通用航空（General Aviation），是指使用民用航空器从事公共航空运输以外的民用航空活动，包括从事工业、农业、林业、渔业和建筑业的作业飞行以及医疗卫生、抢险救灾、气象探测、海洋监测、科学实验、教育训练、文化体育等方面的飞行活动。1986 年以前，通用航空被称为"专业飞行"，即用装有专用设备的飞机进行农业、林业、航空探矿、航空摄影、海上飞行、人工降水等作业项目的飞行。1986 年 1 月 8 日，国务院颁布《关于通用航空管理的暂行规定》，正式将"专业飞行"改名为"通用航空"。但是，通用航空项目管理的具体概念是什么，是如何界定的？目前在通用航空有关的书籍及文献里，尚无可参考的内容。众所周知，通用航空是项目全集里的一个子集，而项目管理又涉及各个行业，如工程项目管理、信息项目管理、投资项目管理等，现结合通用航空的定义以及项目管理的内涵，将通用航空项目管理的定义做如下介绍：

通用航空项目管理,是指在通用航空项目的生命周期内,以满足利益有关各方对通用航空企业项目的需求为目标,用系统的理论、观点和方法,进行有效的规划、决策、组织、协调和控制的一种管理活动,从而使通用航空项目在特定的资源和环境条件下,使既定目标得以实现,利益有关各方的效益实现最优化。

上述定义可做如下解释:

① 通用航空项目的管理是一种临时性的任务,只有在既定的目标确定后,管理职能才正式开始;

② 通用航空项目的管理是一个动态的过程,它贯穿于通用航空项目生命周期的全过程,从项目开始构思直至出现具体的"结果"或"服务",就意味着管理的撤退;

③ 通用航空项目的管理具有鲜明的目的性,要求在既定的资源和环境下,充分发挥规划、决策、组织、协调和控制等管理职能,完成预定的任务,做到项目最优,实现有关利益各方的明确目标,并尽量满足其潜在期望,使获得的效益最大化。

6.2.2　通用航空项目管理的特殊性

通用航空项目的管理活动体现在工作过程中的方方面面,并具有特殊性,主要有:

1. 通用航空项目管理具有复杂性

① 通用航空项目一般由多个部分组成,工作跨越多个组织,并且涉及多个学科领域的知识,比如经济学、管理学、心理学、运筹学、计算机技术等等;

② 通用航空项目的管理在实施过程中受众多因素的影响,而这些因素又具有极大的不确定性;

③ 管理者的知识背景、管理观念、对市场的敏感度等,都影响管理的最终效果。

2. 通用航空项目管理具有创新性

通用航空项目管理的创新性主要包括两层含义:

① 项目管理是对创新(通用航空企业项目所包含的创新之处)的管理;

② 任何一个通用航空项目的管理都没有固定不变的管理模式,需要通过创新实现对某个具体项目的高效管理。

在通用航空项目管理中,即使是同一批飞机制造项目,但由于是新的生产地点、新的客户、新的复合材料与加工工艺等各种新因素，都需要不同的管理创新，尤其如今通用航空的应用范围不断扩大——航空喷洒、航空摄影、航空救援、航空旅游等等，在不同的应用领域，其项目管理的实质是不同的。这就要求通用航空项目的管理者们，根据自身的工作范围、消费的目标群体及预计实现的目标等因素，在既有的管理经验上，不断探索、发展新的管理方法，能够更好地适应市场的发展规律，争取目标实现快捷化及利益最大化。

3. 通用航空项目管理具有协调性

通用航空项目管理的最终目的是成功实现其在某个领域或方面的应用，追求利益最大化。但是在实际的工作执行中，一个通用航空项目往往会划分为若干个小项目，这些小项目的实现目标并不相同，但众多的实现目标，最终凝聚成为大项目的既定目标。所以在实现既定目标的过程中，各个小项目的管理者们需要做到协调一致，为了最终的既定目标开展工作，实施管理职能，而不是各做各的，互不关联。

4. 通用航空项目管理具有时效性

这里所说的时效性并不是指在某一阶段、某一个具体的通用航空项目的管理方法，当项目完成后就失效、无用了，而是指某个具体的项目从一开始，运用高效的计划、组织、指导和控制的手段，并在时间、费用和技术效果上，达到预定目标，产生实际的"结果"或"服务"，随着"结果"或"服务"的出现，预示着一个项目的终结。但是，在通用航空项目的管理过程中，其蕴含的管理观念、本质内容是可以延续的，不同的项目管理亦可以从中借鉴。

5. 通用航空项目管理具有约束性

通用航空项目管理的一次性特点、明确的目标（成本低、进度快、质量好）、限定的时间和资源消耗、既定的功能要求和质量标准，决定了其约束条件的约束强度比其他行业的更高。因此，通用航空项目管理是强约束管理。这些约束条件是项目管理的条件，也是不可逾越的限制条件。通用航空项目管理的重要优势，在于项目管理者如何在一定的时间内，在约束条件的限制下，既不逾越限制，又能充分利用这些条件，发挥、管理各项职能，组织、协调各个环节，去实现预定目标。

6. 通用航空项目管理具有目的性

通用航空项目的一切管理活动都是为了实现"满足或超越利益有关各方对

通用航空项目的要求与期望"这一目的。其中"利益有关各方对通用航空项目的要求"是一种已经明确和规定清楚的项目目标,而"利益有关各方对通用航空项目的期望"是一种有待识别、未明确的、潜在的项目期望。因此,在实际的通用航空项目管理中,既要实现明确、清晰的项目目标,又要尽量满足利益有关各方的待识别的、潜在的期望。

6.2.3　通用航空项目管理的内容

通用航空企业所管理的内容主要包括两个部分:

① 机构的管理,具体包括行政机构的管理和作业现场的管理;

② 项目的管理,具体包括计划的管理、生产的管理、市场的管理、安全的管理、质量的管理和收益的管理等。

通用航空的项目管理,也是通用航空管理的重要内容,它涉及通用航空管理的方方面面。现对通用航空项目管理的具体内容,一一展开陈述:

1. 计划的管理

计划管理是通用航空管理的核心内容。一个科学可行的企业生产计划,不但是企业发展的行动指南,而且可以调动企业员工的积极性,为企业的发展做出贡献。计划在内容上可概括为"5W1H":What——做什么? 目标与内容;Why——为什么做? 原因;Who——谁去做? 人员;Where——何地做? 地点;When——何时做? 时间;How——怎样做? 方式、手段。在通用航空企业中,项目的开展,必须要先制订一个计划,步骤如下:

① 确定该项目的目标(即通用航空项目中利益有关各方的明确目标与潜在期望),这个目标的实现,是通过对一些简单项目的良好操控来完成的,如通用航空企业的市场目标、人力目标、人力资源目标和资金管理目标等;

② 分析通用航空企业的内、外部环境,找出利于生产发展的因素并加以发挥,而对于不利因素则加以克服和避免;

③ 对计划的执行情况进行高效管理。

2. 生产的管理

在通用航空项目管理中,生产的管理,就是对通用航空运行过程的管理,它体现在通用航空的飞行管理过程中,具体包括作业前的管理、作业时的管理和作业后的管理。作业前的管理主要包括作业计划的制订、作业人员的选定、不可控因素(天气、湿度、温度及地理位置等)的应对方案;作业时的管理主要是实时监督并指挥作业过程,如出现特殊情况,需要管理人员迅速做出应对措施,甚至是更改作业计划,力争实现既定目标、满足潜在期望的需求;作业后的管理主要有对前两个作业过程的总结,在此基础上改进作业方法,使其更好地适应通用航空企业未来的发展。

3. 市场的管理

以市场需求为导向,以服务客户为中心。满足市场需求是我国通用航空产业责无旁贷的使命,也是其发展壮大的必由之路。只有拿出符合我国市场需求的通用航空产品和服务,才能实现其更好的发展。市场的管理也是通用航空管理的一个重要内容,通用航空市场的好坏,决定了通用航空事业的兴衰。通用航空市场的管理主要包括市场营销策略的制定、市场发展战略的实施和市场风险的评估等,要全面深入地研究我国市场的特点和客户关注点,以满足我国市场实际需求和客户要求作为技术发展和产品开发的根本出发点,切实解决市场亟须和客户反映强烈的问题,推测人类未来的消费倾向,为通用航空项目未来市场的发展方向做出准确的定位。

4. 安全的管理

通用航空安全是通用航空事业永恒发展的一个重要保障。通用航空安全涉及通用航空的各个方面,这里的安全管理,不仅体现在通用航空项目产品生产过程中的安全、产品质量的达标,也包括通用航空产品使用过程中的安全等。因此,要做到生产全过程的安全,作业人员在使用中的操作必须规范。在通用航空项目管理中,必须重视安全问题,生产严格按照标准执行。对飞行人员的培训,不仅要注重人数的提升,还要提高培训质量、技术水平,创新培训模式,做好安全教育工作。

5. 质量的管理

通用航空的生产状况,不但要体现在通用航空产品生产的数量上,更重要的是体现在通用航空产品生产的质量上。通用航空的质量管理,是通用航空发展的生命线。通用航空的质量管理既包括通用航空的作业质量,也包括通用航空的产品质量。

从 1987 年 3 月开始,国际标准化组织陆续颁布了 ISO 9000,ISO 9001,ISO 9002,ISO 9003,ISO 9004 等国际标准。这些国际标准的颁布,为加强通用航空的质量管理提供了理论依据。推行国际质量标准,要树立质量管理的观念,制定通用航空的质量标准,在此标准的基础上,建立通用航空质量保证体系,用科学的质量管理方法,进一步提升通用航空的质量水平。

6. 收益的管理

"收入最大化,利润最大化"是每个企业的经营管理者梦寐以求的目标。收益的管理,亦称效益的管理,它主要通过建立实时预测模型和对以市场细分为基础的需求行为分析,确定最佳的销售或服务价格。其核心是价格细分(亦称价格歧视),就是根据不同客户的需求特征和价格弹性向客户执行不同的价格标准。这种价格细分采用了一种客户划分标准,这些标准是一些合理的原则和限制性条件。在通用航空项目的收益管理中,以市场作为定价基础,主要考虑的是价格而不是成本,采用多种价格层次,以满足每个细分市场的价格敏感性,并根据掌握的客观情况,适时做出调整,实现收入最大化、利润最大化的目标。

6.2.4 案例分析:T通用航空系统公司筹建项目的可行性

1. 公司介绍

中国电科集团为响应国家大力发展战略新兴产业的号召,已将通用航空产业列入集团公司重点培育的新兴产业,集团牵头、组织相关单位开展通用航空全产业链规划论证工作,并将民用特种飞机和无人机系统的生产制造、通用航空的运营服务纳入重点发展产业环节,上述两产业环节是通用航空全产业链的核心环节,是全产业链附加值最高的细分业务,是产业链闭环的关键,具有产业带动、承上启下的关键性战略作用。

T通用航空系统公司基于DA42 MPP开展特种飞机改装、生产、销售和运营服务业务,将对制造公司业务发展、集团公司通用航空全产业链闭环发展起到关键性作用。T通用航空系统公司是中国电科集团引进奥地利钻石飞机生产线的前提,是通用飞机引进项目的亮点,肩负无人机技术通道的重任。

为保障T通用航空系统公司形成飞机系统集成能力,推出成熟产品,快速抢占市场,T通用航空系统公司在成立初期将以DA42 MPP特种飞机系统为主导产品。DA42 MPP是钻石公司以DA42作为基础平台,通过改装设计的多用途飞机平台,可以搭载光电吊舱、雷达等多种任务载荷,以满足各种不同任务作业需求。后期,将根据业务状况和市场需求,推出基于其他飞机平台的特种飞机和无人机系统,进一步丰富产品线系列,并提高集团公司无人机平台和系统的能力水平。

同时,为平衡 T 通用航空系统公司经济效益,提升公司品牌影响力,T 通用航空系统公司将在初期储备基于 DA42 MPP 飞机平台的运营团队,提供航拍航摄、护林作业、国土监察、应急救援、管线巡检以及科研试飞等运营业务,为 T 通用航空系统公司的可持续发展提供保障。因通用航空产业属于战略性新兴产业高端装备制造,受到国家部委和地方政府的大力支持,T 通用航空系统公司在实际经营中还可获得政府扶持基金的扶持。T 通用航空系统公司业务范围如表 6-1 所列。

表 6-1　T 通用航空系统公司业务范围

业务类别	初期产品及业务	后期拓展产品及业务
销售业务	基于 MPP 飞机的一体化系统销售(列装载荷)	基于新改装飞机的一体化系统销售(钻石系列)
		基于新改装飞机的一体化系统销售(其他飞机)
		基于钻石飞机改装的无人机系统
	基于 MPP 飞机的一体化系统销售(自研载荷)	基于其他飞机改装的无人机系统
		一体化载荷销售
		国外任务载荷代理(含 MPP 已有载荷)
运营业务	基于 MPP 飞机的作业飞行	特种飞机运营服务基地
	基于其他特种飞机的作业飞行	

T 通用航空系统公司的主要业务:特种飞机及任务电子系统的研发、制造、系统集成与运营,电子载荷系统及设备的飞行验证试验,有人机改装无人机和新型无人机研发与生产制造,无人机系统研发、集成与运营。

通用航空产业是中国电科集团重点培育的产业之一。通用飞机的研发和制造乃至系统集成是通用航空产业链中技术密集度最高的部分,只有抓住了这一核心环节,才能带动产业链的整体发展,汇聚产业资源,提高集团在整个通用航空产业链中的竞争力,促进地方经济发展。因此,T 通用航空系统公司的建设非常具有可行性和必要性。

2. 厂房基地建设的可行性分析

(1) 厂房建设的内容

测算 T 通用航空系统公司总建筑面积 3.2×10^4 m²,含停机库 6 000 m²,按容积率 0.5 计算,需土地 66 667 m²。考虑到后续扩产需要,预留土地

106 667 m^2,合计 173 333 m^2。系统公司的厂房建设主要有以下方面需求：

- 行政办公场地：100 人×30 m^2/人＝3 000 m^2；
- 研发中心：50 人×50 m^2/人＝2 500 m^2；
- 试验场地：2 500 m^2；
- 物资库房：3 000 m^2；
- 销售及客服中心：2 000 m^2；
- 装配车间(含总装和部装)：6 000 m^2；
- 载荷生产线：1 000 m^2；
- 机加车间：1 000 m^2；
- 维修车间：1 000 m^2；
- 宿舍楼：80 床位，面积 2 400 m^2；
- 食堂：150 餐位＋后场，面积 600 m^2；
- 其他：1 000 m^2。

需求建筑面积共计 26 000 m^2，另外，停机库需求 6 000 m^2，总计 $3.2×10^4$ m^2。建设费用总计 11 380 万元。

(2) 设备建设内容

引进设备部分：引进设备清单暂缺，参考钻石公司提供的详细生产工艺流程和工艺清单，根据钻石公司转让费用内的设备费用 1 000 万欧元，并依照系统公司生产流程设计，暂定投资为 2 000 万元。

国内配套设备部分：为满足特种飞机和无人机系统研制过程中进行的相关仿真、试验和测试，需要建设相关实验室，参考国内同类无人机研究单位实验室建设，初期系统公司为相关建设的投资为 5 000 万元。

综上，钻石飞机采用全复合材料结构整体成型设计和制造技术，与目前市场上大部分采用金属铆接结构的飞机相比有较高的技术优势和较强的市场竞争力，引进的 DA20，DV20 和 DA42 机型生产制造工艺在技术上具有较强的可行性。

(3) 成本估算

T 通用航空系统公司投资概算 4.4 亿元，其中厂房基建需投入 11 380 万元，包括厂房建筑、停机库、室外工程、土地使用费；通用设备配置需投入 7 000 万元；软件成本 1 800 万元；2 架运营飞机 2 886 万元；项目研制费和日常流动资金 20 834 万元。主要支出明细如表 6－2 所列。

表 6 - 2　T 通用航空系统公司总投资估算

项　目	金额/万元	备　注
厂房建设	11 380.00	科研厂房建筑支出 7 800 万元,停机库 900 万元,室外工程 80 万元,土地使用费 2 600 万元
机器设备	2 000.00	参考钻石公司提供的详细生产工艺流程
科研实验环境建设	5 000.00	无人机研究单位实验室建设
交通工具	100.00	2 台交通车
IT 软件成本	1 800.00	
2 架运营飞机	2 886.00	购买 2 架 MPP 机身用于运营作业服务
研发费用及流动资金	20 834.00	研发费包括特种飞机一体化载荷系统研制费和无人机平台研制费
总　计	44 000.00	

(4) 经济效益分析

1) 总收入预测

根据 T 通用航空系统公司业务范围,公司主要业务收入包括特种通用飞机加改装一体化系统销售、无人机系统销售,其他业务收入包括运营服务收入。

主营业务收入:T 通用航空系统公司特种通用飞机一体化系统预计将有 4 款组合产品,包括特种通用飞机＋光电、特种通用飞机＋雷达、特种通用飞机＋雷达/光电(含地面站和数据链)、特种通用飞机＋相机;无人机系统预计将有 4 款组合产品,包括无人机＋光电(含地面站和数据链)、无人机＋雷达(含地面站和数据链)、无人机＋雷达/光电(含地面站和数据链)、无人机＋相机(含地面站和数据链)。由于产品的特殊性,目前销售单价无市场参考,系统公司根据产品总成本和产品净利润率推算出销售收入。表 6 - 3 是系统公司组合产品的材料采购成本。

表 6 - 3　T 通用航空系统公司各类产品材料采购成本

产品	单价/万元
特种通用飞机平台	808.38
无人机平台	800.00
光电系统	300.00
雷达系统	900.00
航空相机	70.00
地面站＋数据链(含视距和卫通链路)	1 800.00

　　T 通用航空系统公司从 2017 年开始交付产品,根据商业模型预测,系统公司全周期取得特种飞机一体化系统销售和无人机系统销售收入为 144.27 亿元。

　　其他业务收入:根据市场分析得出 T 通用航空系统公司通用飞机的作业时间,按照每小时 1.5 万元收费,系统公司全周期可以取得运营服务收入 8.49 亿元。

　　政府补贴收入:公司成立前 5 年,地方政府给予每年 1 000 万元的扶持基金。

　　2) 总成本预测

　　T 通用航空系统公司总成本主要包括材料直接成本、运营服务成本、人工成本、研制费用、其他期间费用等。

　　材料成本:系统公司材料成本按照各种组合的采购成本乘以产品销售套量计算,根据商业模型预测,全周期特种通用飞机一体化系统和无人机系统的材料成本总计 114.05 亿元。

　　运营服务成本:系统公司作业成本按照每小时 0.8 万元计算,包括空域使用费、场地租赁费、试飞费、油费等;另外,运营成本还包括采购作业飞机的折旧费;根据商业模型预测,公司全周期运营成本为 5.1 亿元。

　　人工成本:职能部门平均在岗人数为 25 人,技术部门平均在岗人数为 41 人,生产部门平均在岗人数为 28 人,人工成本按每年 5% 的增幅递增,预计人工成本总计为 7.04 亿元。

　　研制费用:系统公司成立前 3 年需投入一体化载荷系统研制经费和无人机系统研制经费 10 550 万元;另外,系统公司每年按照未扣除科研费用后利润总额的 20% 计提科研支出,全周期计提科研经费 3.07 亿元。

　　利息支出:根据系统公司的现金流缺口,测算出公司成立第 3 年需要融资 1.4 亿元,期限 4 年;按照 6% 的资本成本计算,系统公司需要支付的利息为 3 360 万元。

　　其他期间费用:包括资质建设费、开办费、试飞费、售后服务费、保险费、差旅费、会议费、资产折旧费等,全周期预计总计 5.75 亿元。

　　3) 经济指标

　　根据商业计划(2014—2033 年)测算,T 通用航空系统公司经济效益和投资分析如表 6 - 4 所列。

表6－4　T通用航空系统公司经济效益和投资分析

项　　目	目　　标
总收入(20年)	152.76亿元
利润总额	12.28亿元
内含报酬率	11.88%
最大现金流缺口	3.9亿元
当年实现收入年限	2016年
当年实现盈利年限	2017年
投资回收期(含建设期3年)	10.22年

通过分析可知,T通用航空系统公司2016年实现收入,2017年实现盈利,内含报酬率为11.88%,投资回收期为10.22年,该项目经济效益明显。

(5) 社会效益分析

① 特种通用飞机产业和无人机产业作为通用航空价值链高端产业,具有典型的高技术和军民融合特点,可广泛应用于应急救援、海洋监视、边防巡逻、地理探测等领域,国内外市场前景广阔;该项目正式落户德阳,将夯实德阳市作为四川省乃至全国通用航空发展重要基地的地位;近几年,国家刺激通用航空产业发展利好消息频出,可以预见,在汽车和高铁行业拉动我国经济发展之后,通用航空产业将成为一个全新的经济增长点;

② 广汉通用航空产业园位于德阳广汉高新区,园区依托中国民航飞行学院和四川航天职业技术学院等科研资源,以通用航空运营培训和航空设备关键零部件制造业为切入点,做优通用航空公共运营、商务运营和商业运营等服务;做强通用航空专业培训,加快发展通用航空研发制造维修业,延伸发展衍生产业,利用正在规划设计的通用航空机场,打造集"研发制造、培训运营、维修服务"为一体的通用航空产业链条。

综上所述,T通用航空系统公司建设项目投入比较大,投资回收期比较长,经济收益状况较好。通过开拓国内外市场提高市场占有率、提高国产化率降低成本、研发新机型提高市场竞争力等措施,可适当提高经济效益;另外,通过开展飞机维修等延伸服务扩大盈利能力。从社会效益来看,它更是拉动区域和地方经济增长的产业链,具有实施的可行性。

第7章 通用航空组织的管理沟通

7.1 管理沟通概论

7.1.1 沟通相关概念

1. 沟通的含义

对于沟通的定义,目前在学术界可谓是众说纷纭。"沟通",源于拉丁文 communis,意义为共同化,英文表示为 communication。《大英百科全书》中指出,沟通就是"用任何方法,彼此交换信息,即指一个人与另一个人之间以视觉、符号、电话、电报、收音机、电视或其他工具为媒介,所从事交换信息的方法"。《韦氏大词典》中指出,沟通就是"文字、文句或消息之交流,思想或意见之交换"。《新编汉语词典》关于沟通之意的解释为"使两方能连通"。

因此,可以这样来定义沟通的含义,即沟通是人们通过一定的符号载体传递并理解信息、知识的过程,是人们了解他人思想、情感、见解和价值观的一种双向的互动过程。

从以上沟通的定义来看,沟通要包括以下 3 个要素:

① 沟通需要有信息发送者和信息接收者,即沟通的主体和客体;

② 沟通要通过一定的符号载体来传递信息,这里的符号载体包括语言与非语言的方式;

③ 沟通是一个双向互动过程。

两个以上个体或群体之间的传递过程才能称之为完整的沟通。主体发出的沟通要素信息、思想与情感不仅要被传递到客体,还要被充分理解并达成协议。总之,沟通,简单理解就是信息在人与人之间的正确、准确、有效的双向传递过程。

2. 沟通的作用

沟通是一种自然而然必需的、无所不在的活动。通过沟通可以交流信息、获得感情与思想。人们在生存、工作、娱乐、居家、买卖时，或者希望和一些人的关系更加稳固和持久时，或者组织系统健康运行时，都要通过交流、合作、达成协议来达到目的。

（1）沟通是个体生存的基本条件

有了语言，生活在社会中的人才能传递和交换信息，共同生活、生产和斗争。作为信息加工和能量转化系统的生命有机体，人必须与外部环境保持相互作用，必须接受外界的各种刺激，并对各种刺激做出适当反应，才能够维持正常的生命活动。心理学家赫隆（Heron，1957）曾经做过"感觉剥夺"实验，他将自愿参加实验的人关在一个与外界隔绝的实验室里，在里面看不到任何光线、听不到任何声音。参加实验的人身体的各个部位被包裹起来，以尽可能减少触觉体验。实验期间，除给被实验者必要的食物以外，不允许其获得任何其他刺激。结果仅仅 3 天，参加实验的人整个身心就出现严重障碍，甚至不能准确地做某些大动作。

（2）沟通可以传递和获得信息

信息的采集、传送、整理、交换，无一不是沟通的过程。通过沟通，交换有意义、有价值的各种信息。英国作家萧伯纳有一个很好的比喻：假如你有一个苹果，我有一个苹果，彼此交换后，我们每个人都只有一个苹果；但是，如果你有一种思想，我有一种思想，那么，彼此交换后，我们每个人都有两种思想；甚至，两种思想发生碰撞，还可以产生出两种思想之外的其他思想。

（3）沟通能够改善人际关系

沟通与人际关系两者相互促进、相互影响。美国前总统罗斯福曾说："成功的第一要素是懂得如何搞好人际关系。"而有效的沟通可以赢得和谐的人际关系，和谐的人际关系又使沟通更加顺畅。反之，不恰当的沟通会使人际关系变得更坏，人际关系不良又会使沟通难以开展，两者是相互促进、相辅相成的关系。

（4）沟通保证企业的系统健康运行

在管理活动中，沟通无处不在。明茨伯格认为，管理者作为愿景设计者，必须把自己设定的愿景转化为下属共同的愿景，这就要求以高超的沟通技巧作为前提；而管理者的愿景要能够对员工产生激励，必要条件是员工的目标能够与管理者的愿景兼容，让愿景产生内在激励效应，这进一步强化了沟通在管理中的功能。通过管理者大量的沟通活动，促使下属员工朝设定的愿景奋斗，从而推动组织工作绩效的提高。福特公司的董事长亨利·福特曾说："作为福特公司的董事长,我告诫自己,必须与各界确立和谐关系,不可在沟通上无能为力"。

3. 沟通、人际沟通与管理沟通

沟通包括递进的 3 个层次:

① 沟通,是人类与生俱来的本能,和衣食住行一样是基本需求;

② 人际沟通,是本能的、经验型的,以个性为基础的沟通;

③ 管理沟通,是具有科学性、有效性与理性的沟通。

管理沟通与一般的人际沟通有区别。人际沟通是指个体之间信息、思想和情感相互传递的过程。管理沟通是指在一个组织的范围内,为了达到组织的目标,围绕组织的管理活动而进行的沟通。因此,在管理沟通中,沟通是一种工具,通过这种工具要达到某个管理目的。

7.1.2 管理沟通的过程

1. 管理沟通的过程模型

沟通是一个过程,这个过程包括沟通主体(发送者)、沟通客体(接收者)、信息(包含中性信息、理性的思想与感性的情感)、信息沟通渠道等基本沟通要素。管理沟通的过程就是发送者将信息通过选定的渠道传递给接收者的过程。一个完整的管理沟通过程包括 8 个要素,即发送者、编码、通道、解码、接收者、背景、反馈、噪声,如图 7-1 所示。

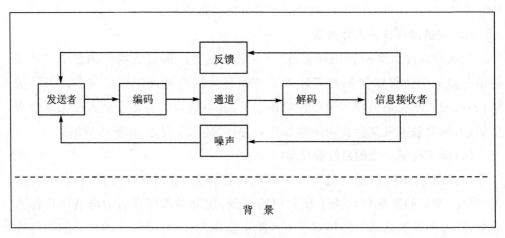

图 7-1 管理沟通过程模型

图 7-1 描述的是人与人之间信息交流过程的基本模型,阐释了信息交流得以发生所必需的要素和过程。在这个管理沟通过程中,编码、解码、沟通渠道是

沟通过程取得成功的关键环节,它始于主体发出信息,终于得到反馈。沟通过程中仅有信息是不够的,只有当信息令听众做出你期望的反应时才算成功。因此,信息接收者的反应是最为关键的,这也是管理沟通和其他类型沟通的本质区别。

2. 管理沟通过程的基本要素

(1) 发送者

信息发送者就是发起沟通行为的主体。他们引发沟通过程,决定以谁为沟通对象,并决定沟通的目的。沟通的目的可以是为了传达或者提供信息,也可以是为了影响别人,使别人改变态度。为达到这样的目的,就需要根据不同的对象提供不同的信息,采取相应的沟通渠道策略与恰当的手段把信息传递给对象。信息发送者的态度、情绪、沟通知识及其技能都影响到沟通的效果。

(2) 编 码

编码是发送者把自己的思想、观点、情感等信息根据一定的语言、语义规则翻译成可以传送的信号。编码是信息交流和人际沟通及交往极其关键的一环,若此环出现脱节,那么整个信息交流过程则会变得混乱不堪。毫无疑问,我们所拥有的语言水平、表达能力和知识结构,对于我们将自己的思想、观点、感情等进行编码的能力,起着至关重要的作用。对于同样的信息传达,企业的管理者在编码过程中必须系统分析,充分考虑接收者的情况,注重其对内容、符号的理解。

(3) 通 道

沟通通道是由发送者选择的、借由传递信息的方式。语言符号可以有口头和书面两种形式,每一种又可以通过多种多样的载体进行传递。发送者根据不同的信息内容和具体情况来选择使用不同的通道。政府工作报告就不宜通过口头形式而采用正式文件形式作为通道,邀请朋友吃饭如果采用备忘录形式就显得不伦不类,因此,选用正确恰当的通道对有效的沟通十分重要。在各种通道中影响最大的仍是面对面的口头沟通方式,因为它可以最直接地发出及感受到彼此对信息的态度和情感。

(4) 解 码

解码就是接收者将所获得的信号翻译成或者还原为原来含义。最理想的沟通,应该是通过编码和解码两个过程后,接收者形成的信息与发送者的意图完全吻合,也就是说,编码和解码完全"对称"。如果解码错误,信息将会被误解或曲解。沟通的目的就是希望接收者对发送者所发出的信息做出真实的反应及采取正确的行动,如果达不到这个目的,就说明沟通不灵,产生了沟通障碍。

（5）接收者

信息的接收者,即沟通客体。相对于信息的发送者而言,接收者往往是处于被告知事实、观点或被迫改变自己的立场、行为的被动地位。尽管如此,沟通主体需要了解沟通客体的特性,方能达到较好的沟通效果。因此,以客体为导向的沟通在管理沟通研究中有着重要价值和意义,它指在沟通的全过程中,沟通目标、策略、形式都必须以客体为导向。

（6）背　景

沟通总是在一定背景中发生的,任何形式的沟通,都要受到各种环境因素的影响。一般而言,对沟通过程发生影响的背景因素包括以下 5 个方面:

① 心理背景,是指沟通双方的情绪和态度;

② 社会背景,包含两方面的含义:一方面,指沟通双方的社会角色关系,对不同社会角色关系,有着不同的沟通模式;另一方面,社会背景还包括沟通情景中对沟通发生影响但不直接参加沟通的其他人;

③ 文化背景,是指沟通者长期的文化积淀,也是沟通者较稳定的价值取向、思维模式、心理结构的总和;

④ 空间背景,是指沟通发生的场所;

⑤ 时间背景,是指沟通发生的时间。

（7）噪　声

人们之间的信息沟通还经常受到"噪声"的干扰,无论是发送者方面,还是接收者方面,噪声就是妨碍信息沟通的任何因素。

（8）反　馈

反馈是指接收者把收到并理解了的信息返送给发送者,以便发送者对接收者是否正确理解了信息进行核实。反馈对于信息沟通的重要性在于它可以检查沟通效果,并迅速将检查结果传递给信息发送者,从而有利于信息发送者迅速修正自己的信息发送,以便达到最好的沟通效果。

7.1.3　管理沟通的相关理论

1. 古典组织理论

（1）"经济人"假设

这一时期的管理方式与管理者主张的"经济人"假设有着密切的联系。"经济人"假设认为,人的行为就是为了获得最大的经济利益,工作的目的是获得经济报酬。其基本假设有：

① 大多数人天生趋于懒惰，讨厌和尽可能逃避工作；

② 大多数人缺乏进取心，宁愿受人领导，也不愿担负责任；

③ 大多数人以自我为中心而忽视组织目标；

④ 大多数人缺乏理智，易于盲从；

⑤ 大多数人认为生理和安全需要最为重要，选择获利最大的事情去做；

⑥ 大多数人习惯于抵抗变革。

(2) 泰勒的职能工长制

"经济人"假设是泰勒的科学管理思想的基础。1895—1912 年，泰勒提出了科学管理理论，其中包括实行职能工长制，职能工长按照各自的职能范围向工人发布命令。泰勒的职能工长制有利于提高效率、降低成本，但在实际工作中，由于一个工人同时接受几个职能工长的多头领导，容易引起混乱，所以泰勒的职能工长制没有得到推广。从管理沟通理论的角度来看，泰勒关注到管理中下行沟通的重要性，并试图通过组织结构的设计保证对下沟通，即确保命令下达的准确性以及其实施的效率。

(3) 韦伯的组织模式沟通

马克斯·韦伯在《社会组织与经济组织》中指出了理想组织模式的特点：

① 明确分工：把组织内的所有工作分解，有明确的分工，明确规定每个职位的权力和责任；

② 权力体系：各种职位按权力等级排列，下级人员要服从上一级人员的指挥和领导；

③ 人员的考评和教育：人员的任用完全根据职务的要求，通过正式考评和教育、训练来实行；

④ 职业管理人员：管理人员有固定的薪金和明文规定的晋升制度，是一种职业管理人员，而不是组织的所有者；

⑤ 遵守规则和纪律：组织中包括管理人员在内所有成员必须严格遵守组织的规则和纪律，确保统一性；

⑥ 组织中成员之间的关系：这种关系以理性准则为指导，不受个人情感的影响。

(4) 法约尔的跳板沟通

1916 年，法国的亨利·法约尔在《工业管理与一般管理》一书中阐述了一般管理的 14 条原则,并提出了著名的跳板原则。法约尔认为在企业的管理机构中,从最高一级到最低一级有一条明确的等级链,它既是权力执行的线路,又是信息传递的渠道。为了保证命令的统一,不能轻易违背等级链,请示要逐级进行,指令也要逐级下达。有时这样做会产生信息延误现象,为此法约尔设计了一种"跳板",也称"法约尔桥"(Fayol bridge)。

总之,古典组织理论学家并不怀疑沟通在组织中的作用,但他们把沟通视作发布命令、协调工作以及让工人顺从的工具。在一个理性化、等级制的组织中,唯一重要的沟通类型就是通过合适的渠道发送正确的信息。

2. 人际关系理论

(1)"社会人"假设

20 世纪 20 年代美国哈佛大学心理学家梅奥等人进行了著名的霍桑试验。研究表明,影响生产效率的根本因素不是工作条件,而是工人自身。改善组织内部的人际关系,满足工人作为"社会人"的需要,可以使生产率得到明显提高。

"社会人"假设认为,人的行为动机不只是追求金钱,工人有强烈的社交需求。基本观点有:

① 交往的需要是人们行为的主要动机;

② 专业化分工和机械化使劳动本身失去了许多内在的含义,也使人失去了工作的动力,应从工作的社会意义上寻求安慰;

③ 工人之间的关系所形成的影响力比管理部门所采取的管理措施和奖励具有更大的影响;

④ 应满足工人归属、交往和友谊的需要,工人的效率随着管理人员满足他们社会需要程度的增加而提高。

霍桑试验对古典管理理论进行了大胆的突破,第一次把管理研究的重点从工作上和从物的因素上转到人的因素上来,不仅在理论上对古典管理理论做了修正和补充,开辟了管理研究的新理论,还为现代行为科学的发展奠定了基础,而且对管理实践产生了深远的影响。

(2)梅奥的人际关系沟通

在霍桑访谈试验中,梅奥已注意到,亲善的沟通方式不仅可以了解到员工的需求,更可以改善上下级之间的关系,从而使员工更加自愿地努力工作。梅奥的人际关系理论,体现了管理沟通的思想,强调人与人之间的互相沟通,包括上下级沟通和人际之间的沟通。人际关系的参与者们根据梅奥等人的研究,坚信冲突不是天生的,而是恶劣的管理导致的,并且主张通过改善对人的管理,协调人际关系,以提高企业的生产率。可以说人际关系论的创立是管理沟通史上具有重要意义的事件,为管理沟通的理论研究奠定了基础。也有学者认为是梅奥首次正式提出了沟通在管理中的作用。

3. 人力资源理论

(1)"自我实现人"假设理论

"自我实现人"假设认为人都期望发挥自己的潜力,表现自己的才能,只要人的潜能发挥出来,就会产生最大的满足感。基本观点有:

① 厌恶工作不是人的本性;

② 人们愿意实行自我表现管理和自我表现控制来完成应该完成的目标;

③ 如果给人提供适当的机会,就能将个人目标和组织目标统一起来;

④ 逃避责任、缺乏抱负以及强调安全感,通常是经验的结果,而不是人的本性;

⑤ 多数人在解决困难问题时,都能发挥较高想象力、聪明才智和创造性;

⑥ 普通人的智能潜力只得到了部分发挥。

(2)"复杂人"假设理论

20 世纪 60 年代末 70 年代初,沙因等人在总结前人的人性假设理论后提出:前 3 种人性假设过于简单和绝对化,事实上,人是复杂多变的,不能把所有人归为一类。

人的需要因自身发展和环境改变而改变,形成错综复杂的动机模式,这些动机模式各不相同。不存在某种放之四海而皆准的组织模式,适当的组织模式应该根据工作性质和工作人员的特定需要而定。基本观点有:

① 人的需要不仅是复杂的,而且会随不同的发展阶段、不同的生活条件和环境而改变;

② 人在同一时间有多种需要和动机;

③ 人在组织中生活,可以产生新的需要和动机;

④ 人在不同组织或同一组织的不同部门、不同岗位会形成不同的动机;

⑤ 一个人是否感到满足或是否表现出献身精神,决定于自己的动机构造及他跟组织之间的相互关系;

⑥ 由于人的需要、能力上的差别,各个人对同一管理方式的反应是不一样的,没有一套普遍适用的管理方法。

在创新驱动发展时代,物质资本不再是促进利润增长和企业发展的最关键因素,知识型员工和关键性人才在企业中的地位日益凸显。"人力资本"概念的提出更是将企业中的人提升到比物质资本更为重要的地位上来,以人为本的管理方式应运而生。其核心是:企业中的人不仅仅应当被视为是一种资源,企业的目标从获得更多的经济利益转移到满足个人发展从而促进个人与组织共同发展上来,认为对组织和员工的管理应采用"民主式""自主式"的管理,强调员工在组织中的个人作用的同时强调团队的作用,鼓励员工在组织中得到发展,它认为个人的发展对组织是有益的。它主张重点对人力资源进行开发与利用,强调对员工积极性的充分调动,强调对员工实行更有激励作用的管理方法,注重从人力资源内部获得更多的长远利益。

7.2 通用航空的组织沟通与技巧

7.2.1 通用航空的组织沟通概述

1. 组织沟通的含义

组织沟通具有明确目的,即影响每个人的行为,使之与组织的整体目标相适应,并最终实现组织目标。作为日常管理活动,组织沟通按照预先设定的方式,沿着既定的轨道、方向和顺序进行。组织沟通就是在一定的组织结构环境中,组织成员的知识、信息以及情感的交流过程,它既涉及战略方面的控制也涉及如何在创造力和约束力之间获取或达到一种平衡。

2. 组织沟通的类型及其作用

组织沟通一般分为两大类:内部沟通和外部沟通。通用航空运营企业具有特殊性,与通用航空行业特点有关,即运营企业以飞机为主要生产资源,以飞行服务为主要生产内容。为满足生产运营和民航局资质管理要求,通用航空企业需要选择运营基地,购置一定数量的飞机,并配备相应的飞行员、机务、签派和安全人员。因此,无论是组织内部沟通还是外部沟通,都显得特别重要。

(1) 组织内部沟通及其作用

组织只有通过内部沟通才能实现有机的配合和协调,并保证各项任务的完成。沟通可以说是组织管理的基础,任何组织的任何工作都离不开沟通。如果把组织比作人体,那么组织内部沟通就如同神经系统,承担着组织内各职能部门和个体之间的信息传递工作。组织内部沟通的成效决定着组织的运作效率,也影响组织中部门职能和个体才能的发挥。

组织内部沟通在组织管理中起到十分重要的作用:

① 传递组织信息,控制内部成员行为;

② 征求员工意见,决策更合理有效;

③ 统一组织行动,激励成员改善绩效;

④ 逐步沉淀积累,塑造企业独特文化。

(2) 组织外部沟通及其作用

组织的外部沟通构成了组织有机的外部社会关系,它与组织内部沟通紧密相连。通用航空组织只有与组织外部其他相关组织如政府、供应商、社区、股东、竞争对手、媒体等进行相互沟通与信息交流,才能树立起良好的企业形象。组织外部主要的社会关系如图 7-2 所示。

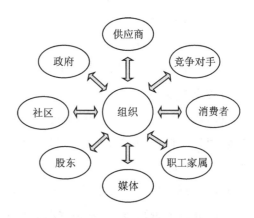

图 7-2 组织外部主要的社会关系

组织的外部沟通对于企业的发展也有非常重要的作用。组织外部沟通不仅有助于企业获得充分的外部支持,提高经济效益,而且是企业回馈社会的重要途径。

7.2.2 会议沟通

会议沟通是通用航空组织沟通的重要形式之一。会议在管理工作中起着十分重要的作用,它是决策的重要方式,也是组织沟通信息的主要手段。一些管理者用于参加各种会议的时间占总工作时间的 1/3 之多。由此可见,会议开得好坏、效率高低,直接关系到管理效能的高低。

1. 会议概述

(1) 会议的含义

会议是一种围绕特定目标开展的、组织有序的、以口头交流为主要方式的群体性活动,同时也是为发挥特定功能进行的一种多项沟通方式。会议不仅是一个集思广益的过程,也是一种信息传递的重要方式。会议沟通是群体或组织中围绕所要达到的目标而相互交流意见的一种重要形式,是一种常见的群体活动,同时也是实现组织沟通的重要途径之一。通过会议,管理者可以听取下属或员工意见,组织成员也可以聚集在一起,相互交换思想,实现沟通。

(2) 会议的目的

一个成功的会议正是完成管理沟通目的的最佳工具,其目的大致包括:

① 实现沟通,交流信息;

② 指导监督,提升水平;

③ 协调矛盾,解决问题;

④ 集思广益,完善决策;

⑤ 激励士气,提高员工满意度。

(3) 会议的类型

会议普遍存在于各种组织,不论其规模大小、技术先进与否。会议的类型多种多样,根据不同的分类标准,可以划分为不同类型。下面从不同角度介绍7种典型的会议类型。

根据会议的目的分类,其主要类型有:

① 宣讲会或通知会:主要是宣布人事安排,宣传公司的政策、制度等;

② 头脑风暴会:主要是希望通过集思广益,获得新的思路;

③ 达成共识会:主要是厘清大家的想法,达到统一共识的目的;

④ 回顾会、总结会:主要是过去一段时间工作或一次活动的总结,找出改进的地方;

⑤ 计划会、预算会:主要是计划未来一段时间内的工作和事项;

⑥ 工作布置会:主要是就具体的工作和项目进行安排;

⑦ 动员会:主要是在一项重大活动开始之前,要求大家高度重视。

(4) 会议成效的影响因素

影响会议成效的因素是多方面的,会议有成效可以从3个角度来衡量:

① 目标有价值;

② 在短时间内实现目标;

③ 组织成员之间的关系得到良性强化,也就是成员满意度提高。

因而,从这3个角度来看,可以将影响会议成效的因素归纳为如下4点:

① 会议目的不明确,与会者不清楚会议的议题,导致讨论漫无边际;

② 会议持续太久,会议时间拖得太长,致使与会者过于疲倦,参与会议的积

极性减弱；

③ 简单问题复杂化，本来简单的问题，与会者反复讨论，不仅花费大量的时间，往往还可能使问题复杂化，引出许多不必要的矛盾；

④ 发言者过于健谈，一些发言者过于滔滔不绝，会影响其他参会者的情绪和积极性。

2. 会议及有效会议的特征及原则

(1) 会议的特征

会议作为组织和群体中最常见的一种活动，要具有如下三大特征：

① 群体性：会议是一种群体活动，参加会议的每个人都是该群体的一员；

② 约束性：会议的决议对所有参会人都具有一定的约束力，因为每位与会者都是决议的参与判断者，尽管他们可能并没有对这件议案投赞成票；

③ 从众性：在会议中，由于群体压力的影响，不寻常的、少数人的或者不受欢迎的观点容易出现群体转移，会议的决策往往带有一定的从众性。

(2) 有效会议的特征

会议是一项耗时耗力的活动，尤其当议而不决时，整个会议会让人觉得拖沓冗长。因此，提高会议的效率十分重要。有效会议则具有如下特征：

① 只有必要时才召集：高效的会议在召开前，一定要明确会议的目的，有的放矢；

② 事先好好筹划过：成功的会议都是经过精心安排和筹划的，会议的议题、参与人员、会议地点选择、会议时间安排都经过反复考虑；

③ 拟订和分发议程表：会议的议题和时间安排事先通知与会人员，让与会人员能够有针对性地事先准备；

④ 遵守时间：与会人员都按时参加了会议，会议的进程也严格遵守设定的议程；

⑤ 一切按部就班：会议在事先筹划的计划内运行；

⑥ 请有经验和有才能的人出席：对于会议讨论的议题，邀请到最有资格、最适合的人员参加，以保证会议能够充分吸纳和听取有影响力的意见；

⑦ 做出评论和归纳：会议最忌讳议而不定，议而不明，会议当场要做出明确的决定，并要总结和重复会议的决定，消除理解上的歧义，达成一致的会议共识；

⑧ 记录所有决定和建议：会议的过程、与会人员的发言、会议达成的共识都被记录下来，并经过会议负责人的确认，作为会后督办和检查的依据。

(3) 有效会议应遵守的规则

高效的会议一般要遵守固定的会议流程,按照会议开始(欢迎词、会议目的、议程、具体时间安排和会议要求等)、会议议程逐项讨论(分享话题和目标、交换信息、决定/确认行动、总结)、结束会议(总结、安排下次会议)和跟踪(备忘录、跟踪计划)的顺序进行。

3. 会议前的准备

会议开得成功与否取决于会议的组织,因此,为了使会议有成效,就必须做好以下 3 个阶段的工作:会前准备、会议期间的控制以及会后工作。

会前准备主要有以下内容:

① 明确会议的必要性;

② 确定会议的目标,一般来说,企业常见的会议主题有两类:一是解决工作中所出现的问题,二是分析将来工作中可能会遇到的问题;

③ 拟订会议议程,会议议程通常包括会议日期、时间、地点、议题及参加人员等;

④ 准备会议文件,分发预览资料;

⑤ 确定会议主持人;

⑥ 确定与会人员;

⑦ 会务组织工作;

⑧ 补充最新信息。

4. 会议中的角色

在确定好与会者人数和结构后,会议组织者必须明确与会者的角色安排。研究表明,会议的有效与否很大程度上取决于会议与会者的角色安排。会议与会者一般可以分为主持人、会议成员和会议工作人员(如会议秘书、记录员等)3 类,会议中各角色的同心协力对会议取得成效是很重要的。

(1) 主持人

可以说对小组会议影响最大的人,就是会议的主持人。主持人的角色主要是维持会议秩序并确保与会人员的积极参与。会议主持人的职责有 3 个:一是引导,二是激励,三是控制。具体而言,会议主持人的沟通技能和技巧表现为以下 5 个方面:

① 会议控制:主持人为了对会议结果负责,必须从标准和结果来控制会议的过程;

② 过程引导:无论主持人以怎样的风格定位,他都必须能够发起会议,对会议成员的行为进行引导,避免负面的影响,确保以良好的秩序进行主题和问题讨论;

③ 促进讨论:在沟通过程中,会议主持人要及时根据会议的进程和讨论的话题,围绕主题提出恰当的问题以激励与会者;

④ 应付"隐秘议程":主持人应努力保持讨论的话题集中,不使其演变成与会者之间的个人冲突;

⑤ 作出决定:当会议要作出结论时,可以采用多种方式,如采用正式投票表决的方式,采取由成员一致同意或普遍同意的其他方法得出结论,或恰如其分地引出解决问题的最佳答案。

(2) 其他与会者

参加会议的成员都有责任使会议取得成功。对于所有的成员来说,明确会议目的、议程以及自己与其他人在这次会议中的角色,是很重要的。与会者应该努力做到以下 3 点:

① 会前:了解会议议程并阅读有关资料,明确会议的主题和目的,确认在会议讨论内容中有哪些项目与自己有关,并对这些相关内容有所考虑,确定应该持什么观点,用什么材料作论据来支持这些观点;

② 会议期间:注意倾听他人的观点,积极参与会谈,并且对所讨论的问题充满兴趣;

③ 会后:全力贯彻会议精神,完成会议期间分配的任务。

(3) 会议秘书

会议秘书的作用很重要,因为他直接向主持人负责。其职责包括:

① 会前:应详细检查会议的日期、时间,通知与会成员以及分发必要的背景资料;

② 会议期间:记录会议时间、参加人数、会议内容以及报告人和会议结束的日期;

③ 会后:撰写会议备忘录,核对必要的事实和数据,与主持人协商以及分发会议备忘录。

7.2.3 团队沟通

团队方式在通用航空组织中被频繁运用,例如,飞行团队、维修团队等。实践证明,以团队为单位的运作形式十分精干,灵活机动,适应能力强,反应及应变能力强。员工参与度高的管理团队或自主式管理的团队已经开始取代传统的层级组织。

1. 团队沟通的含义

团队沟通,是指按照一定的目的,由两个或两个以上的雇员组成的团队中发生的所有形式的沟通。团队成员之间和谐的关系有利于团队任务的完成,而他们之间的沟通则有利于关系的建立和维持。

团队的沟通力是指成员之间互相吸引的程度。一个好的团队绝不仅仅是一群人的组合。好的团队具有赖以自豪的一种整体感,包括忠诚、投入、志趣相投以及为团队做牺牲的意愿,这种整体感和沟通力是将每个成员"粘"在一起的"胶"。当团队成员在一起工作的时候,他们的智慧和力量都融合在一起,沟通力便成为整个团队前进的一股特殊力量。这是所有成员的动机、需求、驱动力和耐力的结合体。当所有成员都忠诚于团队以及团队的远景目标,都努力为团队目标的实现而奋斗时,团队内部的沟通就会产生一种协同力,从而使得团队能够成为一个真正的团队。一个团队的绩效和其沟通力密切相关。

2. 团队沟通的要素

团队沟通的要素包括成员的角色、规范的制定及领导者的素质。

(1) 团队成员的角色分担

每个团队都由若干个成员组成,这些成员在团队成立之后到解体之前都扮演着不同的角色。根据团队成员扮演的角色是否能对团队工作起到积极的作用,可以将角色分成两大类:积极角色和消极角色。

1) 积极的角色

领导者——能确定团队目标任务并激励下属完成的成员。

创始者——能为团队工作设想出最初的方案的成员。其行为包括明确问题,为解决问题提出新思想、新建议。

搜寻者——能为团队工作不断澄清事实、证据提供相关信息的成员。

协调员——能协调团队活动、整合团队成员不同思想或建议并能减轻工作压力、解决团队内分歧的成员。

评估者——分析方案、计划的成员。

激励者——起到保持团队凝聚力作用的成员。

追随者——按计划实施的成员。

旁观者——能以局外人的眼光评判团队工作并给出建设性意见的成员。

2）消极的角色

绊脚石——固执己见，办事消极的成员。

自我标榜者——总想通过自吹自擂、夸大其词寻求他人认可的成员。

支配者——试图操纵团队，干扰他人工作以便提高自己地位的成员。

逃避者——总是跟他人保持距离，对工作消极应付的成员。

团队中一个成员可能扮演着几个角色，也有可能几个成员扮演着同一个角色。另外，各成员所扮演的角色不是一成不变的。

（2）规范的制定

"规范"系指团队成员所共同遵守的一套行为标准，其可以以明文规定的方式存在，如规定、条例等，也可以以心照不宣的方式存在。前者容易被遵守，后者往往被团队新成员所忽略，或在不经意中触犯。不成文的规范容易被触犯，同时，一旦发生这种情况，其他成员就会以不同的方式对"犯规者"施加压力，迫使其遵守。在这一方面，团队内的沟通有时就会显得如此微妙。

一般来说，向违规者施压有以下几种方式：给违规者以时间，让其自己改正；以幽默轻松的方式同违规者谈话，以便提醒他；适当嘲笑违规行为；严肃劝说违规者遵守团队规范；同违规者讨论此事；孤立或开除违规者。

（3）团队领导者的个人风格

沟通能力能够充分反映一个人是否具备领导潜质。领导者角色在团队中的作用举足轻重。领导者个人的性格特征、管理风格同团队沟通是否有效密切相关。如果团队领导者是专制型的，或是放任自流型的，那么团队沟通就会低效或无效。前者压制了来自团队成员的新思想、新建议，后者则会使团队沟通显得漫无目的或很少发生。领导者的素质包括胜任能力、值得他人信赖的能力、适应环境的能力、把握方向的能力以及敬业精神。

1）胜任能力

在一个团队中，技术卓越超群者不一定具备领导能力，只有那些善于在任务前做充分准备而成功完成任务者，即具有超前意识者，才真正具备领导者的素质。

2）把握方向的能力

坚持道德标准的领导者能够在团队中营造一种平等、公正的沟通氛围，不会将自己的意志凌驾于他人之上，同时还可以积极地影响团队成员，从而确保团队沿着正确、健康的方向前进。

3）值得他人信赖的能力

一般而言，可信度是通过以下各个方面来体现的：一个人自身的能力、客观公正的态度、令人信赖的品质、与团队保持一致的目标、充沛的精力，除此之外，人们往往还会依据地位、级别、年龄、影响力等因素来判断人的可信度。

4）适应环境的能力

一位成功的团队领导者必须随时调整其行为来适应团队的目标、价值观、特有的风格以及在具体情形下团队成员的需求，只有具备适应环境能力的领导者才是称职的。

5）敬业精神

领导者必须对自己的能力充满信心，全身心地投入团队运作的各过程，并且勇于承担团队所赋予的使命。

3. 团队沟通的技巧

(1) 建立及时沟通的理念

促使团队各成员形成及时沟通的理念十分重要，这不仅可以有效地提高团队凝聚力，还可以及时消除团队成员之间的误解和矛盾。定期沟通是建立团队成员沟通理念的有效手段。沟通的内容可以包括团队成员汇报所承担的任务的进展情况，在完成任务过程中遇到的问题，与团队成员合作的情况，等等。由此可以提高团队成员完成任务的积极性，团队成员间也可以通过相互交流、相互帮助提高凝聚力。除了定期沟通外，还可以根据团队完成任务过程中所出现的一些问题进行不定期的沟通，从而及时解决团队面临的各种问题。

(2) 营造良好的沟通环境与氛围

团队沟通对于团队实现预定目标十分重要，如果没有良好的沟通环境与氛围也会导致沟通不畅，从而使预定目标延期甚至无法完成。良好的沟通氛围首先是宽松的、相互信任的。良好的沟通氛围的实现离不开善意、宽容、信任、平等、坦率、公开、分享这7个组织文化因素。良好的沟通氛围的基础要素是善意和宽容。在善意和宽容的团队环境下，团队成员才会相互信任，每个成员才有充分的发言权。因此，相互信任和平等是坦率沟通的基础，坦率沟通才能做到信息公开和信息分享。这7个因素体现了团队沟通氛围的特征。

(3) 有效诉说和积极倾听

在团队沟通中，言谈是最直接、最重要和最常见的一种沟通途径，言谈沟通的成功很大程度上取决于两个方面：有效诉说和积极倾听。有效诉说，即陈述和说服,陈述事实和观点,影响听者是诉说的主要目的。积极倾听是指在思维上参与会话,给予非语言反馈;同时,在大脑中对信息进行分析,提出疑问。在团队中,具有良好倾听技能的人往往可以在工作中自如地与他人沟通。

7.2.4　网络沟通

1. 网络沟通及其层次

随着外部环境变化性的不确定和 5G 信息技术的发展,网络沟通成为组织沟通中不可缺少的途径和手段之一。网络沟通凭借的媒质是网络,即利用计算机网络或者移动互联网进行企业内部沟通和企业与外部环境的沟通,就是网络沟通。

对通用航空组织而言,发展至现阶段,计算机网络拓展至包括组织内部网、组织外部网和互联网。网络沟通也分为 3 个层次:组织内部网、组织外部网以及互联网。借助三网,组织内部的成员可以同时同地、同时异地、异时异地进行大量的信息分享和沟通活动。再辅以多媒体技术,平板二维的文字交流互动更加生动立体、绘声绘色。

(1) 组织内部网

组织内部网是面向组织内部的网络,访问和使用该网的主要是组织内部的成员。其表现形式如下:

1) 发布内部文件

将组织内部的一些文件、报告等信息通过因特网发送到组织各个部门。

2) 内部通信

组织内部网提供的电子邮件成为内部员工相互通信的快速通道。

(2) 组织外部网

组织外部网主要面向组织的合作伙伴、相关组织和主要客户。组织外部网是一个使用因特网和组织内部网技术使组织与其客户和其他组织相连来完成其共同目标的合作网络。组织外部网的作用如下:

1) 商业信息传播

定期将最新的销售信息以各种形式分发给散布在世界各地的本组织内部成员,从而取代原有昂贵的文本拷贝和传递分发。所有的相关信息都可以根据用户的权限和特权通过 Web 访问和下载。

2) 在线用户服务

灵活的在线帮助和在线用户支持机制,可以让用户方便地获得其所需的信息,以及解答用户的提问。比如,售前的价格和功能信息,售后的保养、维修和故障排除等信息。可以快捷、高效地处理一些销售事宜。

3)企业间电子商务服务

通过组织外部网进行的电子商务比传统的商务往来更便捷、经济,对于跨地区的组织间的合作与贸易往来来说尤其如此。

(3) 互联网

随着组织信息化建设的发展,组织内部出现了纵横交错的网络结构的信息交流渠道。5G 网络技术的发展,更为组织的信息化进程带来了机遇和挑战,组织内部网、组织之间的组织外部网,使组织信息化步入网络化的时代。比如,提供产品目录浏览、图书馆书名目录浏览,以及飞机航班转港信息检索等服务。

2. 网络沟通形式

(1) 微信沟通

随着"互联网＋""移动互联"等热潮的来临,微信沟通在工作生活里越来越常见。至 2020 年 2 月,中国微信月活跃用户 11 亿,是中国用户量最大的 APP。很多通用航空组织建立本单位或者团队的微信工作群,便于及时快速沟通。

利用微信新式沟通工具,需要注意以下技巧:

① 微信群成员数量不宜多,越小越利于互动;

② 及时消除"沟通黑洞","沟通黑洞"就是指对沟通信息没有反馈,发送者以私聊或群聊的方式发了一条通知信息,接收者不能看完就完了,一定要回复一句"收到";

③ 有效地组织措辞,避免盲目地向别人提问,很多人认为微信是一个随意性较高的沟通工具,因此,往往一开始就抛出一堆并列的叙述和问题,这样的沟通方式会让对方消耗很多时间和精力去理解你所要表达的核心意思,在很大程度上增加了沟通成本;

④ 尽量避免在公群里私聊,尤其是比较正式的组织群,比如公司群或会议群,微信群的本质是公共场所,既然是公共场所,那就要避免不必要的干扰;

⑤ 要用一句话或一段话把事情说完,不要用一字一句的表达形式;

⑥ 不要频繁发送语音,语音功能在发送信息的操作上提供了很大的便利,但却增加了接收信息的成本;

⑦ 重要的文件在发完微信之后最好再抄送一下邮件,重要的事件也应该在用微信说明后,再进行电话沟通;

⑧ 在介绍合作伙伴或工作人脉时,应该事先说明,而不是直接推送名片,同

时,推送名片之前最好征求一下双方的意见。

（2）电子邮件

电子邮件是 Internet 应用最广的服务。通过网络的电子邮件系统,用户可以用非常低廉的价格,以非常快速的方式（几秒钟之内可以发送到世界上任何你指定的目的地）,与世界上任何一个角落的网络用户联系,这些电子邮件可以采用文字、图像、声音等各种方式。同时,用户可以得到大量免费的新闻、专题邮件,并轻松实现信息搜索。这是任何传统的方式所无法比拟的。电子邮件使用简易、投递迅速、收费低廉、易于保存、全球畅通无阻,使得电子邮件被广泛地应用,它使人们的交流方式得到了极大的改变。许多通用航空企业的正式文件都是通过电子邮件的方式发给员工。电子邮件是网络沟通的一种非常重要的形式,与微信沟通比较而言,电子邮件沟通比较正式,不受时空因素的影响,是国际通用的交流形式,也是通用航空组织常用的网络沟通形式之一。

3. 网络沟通的策略

随着信息技术发展,组织结构形态发生变化,管理沟通也必然发生巨大变化。虽然网络沟通快捷高效,但是也必须遵循一定的原则:

（1）面对面的交流不可或缺

网络沟通并不能替代直接交流,面对面的沟通可以观察到对方的面部表情等肢体动作,能够保证沟通的有效性和反馈的及时性。

（2）重视网络沟通的影响面

网络沟通必须准确识别、了解并理解你的直接上司、部下或者一起工作的同事的沟通风格和交流方式,以减少沟通障碍。同时,作为管理者还得考虑自己的沟通风格与交流方式对圈外成员的影响。

（3）注意保护组织网络安全

在网络沟通环境下,企业有更多的机会获取竞争信息为我所用。同时,通用航空企业自身的信息安全也面临更大的挑战,企业在使用新的技术过程中,应该注意保护自己的网络安全。

（4）重视个人隐私和知识产权保护

个人隐私和知识产权是网络环境下管理沟通面临的最大难题。如何有效地控制员工的行为并保护员工的个人隐私,如何激励员工的创新潜力并保护企业和个人的知识产权,这是企业在网络沟通环境下需要慎重考虑的问题,也是企业需要重视并为之投入的重要方面。

第8章　通用机场建设与运营

8.1　通用机场分类与颁证

8.1.1　通用机场分类办法

2017 年 4 月 14 日,民航局发布《通用机场分类管理办法》(以下简称《办法》),对通用机场实施分类分级管理。

《办法》将通用机场按照其是否对公众开放分为 A,B 两类。A 类通用机场为对公众开放的通用机场,允许公众进入以获取飞行服务或自行开展飞行活动;B 类通用机场则为不对公众开放的通用机场。另外,基于其对公众利益的影响程度,《办法》又将 A 类通用机场分为三级。其中,含有使用乘客座位数在 10 座以上的航空器开展商业载客飞行活动的 A 类通用机场为 A1 级通用机场,含有使用乘客座位数在 5~9 座之间的航空器开展商业载客飞行活动的 A 类通用机场为 A2 级通用机场,其余均为 A3 级通用机场。(编者注:CCAR138 部正在征求意见,有可能对分类办法进行调整)

A 类通用机场需要取得通用机场使用许可证方可投入使用,由机场所有人或运营人向民航地区管理局提交颁证申请;B 类通用机场实施备案制,机场运营人应当通过通用机场信息管理系统填报备案信息,提交备案申请,完成备案后向社会公众发布机场相关信息。

8.1.2　通用机场颁证应当具备条件

申请 A 类通用机场许可证应当具备下列条件:

① 运营人具有法人资格;

② 运营人对机场具有运营权;

③ 机场飞行场地满足相关技术标准要求；

④ 具有对飞行场地进行检查和维护的制度安排；

⑤ 提交《机场手册》，且《机场手册》符合法定要求的内容和形式。

对于 A1 级和 A2 级具有跑道供固定翼飞机起降的机场（以下简称跑道型机场）和表面直升机场，还应当具备下列条件：

① 具有机坪运行管理制度；

② 具有满足相应要求的消防能力；

③ 具有针对航空安全突发事件的应急预案。

对于 A1 级跑道型机场和表面直升机场，还应当具备下列条件：

① 具有为防止未经授权的人员、车辆误入机场活动区以及体型较大的动物进入机场活动区的管控措施；

② 具有残损航空器搬移预案。

8.1.3 　通用机场颁证流程

申请 A 类通用机场许可证，机场运营人应当向民航地区管理局报送《A 类通用机场使用许可证申请书》及申请书列明的完整有效的附件材料，民航地区管理局应当自受理之日起 20 个工作日内完成审查。对符合规定条件的，应当做出准予许可的决定，并向申请人颁发 A 类通用机场使用许可证，同时报送民航局；对不符合条件的，应当做出不予许可的决定，并将不予许可的决定及理由书面通知申请人，并告知申请人享有依法申请行政复议或者提起行政诉讼的权利。

8.1.4 　B 类通用机场备案流程

B 类通用机场运营人（以下简称运营人）应当通过通用机场管理信息系统（http://gaa.caac.gov.cn，以下简称信息系统），填报备案信息，提交备案申请。备案信息应至少包含场址说明与审核意见、机场坐标、飞行区指标、服务项目、联系电话等内容。运营人应对信息准确性负责，并在信息发生变动后及时提交修订信息。B 类通用机场停止运行时，运营人应通过本系统进行注销。

B 类通用机场符合相关规范和要求时，运营人可申请将其升级为 A 类通用机场。

8.1.5 　通用机场命名规范

B 类通用机场的命名应当以确定机场具体位置并区别于其他机场为准则，要符合下列要求：

① 机场名称一般由所在地县级以上行政区划名称，后缀机场所在地具体的地名名称组成；

② 机场专名通常使用机场所在地乡（镇）、村名称，并不得与同行政区划内的其他机场专名重复。

城市市区内的直升机场专名可自行确定，但不得带有歧视性、侮辱性语言，不得违反公序良俗。

8.1.6　机场信息变更管理

取得 A 类许可证的通用机场在运营过程中相关信息发生变化，与许可证或《机场手册》载明信息不符的，通用机场运营人应当向民航地区管理局报告，并提交变更部分的说明资料。民航地区管理局收到说明材料后，应当在 5 个工作日内予以答复。

8.2　通用机场筹建报批

8.2.1　通用机场建设审批权限

国务院 2014 年 10 月 31 日发布的《政府核准的投资项目目录》（2014 年本）中明确规定，新建通用机场项目由省级人民政府核准，军方审批权限目前在中央军委联合参谋部，民航审批权限目前在地区管理局。

8.2.2　地方政府通用机场审批流程

通用机场在项目启动建设之前，应符合省政府通用航空发展规划或通用机场布局规划，除常规的规划、土地、环评手续外，通用机场项目立项还涉及军方场址以及民航场址审查等前置意见。

考虑到通用机场项目的特殊性，从确保项目顺利实施的角度出发，通用机场项目应充分考虑预选场址的空域资源、军民航飞行矛盾、本场净空条件以及土地属性等关键问题，同时应事先征求文物、地震、交通、水利、环保等部门对预选场址的评估意见。

通用机场工程建设以及设备安装调试结束后，建设单位应组织竣工验收，对于验收中发现的问题应在限定时间内组织整改。

申请各类财政资金和建设补贴的通用机场,应做好项目立项、土地手续、图纸设计、招投标、建设管理、竣工验收、预算决算等各环节的资料申报和管理工作。

8.2.3　民航通用机场审批流程

通用机场建设单位应向民航地区管理局提交拟选场址的说明材料,包括场址的基本情况,如地理位置、场地状况、建设内容(含可能的未来规划);机场运行的相关影响因素,如空域条件、气象条件、电磁环境、净空环境、环境影响以及与城乡建设和土地利用规划的相容性。

民航地区管理局对场址说明材料进行审核,必要时组织现场踏勘,场址说明材料补充完成后 20 个工作日内,管理局出具行业审查意见。

通用机场项目完成竣工验收后,运营企业可按规定向民航地区管理局申请颁发通用机场使用许可证。

通用机场进行扩建时,应对扩建部分所涉及的《空域方案》和飞行程序变动,以及对周边军民航机场影响进行分析并向民航地区管理局提交申请。扩建完成后,应在竣工验收之后修订《机场手册》和《机场细则》,并向民航地区管理局进行备案。

8.2.4　军方通用机场审批流程(现行)

空军汇总省级人民政府申请及通用机场《选址报告》《航行分析报告》,每季度呈报中央军委,由军委联合参谋部会同军委后勤保障部、国防动员部、战略规划办公室进行审核,并征求相关战区和军种意见,经中央军委批准后由空军函告相关省人民政府。依据核准意见,由空军商相关战区后授权战区空军与省级人民政府签订协议,并报送中央军委备案,军委联合参谋部会同军委后勤保障部、国防动员部、战略规划办公室进行备案审查。

通用机场项目建设单位应向相关军方空域管理单位提交机场《空域方案》和飞行程序,由军方空域管理单位组织相关军民航飞行管理部门进行会商,根据会商结果对《空域方案》和飞行程序进行修订。

通用机场启用前应组织军方验收并签订军民航管制保障协议。

通用机场运行后,有关飞行区主要指标进行扩建或调整的,应向军方相关审批部门进行申报,获得批准后方可开工。

8.2.5　通用机场项目资质要求

通用机场项目的《选址报告》《航行分析报告》《设计方案(空侧)》《空域方案》《机场细则》等专业报告编制单位,应具备相应的民航咨询资质。

通用机场工程项目中的场道、灯光、导航等工程的施工企业应具备相应的民航专业工程施工资质。

通用机场项目应根据业务发展需要配置必要的设备,其中,通信、导航、灯光、安检、油车、撬罐等设施设备应取得民航或地方管理部门的认证或许可。

8.2.6　通用机场前置审批事项

通用机场的电台、导航、气象等设施的场址应在机场取得立项批复后进行审批或备案,机场电台频率应同步取得民航和地方政府无线电管理部门的审批手续和开放许可。

通用机场的飞行程序和《空域方案》应结合机场工程施工进度同步完成,取得军民航管理部门同意。

8.3　通用机场运行管理

8.3.1　通用机场运行前准备工作

除颁证申请所需要具备的条件之外,通用机场正式运营前还应具备以下必要条件:

① 具有与业务种类相适应的专业岗位持证/照人员;
② 与有关外部单位签订保障协议;
③ 准许通信导航设施开放使用的批文;
④ 对机场运营团队进行必要的岗前培训;
⑤ 组织启用前单项和联合运行演练;
⑥ 做好运行台账和设备档案的分发与记录工作。

8.3.2　通用机场组织架构

与运输机场相比,通用机场所承载的业务规模相对偏低,机场设施设备相对简单,因此,通用机场的管理架构也相应简化,常见的业务部门设置包括综合管理、安全管理、航务保障和地勤服务,根据业务规模和发展需求可设立市场经营、工程管理等部门。

通用机场宜设立安全管理委员会,成员单位包括机场运营人以及所有驻场运营企业安全负责人。

通用机场宜设立安全信息管理员,负责机场安全生产体系建设与自查工作,接受军民航安全管理文件和指令,落实安委会工作部署。

8.3.3 通用机场人员配置与专业资质

根据业务类型和规模需要,通用机场应配置相应数量的管制员、通信员、气象员、安检员、加油员和场务员,此类人员应具备局方颁发或认可的专业岗位资质。其中,通用机场的运行负责人一般应具有机场运行或通用航空运营从业经历,在机场正式启用前,应参加民航相关安全培训并取得结业证书;加油员可参加地方安监部门组织的资格培训;气象员、安检员、场务员可委托专业院校或其他运营中的机场公司代为培训。

通用机场运营企业可根据机场业务种类和规模情况实行岗位兼职,以减少人员成本,兼职人员应具备必要的资质和培训经历。

通用机场消防工作可通过与当地消防部门签订协议的模式进行保障。

8.3.4 通用机场安全管理

通用机场安全管理工作应符合行业管理规范,严格按照《机场手册》载明的具体内容实施。安全管理工作应涵盖通行证管理、控制区管理、飞行区巡查、净空巡查、应急救援等相关内容,机场运营企业还应建立安全管理相关制度,包括机场安委会、安全责任书、安全自查、运行例会、安全培训等。

通用机场运营企业应编制应急救援预案并定期组织演练,包括桌面演练、单项演练,以及与地方政府有关部门共同实施的联合演练。

机场安全信息管理员负责日常安全工作督查,以及与民航管理部门进行安全信息报送、文件收发、事务对接等工作。

8.3.5 通用机场航务管理

通用机场航务保障部门应做好本机场的计划申报、飞行指挥、空域协调、气象观测、情报服务以及救援告警等航务保障工作，同时应做好与周边机场以及军民航管理部门的协调对接工作。

通用机场运营企业应科学设定本机场的最低能见度标准，通用航空公司有特殊要求并得到局方批准的，按照通用航空公司标准执行。

通用机场航务保障部门应在通用航空企业运行前至少一个小时提供本场气象观测数据，预计气象条件将发生重大变化并有可能影响飞行安全时，应立即向驻场通用航空企业进行通报。

飞行服务站可在设定区域内按类别提供计划申报、飞行监控、空中指挥（仅A类站具备）、气象服务、情报服务和救援告警工作。

通用机场运营企业可与飞行服务站运营机构开展联合与合作，共同为本区域通用航空飞行提供保障和服务。

8.3.6　通用机场地勤服务

通用机场地勤服务部门应做好机场飞行区设施设备巡视检查工作，包括围界、道面、灯光、目视助航设备、安全区、排水、鸟情以及周边障碍物情况，对发现的问题及时上报，影响飞行安全时，可采取停止运行、消除隐患的措施。

在飞行区内进行保障、施工、维修、巡查的车辆及人员应悬挂、佩戴通行证件，进入航空器运行区时应注意避让航空器，防止发生地面碰撞安全事故。

人员及车辆进入或穿越跑道时，应向塔台进行请示，得到许可后方可通行，作业结束退出跑道后，应立即向塔台报告。

车辆在飞行区内不同位置的行驶速度应符合民航相应规范，接紧或接靠航空器时，应有专人进行监控引导，车辆停止后放置轮挡。

机场地勤服务部门应根据通用航空企业以及业务需要，提供安检、监护、引导、候机、登机、贵宾室等服务。

8.3.7　通用机场净空管理

通用机场取证后，运营企业应向当地人民政府提报净空和电磁环境保护申请及相关技术资料，由人民政府发布通用机场净空和电磁环境保护通知。

机场应制定净空管理制度，场务人员应定期对机场净空保护范围内的新建设施、林木等进行巡查，发现超高障碍物时，应立即按照净空管理制度进行报告和处置，必要时报请民航地区管理局进行协调。

对于机场净空保护区内的建设项目,地方政府规划部门在受理和审批过程中应与机场运营企业进行沟通和协商,确保不出现影响净空保护的建筑物。

8.3.8 通用机场应急救援

通用机场取证后,建设单位或运营企业应及时与地方政府应急管理部门沟通,将机场纳入地方应急救援工作体系内,建立信息沟通机制,同时应与医院、消防、吊装搬运等单位签订保障协议。

通用机场运营企业应编制机场应急救援预案,储备必要的应急救援物资,每年组织一次单项演练,每两年组织一次联合演练,演练参与单位应包含驻场通用航空企业。

通用机场应制作应急救援网格并放置在应急救援指挥场所或塔台区域,便于紧急情况下确定并发布救援位置信息。

8.3.9 通用机场设施设备管理

通用机场运营企业应建立设施设备管理制度,定期对设施设备进行巡检、维护、维修,对于需要进行周期性检定的设备,如导航、电台、气象、特种车辆等,应在规定期限内进行检定。

通用机场运营企业应制订设施设备故障应急预案,包括抢修、替代、外部支援、转手工等措施。

当电台设备故障且无备份设备时,应立即采取应急措施通知飞行中的航空器和相关军民航保障单位,故障消除后,应在恢复正常运行后向有关部门发出恢复运行信息。

8.3.10 通用机场台账管理

通用机场运营企业应做好往来文件和运行台账的记录与管理工作。每日运行记录应清晰、完整,工作交接明确,设备维护检修工作应及时准确记录,语音记录仪、监控系统工作状况应每日及时进行检查。

各类文档和台账应妥善保管,不得进行事后篡改和补充,语音记录、视频监控数据应至少保存3个月。

8.4 通用机场经营管理

8.4.1 通用机场运营收入

通用机场运营收入来源分为航空性收入和非航空性收入,航空性收入主要包括机场使用、航务保障和与飞行保障相关的地面服务,非航空性收入主要包括物业租赁、餐饮住宿、商业零售、广告媒体、休息室冠名、展会论坛、商业活动以及与飞行保障无关的地面服务。

为吸引更多通用航空企业驻场运营,鼓励丰富产品种类、提高飞行小时数,避免停场但不飞行或较少飞行情况出现,可考虑采取基于飞行产品种类和飞行小时数的激励性措施。

通用航空运营企业应在确保安全生产的基础上积极开展非航空性业务拓展,拓宽市场渠道,探索异业合作,实现跨界发展。

通用机场建设单位及运营企业应积极申请政府建设资金和运营补贴。

具备开通短途运输航线条件的通用机场,应积极配合通用航空公司开辟航线,并及时向民航地区管理局提报专项补贴。

8.4.2 通用机场成本控制

通用机场建设单位应在机场选址、立项、设计阶段将成本控制纳入评估体系,定位精准,规模合理,避免不必要的投资,降低后期运营成本。

通用机场运营企业应积极探索管理创新,采取人员兼职、非核心业务外包、信息化管理等措施,降低运行成本。

第9章　通用航空市场

9.1　通用航空主要市场

通用航空是民航事业的"两翼"之一，在国家经济社会建设中具有不可替代的作用。当一个国家人均 GDP 达到 5 000 美元以上时，通用航空开始发展。中国人均 GDP 已超过 7 000 美元，中国通用航空发展的黄金期即将到来，我国的通用航空产业具有万亿市场规模，未来发展空间巨大。

9.1.1　通用航空主要市场介绍

通用航空（General Aviation）是指使用民用航空器从事公共航空运输以外的民用航空活动，通用航空和运输航空被称作民用航空的"两翼"。如图 9－1 所示，通用航空应用范围十分广泛，其经营项目根据《通用航空经营许可管理规定》（交通运输部令 2016 年第 31 号）共分为甲、乙、丙、丁四大类，共计 31 项：

甲类：通用航空包机飞行、石油服务、直升机引航、医疗救护、商用驾驶员执照培训；

乙类：空中游览、直升机机外载荷飞行、人工降水、航空探矿、航空摄影、海洋监测、渔业飞行、城市消防、空中巡查、电力作业、航空器代管、跳伞飞行服务；

丙类：私用驾驶员执照培训、航空护林、航空喷洒（撒）、空中拍照、空中广告、科学实验、气象探测；

丁类：使用具有标准适航证的载人自由气球、飞艇开展空中游览，使用具有特殊适航证的航空器开展航空表演飞行、个人娱乐飞行、运动驾驶员执照培训、航空喷洒（撒）、电力作业等经营项目。

以上是从行业管理的角度对通用航空进行的市场细分；按照市场服务领域及性质的不同，通用航空运营市场可分为传统市场、消费市场、飞行培训市场、公

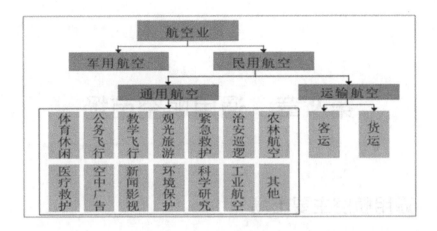

图 9 - 1　航空业分类

共服务市场。

1. 传统市场

传统市场主要为工农林等通用航空传统作业领域,包括石油服务、电力巡线、航空护林、航空喷洒(撒)、航空探矿、航空摄影等。传统市场的特征:

① 基本为传统刚性需求,无论是海上石油平台利用直升机运载石油工人,还是特高压电力巡线用直升机低速巡检等,直升机是必不可少的工具,经过近些年大力挖掘及服务市场领域本身接近饱和,该部分市场需求趋于平稳;

② 技术代替性趋势突出,无人机等技术的快速发展逐步取代了传统通用航空器的优势,抢占了部分市场份额,比如无人机进行农业喷洒、电力巡线等。

因此,该市场需求总体趋于缓慢增长,技术代替性趋势突出。

2. 消费市场

消费市场主要为通用航空旅游、包机飞行、私用驾驶员执照培训等领域。近年来,通用航空旅游成为通用航空消费市场的亮点,通用航空旅游主要包括航空旅游、航空运动、私人飞行、航空俱乐部等。近年来围绕景区开展低空旅游业务快速发展,截至 2018 年年底,我国 5A 级景区共 259 个,其中适宜开展低空旅游的景点主要包括以下 3 类:

① 线状自然景观区,如滨海公园、沿河流域、广袤沙漠等;

② 点状自然景观区,如大型湖泊、冰川地带、高山峡谷、国家森林公园、国家地质公园等;

③ 人文景观区,如现代都市风光、历史文化名城、大型生态农业示范园等。

据不完全统计,2018 年围绕上述景点开辟的低空旅游线路已有 90 余条,低空旅游潜在游客达到 4.2 亿人。低空旅游的市场需求包括旅游交通、景区空中观光、飞行体验及衍生消费 4 个部分,有 700 亿元左右的市场消费规模。

除了通用航空旅游外,在未来的中国通用航空消费市场上,真正将爆发式增长的是私人飞行员和运动飞行员的数量。这部分在消费市场上产生的飞行员需求量,将超过 40 万人,市场规模可达 1 200 亿元。对比美国的通用航空领域,作业飞行量只占到了总飞行量的 18%,在美国占据总飞行量一半以上的则是私人飞行,而目前这一部分在中国的占比约为 8%,可见私人飞行员和运动飞行员的消费市场潜力巨大。

3. 飞行培训市场

通用航空培训是针对通用航空业务领域相关从业人员的知识、技能、标准、信息、信念等内容的传递、规范和加强,使之成为能够适应通用航空相关业务领域各项要求的专业人员。从产业生命周期视角来看,我国通用航空产业还处于生长阶段,飞行培训市场大有可为。这里的飞行培训市场主要为商照驾驶员培训领域(这里将私照驾驶员培训领域归为消费市场)。

从各国通用航空产业的发展历程来看,在通用航空发展初期,培训类业务的占比都很高,主要是由于高速发展的通用航空产业对飞行员的需求持续增长,这一时期,飞行员的培训极为重要且是发展难以绕开的重点,也是通用航空产业持续发展的一个重点,未来随着通用航空产业的持续发展,培训时间和市场规模有望得到持续的增长。

4. 公共服务市场

通用航空公共服务市场包括两类:

① 服务于社会事业的公益性飞行作业项目,如公用交通、公安巡视、医疗救护、防灾减灾救灾等;

② 服务于政府应急救援、处突任务、重大公务活动,以及通用机场应急救援体系建设等公益性项目。

这个市场具有公益性的特征,近年来需求日益旺盛,已经有越来越多的省级地方政府将其纳入政府采购计划。国内对参与这部分作业的通用航空企业也都有补贴。

9.1.2　我国通用航空市场结构及发展趋势

目前,我国通用航空业处于初创期,长期以来主要服务对象以政府部门、国有企业为主,相当大一部分市场由财政收入来支付,私人及公务市场远远落后。我国的通用航空飞行市场主要集中在飞行培训、工业和农业,这三类市场占总额的 50%,主要呈现出飞行培训比重偏高、农业作业服务及工业作业服务市场单一、私人消费比重偏低三种市场需求结构特点。我国通用航空产业市场结构还有待优化,根据国际经验,成熟的通用航空市场业务组成中,培训教学、公务(私人)旅游、公益作业比例应为 2∶6∶2。而我国的作业时间分布则主要集中在培训与非经营性的公益作业,2018 年两者合计占比约为 70%,如图 9 - 2 所示。

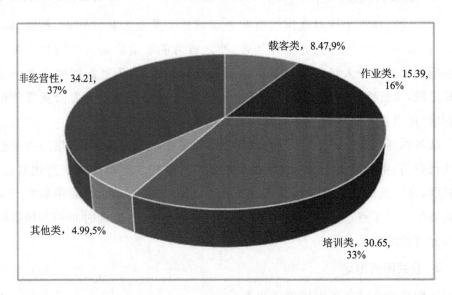

图 9 - 2　2018 年我国通用航空市场业务分布

由于国内对航空飞行的审批严格,飞行程序极为烦琐,在很大程度上限制了消费级通用航空产业的发展以及通用航空产业在农业领域的运用。同时,行业具有较高的技术壁垒,尤其是在较为核心的发动机、材料以及气动外形设计等领域技术薄弱,国内早期的通用航空飞行器往往需要从国外进口,运营维护成本高,在很大程度上限制了通用航空产业的发展。但总的来看,中国通用航空市场对各项飞行作业的需求不断扩大,目前,通用航空的供给情况与巨大的需求极不匹配,通用航空飞行领域可挖掘的市场空间极大。2019 年,全行业通用航空生产作业飞行首次突破 100 万小时,达到 106.5 万小时,比 2018 年增长 13.66%。

中国已经成为全世界使用快递服务最多的国家之一,覆盖率可以达到每十人就有一人享受快递服务,这也就意味着提高快递效率愈发重要,而用通用航空飞机做快递服务,刚好契合了这一点。

随着快递服务需求持续增大,传统运输方式已经无法满足当下市场需求,通用航空有人机和无人机航空物流的配合配送可以很好满足市场快递服务需求,所以这一结合不仅仅是市场的趋势,也是发展的必经过程。

到2025年,航空医疗救援网络投资将会超过500亿元,专业医疗救援固定翼飞机约150~200架,直升机约1 000~1 300架,机队市值将达到800亿~1 000亿元,救助人数30万~50万人次,直接运营收入达到90亿~120亿元,建成中等水平的航空救援覆盖体系,市场规模达到千亿元。

9.2 通用航空企业盈利模式构成要素分析

9.2.1 盈利模式的基本内容

1. 盈利模式的概念

盈利模式(Profit Model)是在给定业务系统中各价值链所有权和价值链结构已确定的前提下,企业利益相关者之间利益分配格局中企业利益的表现。简单地说,盈利模式就是企业赚钱的渠道,通过怎样的模式和渠道来赚钱。盈利模式是企业生存和发展的一个根本模式,是企业竞争力的来源,是企业管理的核心要素之一。认识并把握、创新和发展具有自身特色的盈利模式是企业战略的重要内容。中国民航局原局长李家祥在他的《大道相通》一书中,曾经将企业管理概括为两个方面:哲学和数学。哲学就是管理思维,能够处理各种问题;数学就是算账,抓住效益这条主线。他用很通俗的方式概括了企业管理的本质,而盈利模式正是管理思维与数学算式的结合,是对这种概括最好的诠释。

2. 盈利模式的分类

盈利模式分为自发的盈利模式和自觉的盈利模式两种。

(1) 自发的盈利模式

自发的盈利模式是自发形成的,企业对如何盈利、未来能否盈利缺乏清醒的认识,企业虽然盈利,但盈利模式不明确不清晰,其盈利模式具有隐蔽性、模糊性、缺乏灵活性的特点。

（2）自觉的盈利模式

自觉的盈利模式是企业通过对盈利实践的总结，对盈利模式加以自觉调整和设计而成的，它具有清晰性、针对性、相对稳定性、环境适应性和灵活性的特征。

在市场竞争的初期和企业成长的不成熟阶段，企业的盈利模式大多是自发的，随着市场竞争的加剧和企业的不断成熟，企业开始重视对市场竞争和自身盈利模式的研究。

3. 盈利模式构成要素

（1）战略主导

公司战略对盈利模式的影响体现在两个方面：

① 公司总体战略决定资源配置，从而直接影响盈利模式；

② 公司的业务战略、市场战略、职能战略决定了、影响了企业的核心能力和核心流程，从运行效率和市场营销两方面影响盈利。

公司战略中还有影响盈利的两个重要因素：

① 持续安全战略通常作为职能战略的重点，这也是能够实现盈利的基础；

② 投资收益以及并购整合带来的协同效应，都是直接影响公司盈利的关键。

（2）资源投入与配置

资源投入与配置包括 3 个方面：市场资源、内部资源和资源共享机制。科学合理的资源配置方式更加直接地决定了运行效率。此外，在当前企业协同化发展的大背景下，良好的资源共享机制往往对企业削减高额的运营成本发挥重要作用。

（3）市场营销

市场营销主要包括渠道策略、价格策略、品牌营销等内容。市场营销是面向最终客户直接创造收入的关键环节，采取正确的市场定位、渠道和价格策略能够将投入转化为产出，实现收益的最大化。目前，通用航空企业正处于从传统模式向现代模式的转型过程中，及时把握行业的发展趋势，实施营销创新将成为影响公司盈利、构成核心竞争能力的关键因素。

（4）高效运营

运营环节是通用航空企业技术性最强、复杂度最高的管理环节，企业实际条件各不相同，管理模式可以有所借鉴但不易模仿，短期难以超越，因此其往往成为构成公司核心竞争力的主要因素。

(5) 成本控制

通用航空企业高投入和高成本的特征使得运营成本的高低对最终利润有很大影响。成本控制的覆盖面较广,抓住关键点采取切实有效的措施,往往能够对控制成本增加利润发挥重要作用,成为影响最终盈利的关键因素。

(6) 组织创新与制度管理

组织创新和制度管理从两个方面对公司内部各项职能产生影响,从而对运营效率和营销的效果产生支持作用,影响盈利。组织创新是进行合理的职责划分和岗位配置,使得管理界面清晰、职责清晰,相互协作和制约,发挥组织最大的效能,从组织层面对复杂的运作管理提供必不可少的支持。制度管理是对各项管理环节的规范化,提供更强的约束力和保障作用,保持企业管理机制的健康运转,并能够促进管理创新,使运营效率不断提升。

(7) 企业文化

企业不同的氛围往往对企业的发展产生潜在的影响,积极的还是消极的文化,在同样的投入到产出之间将产生明显的影响。尤其是通用航空企业,文化能够在很多细节上有所体现,并且直接形成公司竞争力,影响最终盈利。企业文化是企业长期管理活动的沉淀,又对各项管理活动产生影响。这种隐性的影响作用在企业盈利模式中也不可忽视。

9.2.2 通用航空企业盈利的共性特点

近年来,国家发布了诸多利好政策,使得通用航空产业作为国家战略性新兴产业的地位进一步巩固,前景无可限量。但是当下,通用航空企业的盈利模式仍然是需要探索的。通过对目前市场上盈利状况不错的24家通用航空企业(蔚蓝航校、天翔航院、青岛九天飞院、中信海直、飞龙通航、北大荒通航、珠海直、国网通航、西林凤腾、驼峰通航、新疆通航、东方通航、同诚通航、海直通航、中瑞通航、天津拓航、中山雄鹰、首航直升机、穗联通航、山东通航、东北通航、青岛直、银燕通航、永翔通航)的梳理,发现了它们的一些共性特点:

1. 飞行量大

2016年通用航空全行业飞行76.4万小时,24家盈利企业飞行近22万小时,占全行业的29%;如果去除中国民航飞行学院、校飞中心和救捞局的飞行小时(严格意义上不应该被划入通用航空范畴),这24家企业的飞行小时占比将提升到44%。所以,盈利企业的第一个显著特点是飞行量大。

2. 所获补贴金额高

2016年这24家企业获得补贴2.1亿元,占全行业的64%,当年全行业有300多家通用航空企业,这24家企业获得补贴就占了超过一半,所以,盈利企业的第二大特点是所获补贴金额高。

3. 民营通用航空企业的市场化比例飞速增长

以前,市场化比例高的基本上都是央企、国企和上市公司,现在民营企业已经崛起,加上民营新三板,这24家企业中,民营企业占比已经超过一半。所以无论企业是什么性质,只要肯努力,民营通用航空企业也可以走向盈利。

4. 具有一技之长

这24家盈利的通用航空企业都有一技之长,一个业务创造的收入覆盖甚至超过其他业务的总和,也就是我们常说的单点突破,在一个点上做到全国顶级水平。

5. 业务结构集中在工农作业和执照培训

24家企业业务结构相对集中,基本聚焦在工业作业、农林作业和执照培训3个部分。其他作业占比往往不到10%,这里的其他作业是指那些在未来非常具有前景的通用航空消费类业务,但目前在这24家企业里的占比是非常低的。

6. 客户集中,业务稳定

他们的客户往往只有1~3个,但单个客户的体量特别大,往往是国家、政府、上市公司、事业单位等;他们的业务都具有批量性、稳定性和持续性的特点,而且作业区域和时间也可预测。

7. 其 他

作业团队能吃苦,不怕累;管理层有担当,团结奉献;一开始就以盈利为目的,懂得成本控制,先有业务再买飞机;还有强大的市场部和销售部;生产团队能力扎实;注重用户体验等。

9.2.3 通用航空企业战略布局与盈利模式分析

1. 通用航空企业的战略布局

好的通用航空企业定位和战略必须考虑可持续发展,既要布局未来,更要抓住现在。很多企业喜欢做高大上的业务,也就是低空开放后可能暴涨的通用航空消费类业务,作为一个有实力且有远见的通用航空公司,布局通用航空消费市场当然没错,但是如果只布局这个市场,也就意味着当下要持续进行大量的投入,甚至是不计成本的投入,这叫"战略性亏损",属于布局未来的一种代价。

如果既想要布局未来,也不想现在亏损,就需要做好战略规划。因此,工农作业也是需要的,如果跟培训结合起来,会有一个正循环关系。如果一家公司当下只有通用航空消费类业务,那么其处境就是飞行量会严重不足,公司飞行和机务没活干,很多菜鸟飞行员和机务得不到实战训练,能力上不去,即使自己开了个61部训练机构,培训出来的还是菜鸟飞行员,依然解决不了人才问题,因为目前缺的不是菜鸟飞行员,而是有经验的老飞。如果这个时候引入一些工农作业,那么就能带来飞行量和现金流,菜鸟也可以加入实战训练,相当于用客户的钱培养自己的人,有钱后还能支持飞行培训和通用航空消费类业务的投入,而通用航空消费类业务积累的人脉资源又能产生更多的商业机会,比如,私人老板学开飞机、购买飞机和代管及维修等等。

2. 通用航空企业盈利模式分析

通用航空运营企业要盈利,归根结底就两个字"业务",有了"业务"满盘皆活,没有"业务"一切无从谈起。根据民航局每年公布的全行业飞行小时统计和补贴数据分析,当下做工业作业、农林作业和飞行培训三大方向,盈利的概率比较高。由于工农作业范围非常广,有些只有大型国有企业或上市公司才能做,有些门槛相对比较低,适合中小规模和初创通用航空运营企业的业务有航测和数据采集、巡查和巡逻(农林业为主)以及结合这两种业务的飞行训练。下面来简要分析一下这3个业务市场:

(1)飞行训练

目前,飞行培训做商业业务有两个方向可以走:一是做141航校给运输航空公司培养飞行员,二是做通用航空的商照。

(2)巡查和巡逻

巡查和巡逻是指在航空护林、环保飞行或海洋监测等业务里配套的巡查或巡逻飞行,而不是单一的巡查飞行。

(3)航测和数据采集

航测和遥感的市场规模大,目前,航测遥感市场大约在8 000亿左右,可以给通用航空的市场不少于20%,并且更新频率高,一般一年更新一次,还有更短的半年就更新一次。此外,应用场景丰富,除了百度、高德、谷歌、微信和滴滴打车这些需要用地图数据外，无人汽车、无人机快递等无人驾驶和导航系统都需要相关数据；另外，还有诸如公安、民政、海事部门（溢油探测和排污检查）和环保部门等也需要相关数据。

3. 通用航空企业盈利的基本条件

(1) 合适的航空器

飞机不是越大越好，不是越贵越好，客户需要的不是飞机本身，而是企业能够解决的问题和提供的服务。因此，要根据业务特点来选择机型，满足适航和法规要求，能够加载满足业务需求的设备以及具有良好的经济性。

(2) 合适的设备

公司要盈利，就不能黑飞，不能违规，所以设备不但要满足客户实际作业需求，也要满足招投标要求和民航局适航要求。

(3) 必要的资质

企业必须满足 290 部经营和 91 部或 135 部运行规范，并通过相应作业种类的运行审定。

(4) 合适的投资

如果是一个正在筹建的通用航空企业，按照最低 2 架航空器（自己购买）要求，至少需要 1 000 万元的资金，除了购买航空器、设备，筹建公司外，还要留足 18 个月的流动资金，避免在执行合同的过程中资金链断裂，导致前功尽弃。

9.3 通用航空企业发展回顾与创新发展思路

通用航空被列入国家战略性新兴产业，承载着调整经济结构、转变经济发展方式、改善民生和升级消费的历史使命，通用航空企业迎来了难得的历史机遇。

9.3.1 我国通用航空企业的发展情况

通用航空产业与国民经济的发展高度相关，一方面是下游应用领域广阔，另外一方面则是植保、监测、工业等领域生产方式的持续转变，对通用航空需求日益增长。由于极佳的市场前景，近年来，进入这一行业的企业数量不断增加。2006 年，我国获得通用航空经营许可证的通用航空企业仅为 68 家，2011 年达到了 123 家，5 年时间增长了近一倍，而截至 2018 年年底，我国获得通用航空经营许可证的通用航空企业已经增长至 422 家，年均复合增速进一步扩大，如图 9-3 所示。

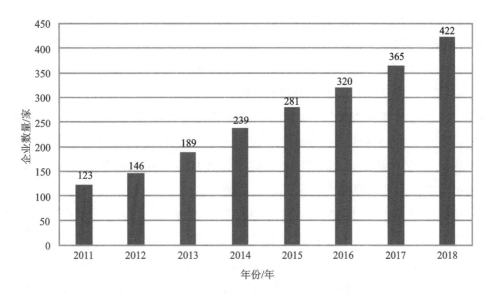

图 9-3　2011—2018 年中国通用航空企业数量统计

　　从地区分布来看,我国通用航空企业主要集中在华东、华北和中南地区。其中,华东地区 100 家,中南地区 96 家,华北地区 96 家,西南地区 50 家,东北地区 37 家,西北地区 28 家,新疆地区 15 家。

　　通用航空企业运营的机型主要分为公务机、涡桨和活塞固定翼飞机以及直升机。运营公务机数量最多的几家企业分别是金鹿公务航空(50 架)、亚联公务机(46 架)、东方公务机(14 架)、北京华龙商务航空(14 架)和 TAG 航空(14 架),主要开展公务机包机和公务机托管等业务。运营涡桨和活塞固定翼飞机数量最多的几家企业(不包括各飞行学院)有北大荒通航(87 架)、中航通航(40 架)、中国飞龙通航(39 架)以及新疆通航(36 架)。运营直升机最多的通用航空企业分别是中信海直(68 架)、中国飞龙通航(30 架)、上海金汇通航(26 架)、国网通航(24 架)以及南航通航(22 架),主要业务有电力巡线、海上石油运输、紧急救援、航空护林、飞行培训、空中游览、航空器维修和直升机托管等。

　　国内的通用航空企业每年盈利达到千万元以上的并不多。在 2016 年之前,尽管有政府的补贴,但仍然有 60% 左右的企业处于亏损状态。2016 年,民航局对通用航空企业的补贴总额达到 2.77 亿元(人民币),2017 年的通用航空专项资金预算额为 3.26 亿元,同比增长 17.7%。2016 年获政府对通用航空的补贴排名前五位的企业依次为北大荒通航(3 206 万元)、中信海直(2 784 万元)、中国飞龙(2 078 万元)、新疆通航(1 549 万元)和山东通航(1 280 万元),其中,中信海直和海直通航加起来获补贴总额为 3 814 万元,获补贴最多。按照民航局财政部印发的《通用航空发展专项资金管理暂行办法》,有四类作业可以申请通用航空作业补贴,包括农林牧渔飞行(播种、喷洒、施肥、灭鼠、护林、人工影响天气等)、工业飞行(石油、电力、航拍、气象探测、海洋监测等)、社会事业飞行(医疗救护、科学实验、地质勘探、城市消防等)以及承担国家应急救援任务的应急救援飞行。由于中国通用航空业仍然处在初始阶段,各个企业可能面临运营费用高昂、作业分布不均衡、经济体量不足、通用航空设施不足和低空空域限制等情况,政府对部分通用航空作业的补贴则会大大降低企业的运营成本。

航空医疗救护是目前国家优先鼓励发展的业务之一,各地方政府和企业已经对提供医疗救护服务有了很多规划,包括引进医疗救护固定翼和直升机,加强建设高速公路服务站、旅游区起降点和医院直升机停机坪等硬件设施。

目前,布局应急救援业务板块的企业包括海丰通航科技有限公司、上海金汇通用航空股份有限公司、中信海洋直升机股份有限公司、北京首航直升机股份有限公司等;布局短途运输的通用航空企业包括北大荒通用航空有限公司、鄂尔多斯市通用航空有限责任公司等。

空中游览成为目前通用航空企业关注的新亮点。2019 年,通用航空消费类作业共有 186 家企业参与,共计完成飞行 3.29 万小时,飞行架次 17.7 万架次,实现参与消费 28.5 万人次,包括空中游览、跳伞服务、空中广告、个人娱乐飞行等。从突出业态看,空中游览、跳伞飞行服务是最突出的业态,飞行小时分别占到 66% 和 16%。空中游览作业全年共计完成 2.16 万小时,飞行 10.33 万架次,搭载乘客 22.86 万人次。生产效率方面,每小时空中游览载客量平均值为 10.6 人,每个起降架次的载客量平均值为 2.21 人次。全国开展空中游览较多的地区依次为华北、中南、华东、西南,飞行小时均在 4 000 小时以上。开展此类业务企业最多的是中南地区,其小时载客量、架次载客量均超过全国平均水平,达到 15.78 人/小时、2.44 人次/架次。东北、新疆地区空中游览飞行较少,均低于 500 小时。排名前 20 位的通用航空消费类飞行企业飞行作业量占到整个飞行小时数的近一半,表现较为突出的有亚捷通航、敦煌飞天、南京若尔通航公司等。

9.3.2 通用航空企业创新发展思路

通用航空企业的发展,不能只满足于当下,还要有创新发展思路,以下对发展比较成熟且具有一定规模的通用航空市场加以分析:

1. 航测遥感

这个市场很大,但竞争非常激烈。我们要知道航测遥感公司的竞争模式,其作业趋势是无订单飞行模式:航测单位根据对市场的预判来安排飞行作业和数据采集制作,然后线上推广,线下交易数据,以江苏金威遥感为例,核心竞争力是可以随时向客户提供航测数据,而不是客户需要数据的时候才组织飞机航测,通过控制交付时间节点以及满足客户时间周期需求等方式来避开招投标的激烈竞争。

传统的模式是通用航空企业出租飞机给测绘局或需要数据的国家单位,这种方式竞争越来越激烈,对通用航空企业越来越不利,目前比较好的一种办法是跟航测遥感数据公司形成合作伙伴,通过成立 SPV(为特殊任务或项目设立的公司)与客户公司成为合伙企业关系,共同参与上下游产业链的合作,以 SPV 公司销售多级数据方式追求盈利概率的提升(航测数据公司主要是市场销售和开发,通用航空公司用飞行小时作为股本投入,金融机构参与并提供资金支持)。航测数据公司利用通用航空公司作业服务投入将无订单飞行的租金支出改为销售数据收入分成,航测公司能将有限的资金投入到相机和数据后期制作(这个比例通常是通用航空作业服务的 2～3 倍)以扩大市场份额,通用航空公司也可以获取超过租机的收益,通过机队规模扩大和业务多元化以及剧增的飞行小时来降低自身的单位小时运营成本,合作 SPV 的结果是双赢。

2. 农林喷洒

(1)林业喷洒

这个市场是多数通用航空公司当下现金流的主要来源,但是由于害虫的繁殖速度始终无法及时跟上通用航空公司机队规模和运力的增长速度,直接导致了林业喷洒招投标价格的大幅跳水。如何设计招投标和开发林业作业市场的供给侧改革是通用航空公司必须要研究的一个问题,比如,林业喷撒就急需对喷撒前后病虫害的对比遥感服务,需要一个监理和评估,包含事前遥感和喷洒后遥感验收,很多林业的客户也希望由第三方机构来验收喷洒质量,避免既当运动员又当裁判员的尴尬角色。

(2)农业喷洒

需要解决全自动导航(刷新频率 50 Hz)恒定流量的静电喷洒设备才能达到害虫死亡率 85% 这一硬性指标,基本要求是正反两面都需要达到每平方厘米 22个雾滴数,基于这个现实,如果不想通过招投标打价格战,还有一条路就是收购植保公司,通过对赌水稻千粒重、甘蔗含糖率等指标来争取到高价格的合同。

3. 航空护林

目前,森林防火主要是依靠太阳同步轨道卫星对红外热点进行探测,卫星探测,每天只有 2 次过顶,大量的虚警信号需要人工去查证。目前航空护林的租机主要是大型直升机,受成本限制无法经常去查证,无法实现林业客户关于早发现、早打、早灭的总目标。对于森林火灾这种时间敏感性的业务,客户的需求是以防为主,通过廉价的飞机以空中巡逻为主,实现查打一体化,发现小火即消灭。

只有客户用得起的服务才能使通用航空企业拥有永恒不变的市场生存能力,那么解决的方案是基于小型航空器挂载的增程版细水雾航空灭火弹,50 kg以上级别,实现小飞机的蜂群灭火战术。如此,使用固定翼甚至部分轻型运动类飞机就能达到大型直升机的灭火效率,而成本大幅度下降,让各县市都用得起。不和国有大型通用航空企业比拼飞机吨位和数量而是通过简单的科技升级来超越对手。

4. 飞行培训

目前,飞行培训做商照业务有两个方向可以走:一是做 141 航校给运输航空公司培养飞行员,但是这个难度较高,原因主要是投入大、资质申请时间长以及突破运输航空这个圈子的壁垒很难;二是做通用航空的商照,但是现在通用航空不缺新手飞行员,而是缺有经验的飞行员,所以做通用航空商照培训,结果就是学员一毕业就失业。如何解决这一问题呢?如果公司能够按照上述 3 个方式进行业务创新,那么公司的作业飞行量将是非常大的,有巨大的飞行量作为基础,就意味着公司的飞行员一年到头有大量的飞行任务,也意味着飞行员有很多的飞行小时补贴。以此为基础,培训机构就可以变招生为招工,然后公司以业务合同为担保,以学员的名义去银行贷款,在学员学成后签约公司就业,通过工资来还贷款。另外,毕业的飞行员可以迅速累积飞行小时,很快进入成熟行列。

9.4 通用航空活动计划申请

我国正在逐步开放通用航空市场,相继出台了一系列通用航空市场准入、运行标准等方面的法律法规,2013 年 11 月 6 日由原总参谋部和民航局联合下发的《通用航空飞行任务审批与管理规定》中首次明确了除 9 种情况外,通用航空飞行任务不需要办理任务申请和审批手续,但在飞行实施前,仍须按照《通用航空飞行管制条例》的规定提出飞行计划申请,并说明任务性质。

9.4.1　谁受理申请

飞行区域不同，审批部门有区别。当通用航空飞行涉及民航指挥的航路、航线、机场和空域，申请人如果需要通过民航途径申请飞行计划时，则可以向民航空管部门提出申请，再由民航空管部门按《通用航空飞行管制条例》的规定向国家有关机关或飞行管制部门报批。落实到具体的单次飞行时，则需要根据通用航空飞行任务涉及的区域不同来进行区别对待。如果通用航空飞行是在同一飞行管制区内的，那么申请就由该飞行管制区所在地的地区空管局受理。比如，如果该次通用航空飞行任务只是在华东区域内进行，那么就由华东空管局受理。而如果通用航空飞行涉及不同管制区，比如从华东管制区飞往华北管制区，则申请由民航局空管局受理。

很多时候，民航空管部门对于通用航空飞行计划申请而言，就像一个受理窗口，这个窗口接受申请并进行初步审核。但是，申请是否获批，窗口并不能决定。

9.4.2　如何进行申请

材料要齐全，时间有规定。根据条例的规定，飞行计划申请应当包括飞行单位，飞行任务性质，机长（飞行员）姓名、代号（呼号）和空勤组人数，航空器型别和架数，通信联络方法和二次雷达应答机代码，起飞、降落机场和备降场，预计飞行开始、结束时间，飞行气象条件，航线、飞行高度和飞行范围，以及其他特殊保障需求。

按照相关规定，飞行计划申请应当在拟飞行前1天15时前提出；飞行管制部门应当在拟飞行前1天21时前作出批准或者不予批准的决定，并通知申请人。使用临时航线转场飞行的，其飞行计划申请应当在拟飞行2天前向当地飞行管制部门提出；飞行管制部门应当在拟飞行前1天18时前作出批准或者不予批准的决定，并通知申请人，同时按照规定通报有关单位。

此外，执行紧急救护、抢险救灾、人工影响天气或者其他紧急任务的，可以提出临时飞行计划申请。临时飞行计划申请最迟应当在拟飞行1 h前提出；飞行管制部门应当在拟起飞时刻15 min前作出批准或者不予批准的决定，并通知申请人。

9.4.3　是否接受民航的管制指挥

以飞行是否进入管制区域为依据。根据相关规定，飞行管制部门应当按照职责分工或者协议,为通用航空飞行活动提供空中交通管制服务。并非所有的通用航空飞行都需要民航管制部门提供管制服务,因为很多通用航空飞行限定于固定的作业区域内,远离民航使用空域。但是,一旦通用航空飞行进入了民航管制区域,则需要与管制部门保持联系,以便管制部门随时进行调配。比如,有的通用航空飞行任务在民航进近区域内,此时,通用航空飞机必须与当地民航管制部门保持联系,以便管制部门调配各类飞行间隔和飞行空域,确保民航运输飞行和通用航空飞行的共同安全。

除了管制服务外,民航其他部门也会根据协议为通用航空飞行提供相应的服务。比如,通信、导航、雷达、气象、航行情报和其他飞行保障部门都会密切协同,统筹兼顾,合理安排,提高飞行空域和时间的利用率,保障通用航空飞行顺利实施。此外,一旦有紧急救护、抢险救灾、人工影响天气等突发性任务的飞行,上述部门也会优先安排。

第 10 章　航空救援

10.1　国家应急救援体系

10.1.1　应急救援与公共安全

1. 应急救援

国家无战事,救援胜战场。和平发展时期,当人类面临各种危险时,救援急人之难、救人之命,体现了国家和政府对人民的关爱。国家应急救援体系和救援能力水平不仅体现一个国家和政府坚持人民至上、生命至上,一切为了人民的服务宗旨,还体现出一个国家的治理体系和治理能力。

2008 年以前,应急救援一直是一个包含在公共安全和危机管理中的相对隐性概念,是公共安全管理领域的一个方面。

2018 年 3 月 13 日,根据国务院总理李克强提请第十三届全国人民代表大会第一次会议审议的国务院机构改革方案的议案,拟组建中华人民共和国应急管理部。方案提出,将国家安全生产监督管理总局的职责,国务院办公厅的应急管理职责,公安部的消防管理职责,民政部的救灾职责,国土资源部的地质灾害防治、水利部的水旱灾害防治、农业部的草原防火、国家林业局的森林防火相关职责,中国地震局的震灾应急救援职责以及国家防汛抗旱总指挥部、国家减灾委员会、国务院抗震救灾指挥部、国家森林防火指挥部的职责整合,组建应急管理部,作为国务院的组成部门。

2019 年 4 月 16 日,国家应急管理部挂牌成立,作为国务院 26 个组成部门之一,正式对外履行职责。

2019 年 11 月 29 日,中共中央政治局就我国应急管理体系和能力建设进行第十九次集体学习。中共中央总书记习近平在主持学习时强调,应急管理是国家治理体系和治理能力的重要组成部分,承担防范化解重大安全风险、及时应对处置各类灾害事故的重要职责,担负保护人民群众生命财产安全和维护社会稳定的重要使命。要发挥我国应急管理体系的特色和优势,借鉴国外应急管理有益做法,积极推进我国应急管理体系和能力现代化。将国家应急管理体系和能力建设上升为国家战略,进一步确立了应急救援体系和能力的重要性、地位和作用,各地政府也成立了相应的应急管理业务主管部门,并开始履职尽责。

2. 公共安全

所谓公共安全,是指社会和公民个人从事和进行正常的生活、工作、学习、娱乐和交往所需要的稳定的外部环境和秩序。所谓公共安全管理,则是指国家行政机关为了维护社会的公共安全和秩序,保障公民的合法权益,以及社会各项活动的正常进行而做出的各种行政活动的总和。

公共安全涉及范围包含信息安全、食品安全、公共卫生安全、公众出行规律安全、避难者行为安全、人员疏散的场地安全、建筑安全、城市生命线安全,恶意和非恶意的人身安全和人员疏散等。

公共安全事件包括自然灾害、事故灾难、公共卫生事件、社会安全事件。

公共安全管理主要研究内容包括公共安全预警和应急管理、突发事件的特点分析、预警机制的理论研究与实证分析、预警管理存在的问题和原因分析、预警机制的基本运行分析、应急机制、应急管理与紧急救援等内容。

所以,作为理论研究,应急救援通常还是指公共安全事件,即自然灾害、事故灾难、公共卫生事件、社会安全事件的应急救援,其概念依然包含在公共安全之中。

3. 应急救援需求凸显

我国是世界上自然灾害最为严重的国家之一,据应急管理部的最新统计,近5年年均发生森林火灾 2 500 余起,洪涝灾害 4 300 多起,地震地质灾害 400 余起,道路交通事故、海上作业等安全生产事故更是严重。加之国土面积大、海岸线长、地形地貌复杂,对应急救援的需求量越来越大,特别是西北、西南等高原地区,山高坡陡,交通不便,对专业应急救援力量的需求更为迫切,依赖程度更高。

除了自然灾害,我国的事故灾难也不容忽视,以道路交通事故为例,2000年以后平均年交通事故死亡人数在 10 万人左右,直接威胁人民群众的生命安全。

10.1.2 国家应急救援体系

1. 应急救援体系的构成

应急救援体系是国家治理体系的重要组成部分,世界各国的应急救援体系和力量主要由政府应急救援体系和社会应急救援体系两大部分组成。我国应急救援力量主要包括国家综合性消防救援队伍、各类专业应急救援队伍和社会应急力量。

(1) 政府应急救援体系和力量

它由国家政府职能部门作为行为主体,统一负责组织建设、管理和使用全国的应急救援力量,包括但不限于军队、民航在内的一切国家应急救援力量,其中也包括社会应急救援力量,来应对突发的公共安全事件,如重大自然灾害和事故灾难中的台风、地震、山火及核泄漏等的救援行动。

(2) 社会应急救援体系和力量

它是由政府职能部门主导,具有应急救援能力的企业或单位作为救援的行为主体,由企业或单位自行组织建设、自我管理、自主经营、自负盈亏,以向属地社会提供各种应急救援服务为主的应急救援力量。在遇有重大自然灾害或灾难时,服从政府职能部门的统一调派,而平时主要负责属地范围内的个体小规模群体在遇到自身能力难以抵抗风险时的应急救援。例如,道路交通事故救援、医疗救护等,使遇险者从困境或危险中得以解脱。

2. 政府救援力量的组成

与世界发达国家相比,我国应急救援起步较晚,体系建设发展相对滞后,主要由军队、政府专业救援队和社会应急救援力量共同组成。

目前,除军队作为我国应急处置与救援的突击力量,担负着重特大灾害事故的抢险救援任务外,国家应急救援力量主要由消防救援队伍和森林消防队伍组成,共编制约 22 万人,是我国应急救援的主力军和国家队,承担着防范化解重大安全风险、应对处置各类灾害事故的重要职责。

由地方政府和企业专职消防、地方森林(草原)消防灭火、地震和地质灾害救援、生产安全事故救援等专业救援队伍构成的各类专业应急救援队伍,是国家综合性消防救援队伍的重要协同力量,担负着区域性灭火救援和安全生产事故、自然灾害等专业救援职责。另外,交通、铁路、能源、工信、卫生健康等行业部门都建立了水上、航空、电力、通信、医疗防疫等应急救援队伍,主要担负行业领域的事故灾害应急抢险救援任务。

3. 社会救援力量

社会救援力量主要由国有企业、民营企业、社会组织、志愿者和群众个人组成。经摸底调查，目前社会应急队伍有 1 200 余支，依据人员构成及专业特长开展水域、山岳、城市、空中等应急救援工作。另外，一些单位和社区建有志愿消防队，属群防群治力量。

4. 政府救援力量和社会救援力量的区别与联系

(1) 职责不同

政府救援力量是政府代表国家，以国家的意志和能力保护国家与公民的基本安全。

社会救援力量是具备救援能力和资质的企业按各自的职责分工和业务范围向社会提供其业务范围内的专业或非专业的救援服务（非专业是指企业不是专一的救援企业，有着其他的主营业务，在危机来临的时候，以生命和人民的利益为重，被国家征用或按预案参加救援的行为）。

(2) 行为不同

政府救援可以调动包括军队、消防救援队伍、森林消防队伍、各类专业应急救援队伍和一切可以征用的社会救援力量，在全国范围内甚至是海外，保护受灾或遇险地区的广大人民群众（或中国公民）的生命财产和国家财产安全。

社会救援主要是调动受灾或遇险地区及周边的救援企业，依靠企业具备的救援力量展开救援。

(3) 分工不同

国家救援主要应对突发的自然灾害和大的事故灾难，如地震、海啸、台风，大的矿难、化工污染等事件。

社会救援主要应对日常频发的交通事故、医疗急救、旅游遇险等个体、小规模的事故灾难，保护的是遇险者个人或小群体的生命和财产安全。

(4) 投资主体不同

国家救援体系建设的投资主体是国家财政为主、社会资本为辅。

社会救援体系的建设是各救援企业自己投资或融资、自主经营、自负盈亏的企业投资行为。

(5) 运营的模式不同

国家救援行动的全部费用由国家承担，对被救援的对象来说是无偿的。

社会救援是企业行为,所提供的救援服务对被救对象来说通常是有偿的。

（6）国家救援与社会救援之间的联系

国家队是国家救援的主力军和主要救援力量,社会救援是国家救援的重要补充力量,两者共同组成国家救援体系。在国家遇有大的自然灾害时,国家救援力量是主力军,直接由政府主管部门调配。社会救援力量是方面军,会随时响应国家号召,积极参与政府组织的抢险救灾。

社会救援作为国家救援的重要力量,也是国家救援力量的延伸和补充。在政府的主导和职能主管部门指导下,以企业为主体,由各个救援企业组成有机的联合体,构成社会救援体系,日常向社会提供各种救援服务,各救援企业之间可以相互联动（如地面救援与空中救援之间）,在遇有特殊或重大救援行动时,也会得到国家救援力量和职能主管部门的大力支持和帮助。

5. 组织架构

国家应急救援体系的顶层组织架构是在中共中央的统一领导下,由国务院牵头,应急管理部、卫生健康委员会和公安部 3 个职能部门分工负责为主,其他相关部委和各级各地政府部门配合为辅,充分体现中国共产党坚强有力的集中统一领导和中国特色社会主义制度的优越性,彰显国家、社会和人民团结一致,共同积极、主动、有序、高效应对公共安全危机。

应急管理部按照其职责主要牵头负责国家自然灾害和事故灾难领域的应急救援体系和能力建设;卫生健康委员会主要牵头负责国家公共卫生领域的应急救援体系和能力建设;公安部主要牵头负责国家社会安全领域的应急救援体系和能力建设。

各级各地相应的政府职能部门分别按照各自的职责分工负责属地和辖区内的自然灾害、事故灾难、公共卫生和社会安全领域的应急救援体系和能力建设。

2019 年,突如其来的新冠肺炎疫情在全球暴发并迅速蔓延,对全世界来说是一次严重危机和严峻考验。我国用 1 个多月的时间初步遏制了疫情蔓延势头,用 3 个月左右的时间取得了武汉保卫战、湖北保卫战的决定性成果,疫情防控阻击战取得重大战略成果。目前,全球疫情继续蔓延,我国的防控措施和效果都充分彰显了我国应急救援体系在应对公共安全危机时的制度优势及充分调动全体人民共同应对危机的能力优势。

6. 分　类

按公共安全事件分类,有自然灾害的应急救援、事故灾难的应急救援、公共卫生事件的应急救援和社会安全事件的应急救援。

按应急救援力量组成分类,有中央政府为行为主体的(国家)救援力量,又被称作国家队、主力军;有地方政府为行为主体的各类专业应急救援队伍,是国家应急救援的重要力量,又称方面军;有社会救援企业为行为主体的社会救援力量,也是国家救援力量的重要组成部分,又被称为地方军或民兵;此外,还有慈善和公益组织为行为主体的志愿者和社区的群防群治力量。

在社会救援力量中,又分国企应急救援力量、民企应急救援力量和私企应急救援力量。

从应急救援的形式上,又分为陆地应急救援(包括地下和地面救援)、水域应急救援(包括内陆江河湖泊和领海海域救援)和航空应急救援(包括低空和高空应急救援)。

7. 应急管理

国家应急救援体系涉及自然灾害、事故灾难、公共卫生和社会安全四大领域,其特点是多领域、多主体、多目标、多特征,是巨复杂的管理系统。

(1) 宗　旨

坚持人民至上、生命至上,一切为了人民的服务宗旨。

(2) 指导思想

坚持以习近平新时代中国特色社会主义思想为指导,认真贯彻落实党中央、国务院关于防灾减灾救灾工作的决策部署,按照"统一指挥、专常兼备、反应灵敏、上下联动、平战结合",加快推进中国特色应急救援力量体系建设。

(3) 建设原则

① 以应急救援管理流程为主线;

② 以构建中央突发应急事件管理委员会为核心;

③ 以充分利用政府和社会的救援资源为基础;

④ 以救援科技和信息技术为支撑;

⑤ 以救援技术标准化为前提;

⑥ 以"1125 工程"为榜样对标;

⑦ 以自主创新和强化科学管理为途径。

(4) 分工

以应急管理部负责的自然灾害和事故灾难救援为例:

国家综合性消防救援队伍重点围绕发挥应急救援主力军和国家队作用,对标"全灾种、大应急"任务需要,加大救援理念、组织指挥、联动机制、专业训练、保障能力等方面的改革创新,提升正规化、专业化、职业化水平。

地方专业应急救援队伍重点围绕提升专业领域救援能力,优化力量布局,整合各类资源,补齐建设短板,完善保障机制,充分发挥在各类灾害事故处置中的专业作用。

社会应急力量重点围绕规范有序发展,发挥辐射带动作用,提高公众防灾避险意识和自救互救水平进行建设,形成政府主导、属地管理、配合有力、全社会参与的应急工作格局。

军队在和平时期执行多样化军事行动力量纳入国家应急力量体系建设,建立健全军地协调联动机制,确保大灾大难时协调有序、指挥顺畅、联动高效。

8. 定　位

以公共安全危机监测监控、预测预警、风险分析、威胁判断、辅助决策、救援力量综合协调与分配、救援指挥调度控制、总结评估等功能为核心,以应急救援管理流程为主线,以应急救援科学管理标准为评判依据,建设好软硬件相结合的国家应急救援体系。

9. 五大支撑体系

应急救援的五大支撑体系:应急救援的理论支撑体系、应急救援的市场运营体系、应急救援的科技支撑体系、应急救援的政策法规标准体系和应急救援的专业人才培养体系。

10.1.3　航空应急救援

1. 概念的界定

航空应急救援也由以政府职能部门为行为主体的国家航空救援力量和以社会企业为行为主体的社会航空救援力量组成,两者的区别与联系可以参考 10.1.2 的学习内容。国家应急救援航空体系和能力的整体建设和管理工作,由国务院应急管理部相关部门负责组织实施。

2. 应急救援航空体系①国家队、主力军的建设

应急管理部[2019]89 号文发布的《应急救援航空体系建设方案》明确提出了

---

① 应急救援航空体系与航空应急救援体系的区别与用法:鉴于《应急救援航空体系建设方案》是由应急管理部发出的文件,必须是"应急救援"在前,"航空体系"在此体现了机关发文的精准性;而大多数情况下讨论的航空应急救援范围会超出应急管理部的职责范畴。但两者表达的含义基本是一致的,可以根据不同的情况分别使用。特此说明。

如下要求：

八大救援任务——空中侦察勘测、空中指挥调度、空中消防灭火、空中紧急输送、空中搜寻救助、空中特殊吊载、空中应急通信、参加国际救援。

四大建设原则——立足当前，着眼长远；依托现有，节约高效；统筹布局，优化配置；改革体制，创新机制。

五大能力建设目标——快速响应、区域覆盖、综合救援、联动保障和高效指挥。

四大建设重点——构建应急救援航空指挥平台，完善应急救援航空网络，建设应急救援航空关键力量，完善应急救援航空保障条件。

政府职能部门将按照这一方案来建设航空应急救援国家队、主力军。

3. 国家航空救援力量的组成

与世界航空产业发达国家相比，我国航空应急救援起步较晚，体系建设发展相对滞后。国家航空救援力量主要由军队（空军、陆航、海航、武警部队）、民航和警用航空机队、政府专业救援队和社会航空救援力量共同组成。

目前，除军队、民航救援力量外，国家航空救援力量主要还包括：

(1) 警用航空机队

自 1993 年 12 月湖北武汉警方购置第一架轻型直升机后，25 年来，我国警用航空实现了从无到有、从无序到有序的跨越。目前，全国 19 个省（自治区、直辖市）已建立起 32 支警用航空机队，共有 50 多架直升机，建成 12 个独立的警航基地（另 7 个正在筹建），公安部在广东、上海、鄂尔多斯等地建立了专业训练基地。

(2) 交通运输部救助飞行队

交通运输部救助飞行队是国家唯一一支海上专业空中救助力量，主要承担中国水域发生海上事故的应急反应、人命救助、船舶和财产救助、海上消防、清除溢油污染和为海上资源开发提供安全保障等多项重要职责，还参加当地政府组织的抢险救灾和国家指定的特殊的政治、军事等抢险救助任务。2003 年以来，先后成立了 4 支（北海第一、东海第一、东海第二、南海第一）救助飞行队，现有飞机30 余架，建立 8 个救助飞行基地、2 个救助机场、59 个救助起降点，拥有飞行员 75 名，专业救援人员达到 563 人，基本建成大型机和中型机相结合的救助值班待命机队，形成了海空一体的救助体系。

(3) 已经转隶到应急管理部的森林消防局所属航空力量和南、北方护林站

这是目前国家唯一一支森林消防专业化航空力量。自 2009 年成立以来，装备专业灭火直升机,配备了消防吊桶、机腹式水箱专业灭火任务装备,同时还配有多套索滑降、搜索灯具、吊篮/吊椅、电动绞车等专业救援救生装备,拥有航空类22个专业79个岗位300余名专业技术人员,先后在黑龙江大庆和云南昆明建立了两个综合性直升机机场,建有吊桶(水箱)、索(滑)降等专业训练场和飞行、机务训练模拟室。日常依托南北方两地近百个航空护林站和森林航空消防基地执行森林航空消防任务,是国家航空应急救援体系的主力军、国家队。

(4) 社会航空应急救援力量

除了上述的航空力量组成的航空应急救援国家队外,还有部分社会航空救援力量中的国有企业和民营企业,通过与政府签订政府购买航空应急救援服务协议的方式,将企业全部或部分纳入航空应急救援体系的国家队的管理之中,可以称作准国家队,其有偿提供航空应急救援服务等基本属性,决定其仍归属社会航空应急救援力量。

4. 社会化航空应急救援体系和力量建设

社会化航空应急救援[①]是一个既熟悉又陌生的概念,熟悉是因为航空应急救援[②]在世界各地屡见不鲜,陌生是因为社会化限定了航空应急救援的行为主体与服务对象,不同于大家耳熟能详的政府组织的航空应急救援[③]。

社会化航空应急救援体系是国家航空救援体系的重要组成部分。按照党的十九大精神,社会化航空救援体系建设是以政府为主导、企业为主体、社会组织和公众积极参与的新型航空救援产业体系。在世界范围内,还没有一个大国能够为全体国民提供全天24 h有直升机和救援人员值班守候,15 min内到达救援现场,并提供"遇险搜救－院前救助－资金垫付－院中治疗－事后理赔结算"的航空应急救援网络体系。这就是社会化航空应急救援体系打造的生命救援快速反应的绿色通道,社会化航空应急救援可以让社会更和谐,人民生活得更温暖、更幸福,充分彰显中国特色社会主义集中力量办大事的优势,同时向世界贡献中

---

① 社会化航空应急救援:针对日常频发的交通事故、医疗急救、旅游遇险等小规模的事故灾难,使用以直升机为主、小型固定翼飞机为辅,划定救援责任区并组成航空救援网络,服务于个体、小规模群体的搜救、转运的救援行动。其行为主体是社会从事航空救援的企业,投资主体是社会资本,运营模式是有偿的。社会化航空救援接受政府和行业主管部门的管理和指导。

② 航空应急救援:动用全部可用的航空力量,包括运输航空和通用航空力量,可在全球范围内对遇险者进行救护、转运的航空救援行动。

③ 政府组织的航空应急救援:由政府职能部门牵头组织、调动军队在内一切救援力量,保护受灾地区国家财产和广大人民群众的生命财产安全。主要应对突发的自然灾害和大的人为灾难,如地震、海啸、台风,大的矿难、化工污染等事件,是国家救援体系的主要救援力量。

国航空应急救援方案和智慧。

15 min 黄金救援响应时间是生命的呼唤,因为生命最值得敬畏,对于每个人只有一次,不可重复和再生。调查显示,各类意外事故第一死亡高峰期在发生事故后 60 min 内,占死亡总数的 50%,而这 50%中,有 80%是死于救护车到达之前的事故现场,20%死于转运至医院的途中。医疗统计表明,在事故灾难的重伤员中,2/3 左右的人会在 25 min 之内死亡;如果受伤者在 15 min 内得到良好的救护和治疗,80%左右的人会保住生命。截止到 2020 年 6 月,全国机动车保有量达3.6 亿辆,其中汽车 2.7 亿辆;机动车驾驶人达 4.4 亿人,其中汽车驾驶人达 4 亿人。在我国,每年创伤(包括交通伤、坠落伤、机械伤、锐器伤等)6 200 万人次,致死人数 70 万~80 万人。创伤死亡率在所有致死原因中排名第四,在 45 岁以下人口中排名第一。而道路交通事故死亡占比最高。因此,建立社会化航空应急救援体系是对遇险者生命的再保险,能够更好地保护人民群众的生命和财产安全。这也是我们一再强调社会化航空应急救援体系是国家航空应急救援体系的重要组成部分的重要原因之一。

5. 社会化航空应急救援力量的组成

社会救援力量主要由国有企业、民营企业、社会组织、志愿者和公民个人组成。针对社会航空救援力量来说主要是各大航空公司(包括国有和民营公司),再具体到通用航空领域有中国航空器材集团有限公司、中国飞龙通用航空有限公司、海直通用航空有限责任公司、青岛直升机航空有限公司、华彬航空集团有限公司、上海金汇通用航空股份有限公司为代表的 220 家通用航空企业和相应的保障单位。截至 2018 年 10 月,中国通用航空机队在册总数为 3 229 架。其中,固定翼飞机 2 200 余架(包含公务机 330 架),旋翼机 940 余架,飞艇和热气球85 架,这些都是社会救援的有生力量。

6. 社会化航空应急救援体系的建设与管理

(1)"1125 工程"

这里简单介绍一下航空应急救援体系的参照系(对标系统),即 KJ 作战指挥系统("1125 工程")。在建国初期,与大家耳熟能详的"两弹一星"三大工程并列的还有第四大保密工程,在业内被称作"1125 工程","1125 工程"是 1959 年经周恩来总理批准,与"两弹一星"同期的国家行为之一,是建国初期中央军委瞄准强敌作出的重大战略决策,即国土防空作战指挥自动化工程,经过几代人 60 多年的努力,"1125 工程"已成为奠定国家电子工业和国防现代化的重要基石,对今天的航空应急救援体系建设具有重大的指导和现实意义。

"1125 工程"让空军的作战指挥方式从人工的口报、尺量、心算,一步一步走到今天世界一流的国土防空作战指挥自动化方式,建国 70 年来,我军曾用劣势的装备多次击落美军最先进的高空侦察机,各级各地指挥所处置了无以数计的不明空情和违规的飞行物,驱离、外逼了无数外军的擦边飞行和抵近侦察,迫降过非法闯入我国领空还不听从指挥的国外飞行器,圆满地捍卫了国家的主权、保卫了祖国的领空。相信以"1125 工程"对标建设的航空应急救援体系也一定能够不负众望,承担起社会主义新时代保卫国家和人民群众生命财产安全的重任。

(2) 社会化航空应急救援的责任区规划

借鉴"1125 工程"取得的经验,理论上,在我国内陆及湖泊区域,以每 40 km 为半径建设一个有人值守的航空救援责任区(区域面积约 5 024 km²)如图 10−1 所示。配备 2～3 架救援专用直升机,救援人员每天 24 h 值守。同时,在每个救援责任区内符合条件的广场、绿地、紧急避难场所、学校、医院、游乐场所、景区及重要企事业单位楼顶、主要交通要道沿线,特别是事故多发地段规划适当数量(几十至几百个)无人值守直升机救援起降点,类似于城市的公交车站,如图 10−2 所示。

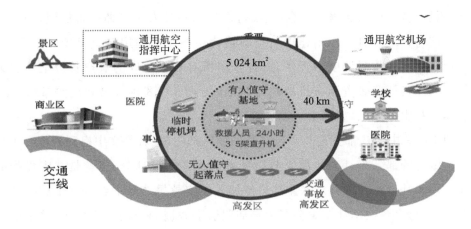

图 10−1　航空救援责任区示意图

(3) 社会化航空应急救援体系整体规划

在全国范围内规划并分期在人口密集的城乡附近,主要交通要道沿线以及事故多发地带,建立约 500 个社会化航空救援责任区,若干个航空救援责任区组成 1 个城市航空救援中心(简称基地),若干个基地构成 1 个省级航空救援中心,若干个省级航空救援中心构成 1 个大区航空救援中心,5 个大区航空救援中心组

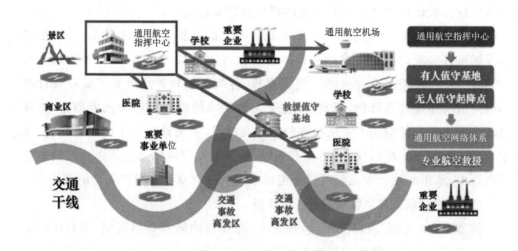

图 10 - 2 　 航空应急救援临时起降点示意图

成全国的航空救援中心。整个航空救援体系会在每个省级救援中心基地配备
3～10 架大、中型直升机(如米 - 26、米 - 171 直升机),部分固定翼飞机、无人机、飞
艇等协同重大事故救援。在上述社会化航空救援责任区、有人值守的航空救援
基地和无人值守的停机坪的规划建设过程中,可以邀请各地现有的通用航空小
镇、通用航空产业园、通用航空企业、飞行俱乐部和私人飞机拥有者加盟,同时在
空白区域与各地政府合作新建以航空救援为主的小型通用航空机场和起降点。
通过社会化航空救援调度指挥平台,将全国所有有人值守的航空救援基地和无
人值守的停机坪有效资源有机地结合起来,快速形成我国社会化航空救援网络
管理体系和服务体系,如图 10 - 3 所示。

　　图 10 - 3 中浅蓝部分是与政府关联的职能部门(也就是文中提到的政府主导
部分),绿色的部分为社会化航空救援体系的主要组成部分(也就是文中提到的
企业主体和社会组织部分),深蓝部分是加入航空救援体系的约 500 个救援基地
或责任区,每个救援基地至少会有 1 家加盟航空救援的通用航空公司,每个航空
救援基地应具备的基本要素和条件如图中深蓝部分标的要素所示。

　　(4) 社会化航空应急救援体系的主要任务

　　以我国内陆江河、湖泊和道路交通事故灾难救援与那些生活在农村及偏远
地区远离城市最需要航空医疗转运的人为主要救援对象,以火灾、治安、供电、供
水、供气、恐怖事件等事故灾难和风灾、水灾、地震等自然灾害为辅助救援任务。

　　鉴于政府的救援体系中已有交通部等相关部委、海军和空军组建了中国海

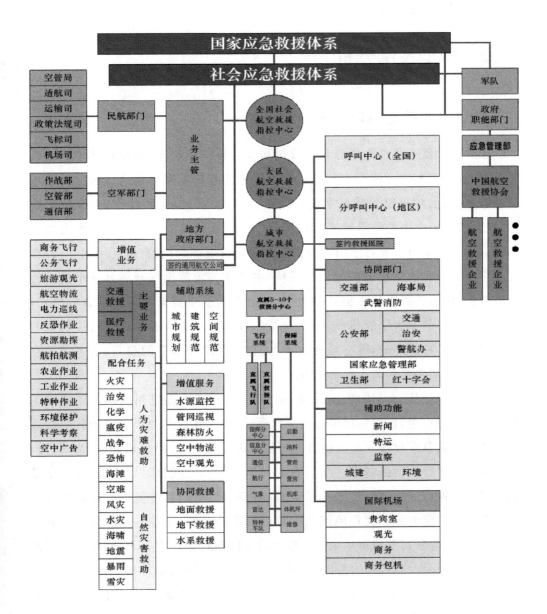

图 10-3　国家应急救援体系

上搜救中心,交通部救捞局先后在北海、东海和南海成立了 4 个直升机救助飞行队,配备了海上救援专用直升机,具有实施全天候的海上救助能力,同时,考虑到社会化航空救援体系使用的直升机性能和救援专业人员的培训方向不同,社会化航空救援暂时先不考虑参加我国的海上救援行动(同时有团队正在研究更加行之有效的海上救援方法)。

10.2 典型案例分析

10.2.1 美国 Air Evac Lifeteam

国外虽然没有明确地划分政府救援和社会救援的层次,但是在具体的救援行动中,对于重大的自然灾害和特大的生产事故救援基本都是列入国家财政或公益事业中,由政府财政或基金支付。在一些发达的国家和地区,如欧洲的德国、捷克、瑞士,中国的香港特别行政区,对个体、小规模的事故救援基本上也是由政府或基金买单。而对于国土面积较大和人口较多的国家,包括美国在内,都存在着不同形式的社会救援组织和机构,主要在一定范围内开展日常小规模的医疗救护、转运等商业运作模式的救援,既有会员制也有与保险相结合的模式,由于国外良好的个人信誉机制,一次一结的救援方式也存在。这些救援机构的资金来源是多种多样的,既有政府的扶持,也有保险和基金的参与,更多是风险投资的介入,但主要来源于社会资本。

以美国 Air Evac Lifeteam 为例,他们 1985 年在密苏里州西部平原成立了 Air Evac 生命小组,目的是提供航空医疗救助,确保在密苏里奥沙克地区的偏远社区能获得紧急医疗服务。虽然当时的基地靠近大城市,但公司的创始人认为,最需要航空医疗救助的是那些生活在农村地区的人,他们那里远离医院。正是这一选择让他们的初期发展经历了艰苦的过程,但他们始终坚持以边远地区的医疗救援为主营业务。就在他们几乎难以为继的时候,当地的保险公司找到了他们,因为保险公司发现多年来这一地区的保险赔付率一直在下降,在排除其他各种可能降低保险赔付率的原因后,最终确认是该区域航空救援做出的贡献,给予 Air Evac Lifeteam 大力的支持,后来基金又主动跟进投资,成就了今天世界上最大的空中救护服务公司。

他们针对直升机紧急医疗服务救助重症伤员的成本效益分析表明,空中救援的社会效益和经济效益均优于地面救援。

以每挽救一个生命年所花费成本(即生命经紧急医疗服务得以保全后延长的每一个寿命年所需投入的成本)作为衡量指标,这项研究表明:

地面紧急医疗服务:每挽救一个生命年所花费成本为 8 886 美元;

直升机紧急医疗服务:每挽救一个生命年所花费成本为 2 454 美元。

2008 年,他们在全美拥有 75 个航空救援基地,到 2017 年年底已经发展到 130 个;飞行员和救援专业护士从各约 300 名发展到各约 600 名;会员人数从约 60 万人发展到今天的 300 多万人;医疗救护专用的贝尔直升机从 100 架增加到 150 架;提供救援服务的州由 12 个发展到 15 个,如图 10-4 所示。除此之外,2008 年他们有机械师约 75 人,运送病人共计超过了 13 万人,提供服务的救助医疗机构 1 300 个,其中包括 600 家医院和超过 700 个 911 呼叫中心/紧急管理服务机构(这几项还没有掌握到最新的数据),其航空救援运营规模已达到世界最大,为航空救援产业赢得了巨大的信誉和市场效益。

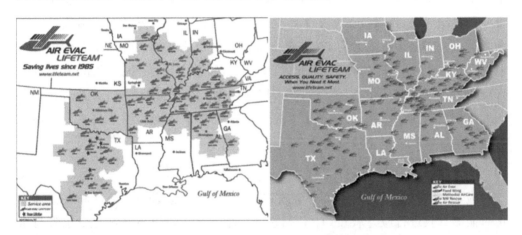

图 10-4 Air Evac Lifeteam 2008 年(左)与 2017 年(右)服务区域对比

美国于 1956 年颁布的《全国搜索救援计划》中规定,美国空军为本土范围的陆上航空搜救执行机构,通过空军救援协调中心(AFRCC)协调政府、军方、各州搜救机构和拥有航空救援能力的企业、组织。美国各州除了有空军、海岸警卫队、民用航空巡逻队驻扎的空中救援力量外,还拥有自己的空中搜救队伍,他们就属于美国西部 15 个州联动的有航空救援能力的企业。他们主要向社会公众提供航空医疗救援服务,从保险业提取服务佣金,自己也向社会公众发行收费的航空救援卡,同时建立紧急救援基金,基本上是在提供商业化服务中获得酬劳和利润。在专职从事航空救援服务的过程中,他们的专业技能和装备水平都得到极大提高,赢得了当地政府和民众的信赖和支持。

市场经济机制决定了航空救援产业的发展必须规模化、现代化、网络化,从而不断提升航空救援产业的经营水准。但是受欧美国家的社会制度和不同地区法律的多样化限制,国外的航空救援体系基本上是点和片状的,没有形成国家及更大规模的全社会航空救援体系。

10.2.2 以青岛市急救中心为行为主体的航空医疗救援案例 介绍(简称青岛航空救援模式)

1. 青岛市急救中心简介

青岛市急救中心始建于 1965 年 12 月 2 日,是隶属青岛市卫生计生委全额拨款事业单位。急救中心占地面积 10 667 m²,其中业务用房建筑面积 4 000 m²;人员编制 131 人,其中,全额编制 81 人,控制编制 50 人;现有职工 121 人,其中,卫生专业技术人员 61 人,其他专业技术人员 10 人,行政人员 42 人;急救中心内设职能科室 6 个,直属急救站 2 个。现运行急救站 175 个,平均每 5 万人口一个急救单元。年度接听电话约 60 万余次,出诊 20 万余人次。青岛市急救中心统一调度指挥市内三区(市南区、市北区、李沧区)和崂山区 45 个急救站,其他 6 个区市均成立独立调度中心,统一调度指挥辖区内 110 个急救单元,日常自行统一调度指挥辖区内急救站、急救单元。战时或突发重特大事件时,青岛市急救中心可统一调度指挥全市急救资源。

2. 航空应急救援的起步

为了更好地应对自然灾害和事故灾难,特别是对交通不便地区和在交通拥堵时能够有效进行应急救援,自 1994 年起,青岛市急救中心通过与山东省海事局、海监局、交通部海上搜救中心、青岛直升机航空有限公司、交通部北海救捞飞行队、海军舰艇部队、海警支队等积极合作,建立联动机制,开展并参与了海陆空立体救援演练和救援任务。

2001 年 9 月至 2014 年 10 月,青岛海陆空立体急救网络共开展航空应急救援 6 次,成功救助了上消化道出血、粘连性肠梗阻并休克、左胫腓骨开放骨折、右颈前重度割裂伤、左手绞裂伤、吸入有毒气体这几种情况下的 6 名危急病人。这 6 名病人年龄最大的 48 岁,最小的 31 岁,全部痊愈出院。其中一次是在夜间风力 8 级的不利气象条件下,启用直升机海上急救,120 急救人员携急救器械登机,在将伤员抬上直升机及时后送的同时,在机舱内现场对这位外籍船员进行输血抢救,使病人提前 1 小时获得有效的治疗,从而保住了生命,最终痊愈出院,成为我国海上航空急救成功的典型案例之一。

2004 年 10 月 23 日,青岛再次成功启用直升机急救左手四指离断船员,将其转送原青岛解放军 401 医院,给予断指再植,32 天后痊愈出院。

3. 借政策的扶持和国际经验踏实开展前期培训工作

近年来,国务院、原国家卫计委等先后从国家层面持续关注空中紧急医疗救援事业发展,并在指导行业健康、快速发展的同时出台众多引导政策。2014 年,我国规划在全国建立 850 个救援基地、1 400 个救援基站及若干救援点。

2015 年,原国务院办公厅下发《关于促进通用航空业发展的指导意见》,提出鼓励和加强通用航空在医疗救护等领域的应用。

2016 年,原国家卫计委《突发事件紧急医学救援"十三五"规划》的出台,正式提出了大力发展航空医疗救援项目。

在相关政府的支持下,从 2016 年开始,青岛市急救中心组织院前航空应急救援人员到台湾接受航空医疗救援培训;2017 年 11 月,再次组织急救中心业务骨干参加台湾 UIA 联合国际救援机构在烟台举办的空中救护培训;2018 年 11 月,青岛市急救中心 8 名急救人员到莱芜雪野基地参加由 Bucher 和青岛联合通用航空产业发展有限责任公司共同组织、由瑞士专家授课的空客 H135 机载医疗设备培训。2018 年 12 月,由法国医学基金会、空中客车直升机公司主办,青岛市急救中心、青岛联合通用航空产业发展有限责任公司协办的航空医疗服务培训班在青岛市急救中心再次成功举办。为了强化航空救援的实操能力,2019 年 11 月,在国家级继续医学教育项目中开办航空医疗救援理论与技能操作培训班。同时,与台湾 UIA 联合国际救援机构联合打造航空医疗救护培训中心,牵头成立半岛航空医疗救援联盟,举办区域性航空医疗救援体系建设研讨会,请法国 AFM 医师学会、空客直升机、德国 ADAC、奥地利 Bucher 等的专家先后到青岛市急救中心参观交流。

4. 青岛航空应急救援模式的雏形

自 2017 年 5 月起,青岛市急救中心与多家通用航空公司开展航空医疗救援试点运行,先后与上海金汇通用航空股份有限公司、山东省九九九空中救护有限公司等正式签订航空医疗救援协议,采用商业保险等模式开展航空医疗救援,建立起青岛市急救中心与通用航空企业之间"利益共享、风险共担、全程合作"的战略合作关系,青岛市正式步入航空医疗救援事业发展的"快车道"。当年成功运用直升机转运 8 例急危重症患者。

2018 年 9 月 1 日,一名年仅 21 岁的危重患者,高空坠落造成肝挫伤、脾破裂、胸腔积液、身体多处骨折,遂将其紧急送入青大附院西海岸院区接受全面医治,后被成功转送至东部战区总医院接受进一步治疗。

5. 成功开启政府购买航空应急救援服务模式

青岛市采取政府购买直升机医疗救援服务的模式,以公开招标的形式确定HEMS运营商;由HEMS运营商提供航空器、医疗设备及飞行组,由急救中心及三甲医院提供医疗组,由合作企业或政府负责通用航空机场、临时起降点等基础设施的布局及建设,政府为老百姓的院前急救及院际间直升机转运服务买单,全面打造以政府为主导公益化模式运营的青岛HEMS体系。

目前,青岛市现有具有直升机起降条件的医疗机构共6家,并在全市范围内,选取临时起降点,便于直升机开展院前的航空应急救援。

同时,根据青岛市直升机运营基地、起降点等基础设施,绘制青岛市直升机应急救援网络布局图,如图10-5所示,初步实现了在青岛市直升机院前救援绿色通道10~15 min响应,30 min到达现场的救援能力。计划进一步打造全市的绿色通道5 min响应和配套的基础设施,争取实现20 min内到达救援现场的航空应急救援能力。

为此,青岛市急救中心与各通用航空公司达成战略合作伙伴关系,建立以青岛市急救中心为核心,以120调度指挥为中心,以山东半岛为基地,开展联合调度、医疗救援、陆空联动、专业培训、场地建设等实质性、创新性工作,形成标准化和可复制的发展模式,努力将青岛市HEMS协同运作体系打造成为军民融合发展、新旧动能转换的典范。

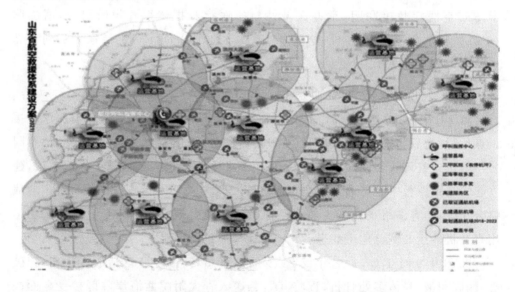

图10-5　青岛市政府购买直升机医疗救援服务的模式

年度	拟布局城市	备选城市	布机架次/架	覆盖人口/%	覆盖面积/%
2019 年	青岛、济南、东营、临沂	烟台、潍坊、济宁	4	27	28
2020 年	青岛（＋1）、潍坊、烟台、威海、济宁、聊城	东营、日照、滨州	6	65	63
2021 年	淄博、菏泽、德州、日照、泰安、滨州	莱芜、枣庄	6～8	90	90

图 10 - 5　青岛市政府购买直升机医疗救援服务的模式（续）

6. 案例存在的问题及思考

① 体系还不够健全，存在指挥、管理和协调、保障等运行机制（运营队伍）、航空医学救援流程不完善及调派原则、条件不清晰等问题；

② 缺乏航空医疗救援操作规范，培训还不够系统；

③ 缺乏专业航空医疗救援人员，救援人员需临时抽调，且航空医学知识缺乏，空中急救的实践经验不足；

④ 航空医学救援基础设施建设不够，航空器总量、通用航空机场及临时起降点设置数量无法满足航空医学救援需求等；

⑤ 市场化的航空应急救援及医疗救护的常态化运营还需要进一步培养。

7. 案例分析

青岛市急救中心在国内较早地进入了航空应急救援领域，走出了一条被业内称作青岛模式的航空应急救援模式，即政府部门财政支持一定的经费向社会具有航空应急救援能力的企业购买服务，全面打造以政府为主导公益化模式运营的青岛航空应急救援体系。经过一段时间的运行后，将航空应急救援进一步划分为院前急救（一类任务）、院中的医疗转运（二类任务）。为了更好地将政府购买的公益航空救援服务提供给最急需救援的人，将保留院前急救的一类任务继续享受公益免费救援服务；将院中的医疗转运的二类任务调整为有偿的航空救援服务。同时还在探讨如何通过商业保险、医保、车险等市场运营模式和捐助来更好保证人民群众的生命财产安全。总之，青岛市急救中心为我国的社会化航空应急救援体系建设和能力建设做出了重要的贡献、提供了宝贵的经验。

第11章 智慧通航的架构及发展对策

11.1 智慧通航的含义及架构要素

11.1.1 智慧通航的概念

智慧通航的概念既要厘清智慧通航的客观含义,又要分析智慧通航发展所涉及的主体和具体内容,即智慧通航概念要服务于通用航空协会的通用航空企业、政府部门等对象,以服务通用航空产业健康有序发展为主旨。融合两种智慧通航的定义,智慧通航的概念为:

智慧通航是在新一代信息技术发展驱动和通用航空航空活动发展需求双重驱动下的深度融合发展,为智能飞行器研发生产、通用机场运营管理、通用航空公司运营服务、低空飞行保障体系建设、通用航空市场开发和行业应用等场景提供技术与产品支撑,达到连接航空活动相关主体,跟踪航空活动全程状态,提供预警、指挥、控制、决策等服务,从事公共航空运输以外的更加安全、快捷、高效的航空活动,实现通用航空全产业链的协调运行、满意管理、和谐发展、持续进步。

该定义从智慧通航产生的契机条件、发展模式、任务范畴、航空活动理想运行状态和最终效果目标等方面进行了阐述,是一个较为全面的概念。抓住智慧通航的几个特征,浓缩后的概念为:

智慧通航是以通用航空产业生态链的生命体属性为基本视角,以运用新一代信息技术为基本手段,以全面感知、深度融合、智能协同为通用航空运行和管理的基本方式,以提高通用航空的社会效益为基本目标,以实现通用航空可持续发展和为人类创造美好生活为根本目的的信息社会通用航空发展形态。

11.1.2　智慧通航的属性

交通属性:指智慧通航在空间、时间上的移动或位移属性,是其最基础属性,是通用航空其他属性的基础,特别是没有空间移动,就没有通用航空;

工具属性:是指其空间移动特征,应用于工农林业等生产活动,具有提高生产效率的工具特性;

社会属性:是指其活动的空域空间具有公共性、社会性,能为社会提供公共产品和公共服务,提升人们的生活水平;

个体属性:是指能够满足人们飞行梦想的能力,激发人们兴趣和创新能力,锻炼人们意志,提升个人品质;

服务属性:指在交通属性的支持下,即在空间指定位置或空间运动中,为客户提供所需产品或服务的能力,特定场景的服务是其服务的特征;

技术属性:指对智慧通航的技术支撑属性,是智慧通航运行的技术基础,包括网络连接技术、数据管理技术、融合技术、通用航空技术等;

智慧属性:是指实现通用航空活动自动化、智能化,通用航空服务无缝连接,为人们提供满意愉悦出行和其他服务,并促进通用航空健康持续发展。

智慧通航各个属性间的叠加,会产生出不同的智慧通航应用场景。

11.1.3　智慧通航的概念框架图

传统通用航空是通用飞行器在飞行服务和运营服务的保障下,从事私人飞行、公务飞行、作业飞行、社会公益飞行、消费飞行等航空活动,以满足人们的出行或其他需求。

在信息社会,传统通用航空充分利用新一代信息技术,实现传统通用航空的信息化,实现航空活动的数字化、网络化、自动化和智能化,为智慧化奠定了基础。

智慧通航使通用航空的各利益相关者能够实现航空活动的协调运行、满意管理和和谐发展,使人们体验到通用航空的便捷、高效、安全品质,提升生活水平。阐述智慧通航概念框架的内容,如图 11-1 所示。

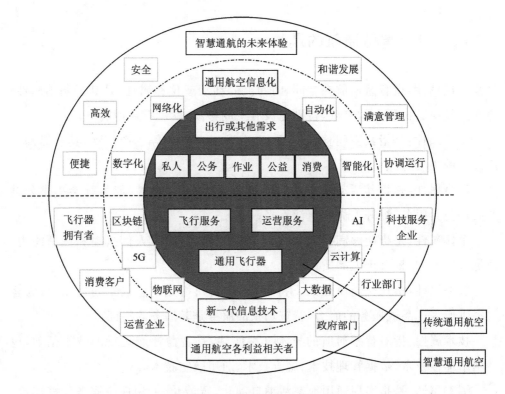

图 11-1 智慧通航概念框架图

11.1.4 智慧通航发展的架构

1. 智慧通航总体架构的提出

智慧通航总体架构,就是要描述智慧通航实现的整个全貌,采用分层的方法把整个框架分为几个层次,描述每个层次的功能以及各层次之间的相互关系,形成一个从智慧通航相关利益者提出服务需求到其服务实现的整体层次过程。

智慧通航总体架构,要能描述出通用航空基本航空活动的运行,描述出智慧通航中的各利益相关者,以及通用航空智慧的来源等。智慧通航总体架构还要能阐释出智慧通航概念的内涵。

2. 智慧通航总体架构图

智慧通航总体架构如图 11-2 所示。该体系架构分为 4 层:智慧通用航空各利益相关者、智慧通航应用场景、智慧通航运行管理中心和智慧通航大数据中心、智慧通航感知网络体系,其中下层为上层的功能实现提供服务支撑。

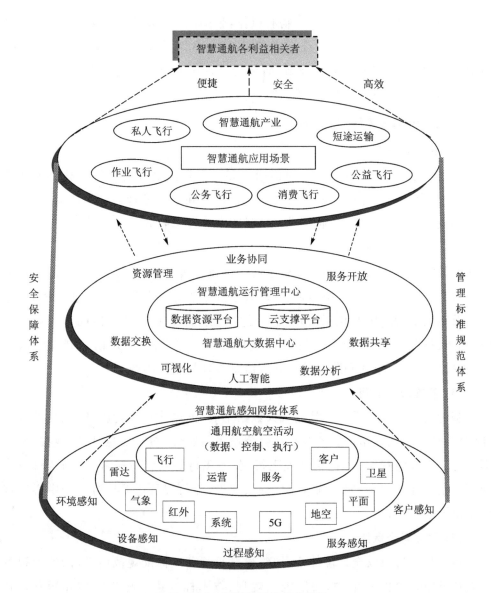

图 11-2　智慧通航总体架构图

从总体架构图中可知,智慧通航形成的主要标志是构建起了智慧通航大数据中心,这是智慧通航的大脑,为智慧通航的航空活动提供源源不断的智力支持。智慧通航运行管理中心,把智慧通航的智能感知、智能决策等智力支持运用到整个航空活动控制中,以支持智慧通航不同的应用场景,才能使不同的利益相关者感受到智慧通航的安全、便捷和高效特征。

若把智慧通航比喻为一个生物有机体,感知网络体系就是其感官系统,感知内部和外部的信息,形成判断或直接将信息传送到大数据中心,大数据中心是智慧通航的大脑,能够做出决策判断,而运行管理中心是智慧通航的执行系统,能够在应用场景中执行大脑的决策判断。

3. 智慧通航总体架构的特征

(1) 构建统一支撑

构建一个涵盖全面感知网、通信网络和计算存储资源的集约化智慧通航支撑体系,结合基础通用航空航空活动的运行控制和数据处理的计算能力,为智慧通航建设统一提供计算、存储、网络、物联感知等资源服务。

(2) 建设两个中心

建设智慧通航大数据中心和智慧通航运行管理中心,其中,智慧通航大数据中心包括通用航空数据资源体系、数据共享开放服务和共性支撑功能服务,智慧通用航空运行管理中心包括通用航空运行态势展现、跨域业务协同和决策支撑服务。通过两个中心建设,打造智慧通航的大脑和中枢,构建信息开放集成环境,支撑应用系统集成和跨部门跨领域信息共享与业务协调。

(3) 实施四大应用

基于统一支撑体系和智慧通航大数据中心,推进作业飞行服务(包括工农林业的作业服务、飞行培训服务等)、社会公益飞行服务(包括应急、医疗救援、短途运输等)、飞行消费服务(包括私人飞行、公务飞行等)、智慧通航产业服务(包括通用航空智能制造等)四大领域应用场景建设,并与智慧通航运行管理中心实现联动协同。

(4) 强化两个保障

建立智慧通航安全保障体系,构建智慧通航管理标准规范体系,以保障智慧通航在健康安全的环境中,按照统一规划、技术标准进行分步实施和运营。其中,智慧通航安全保障体系是智慧通航的生命线,没有安全保障体系,就没有智慧通航的长期持续发展;没有智慧通航管理标准规范体系,就不能集聚各方面的力量协调推进智慧通航建设,也就建立不起智慧通航。

11.1.5 智慧通航的内容框架

智慧通航建设的理念需要不断落地,依据智慧通航的概念、总体架构和智慧化运营体系,规划了智慧通航研究内容框架,如图 11-3 所示。

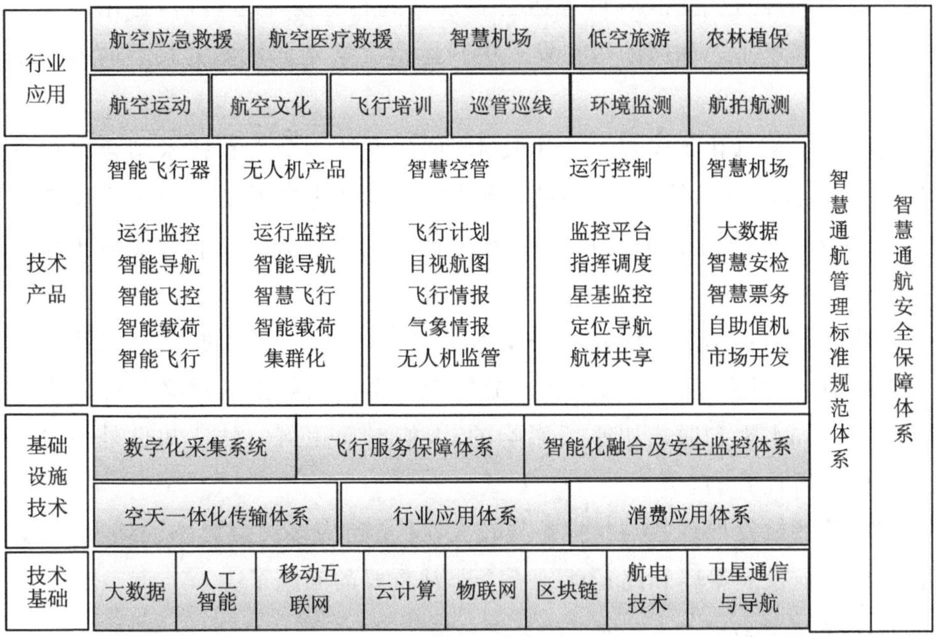

						智慧通航管理标准规范体系	智慧通航安全保障体系
行业应用	航空应急救援	航空医疗救援	智慧机场	低空旅游	农林植保		
	航空运动	航空文化	飞行培训	巡管巡线	环境监测	航拍航测		
技术产品	智能飞行器 运行监控 智能导航 智能飞控 智能载荷 智能飞行	无人机产品 运行监控 智能导航 智慧飞行 智能载荷 集群化	智慧空管 飞行计划 目视航图 飞行情报 气象情报 无人机监管	运行控制 监控平台 指挥调度 星基监控 定位导航 航材共享	智慧机场 大数据 智慧安检 智慧票务 自助值机 市场开发		
基础设施技术	数字化采集系统		飞行服务保障体系		智能化融合及安全监控体系		
	空天一体化传输体系		行业应用体系		消费应用体系		
技术基础	大数据	人工智能	移动互联网	云计算	物联网	区块链	航电技术	卫星通信与导航

图 11-3　智慧通航研究内容框架

11.2　智慧通航发展的对策

11.2.1　智慧通航发展的问题

1. 智慧通航发展策略选择问题

由于我国通用航空发展的历史问题,通用航空处于初级发展阶段,其信息化水平处于从蔓延向控制过渡阶段,政府也出台相关政策鼓励通用航空发展。智慧通航是通用航空信息化的高级阶段,是人和通用航空的有机结合。智慧通航现状和目标之间存在较大的差异,要充分利用传统和新一代信息技术,缩短信息化水平的差距;以通用航空信息化来促进通用航空从初级阶段走向成熟阶段,即通用航空产业要素完备、通用航空运营体系健全、人们对通用航空需求不断增长等。

通用航空安全性制约着通用航空很难有快速发展。安全性是通用航空的生命线,没有安全性就没有通用航空需求。但是通用航空安全是一个系统性工作,在通用航空快速发展中,新机场、新飞行器、新飞行员等运营要素常常是安全问题的来源,只有经过磨合学习,各运营要素达到相互协调运转后,通用航空安全才能达到较高水平。如何缩短在发展中新运营要素走向成熟的耗费时间是个关键问题。

通用航空信息化不仅仅是一个技术问题,更是一个人和技术结合以提升通用航空活动运行效率的问题,因此,通用航空信息化也不是一个一蹴而就的过程,需要人和信息技术产品的相互磨合,才能达到人和技术结合以提升工作效率的目的。

通用航空信息基础设施建设是受需求驱动的,没有通用航空航空活动需求的规模效应,就发挥不出信息化技术的作用。而通用航空需求又是受到人们对通用航空认知水平和收入水平所影响的,人们对通用航空的认知也是不可能在短时间内有所提升的。

在智慧通航发展现状与目标差异较大,又受到诸多约束影响的情况下,如何选择智慧通航发展策略和路径就是一个非常重要的问题了。

2. 智慧通航发展中人和技术的关系问题

智慧通航概念是以人为中心的,无论智慧通航的技术如何先进,也是以为人们提供高质量的通用航空服务,提升人们生活水平为根本宗旨。从通用航空发展历程来看,通用航空概念是个小众概念,其应用受限在一定的特殊领域内,并没有被社会理解和认知,通用航空与人们的日常生活相去甚远;使用通用航空和服务通用航空的人是促进通用航空发展的潜在力量,只有提升了这部分人对智慧通航的认知,智慧通航才能有源源不断的发展之源。提高人们对智慧通航的认知,是智慧通航发展的潜在动力、不竭动力。

人和智慧通航技术结合才能发挥智慧通航的作用。在通用航空发展历程中,通用航空技术更新慢,使通用航空技术不能满足人们的需要,人们与通用航空之间的距离越来越远。随着通用航空信息化的推进和智慧通航建设,通用航空成了先进技术密集领域,需要人们处理好人和通用航空技术的关系,充分利用通用航空技术,发挥通用航空的各种功能服务,同时,人和技术的结合也能创新通用航空的业务和模式等。提升人们对智慧通航的认知和人与通用航空技术的协调性,是实现智慧通航以人为本的关键。

3. 民航和通用航空融合发展问题

智慧通航建设绕不开其与民航发展的关系。在同步发展阶段,通用航空发展是由当时农业大国的经济结构所决定的;在断代时期,受到改革开放的驱使,运输航空从民用航空中剥离出来,从技术、管理等层面上与国际接轨,取得长足发展,而通用航空发展缓慢;在探索发展时期,通用航空依然没有走上正常发展道路,通用航空远远落后于运输航空的发展;在快速发展阶段,我国人均 GDP 达到了适合发展通用航空的经济条件,发展通用航空成了国家扩大内需促进经济增长的增长极,国家的宏观经济结构调整,推动供给侧改革,通用航空领域被认定为新兴产业,获得了政策支持。

通用航空和运输航空在交通属性和业务范围上有较多的相似性,同时通用航空还具有自己的特色。两者的发展必定产生对空域资源、飞行员资源、机场资源、客户资源等的竞争;运输航空的基础设施条件和运营保障水平远高于通用航空;运输航空有较为成熟的社会认知度而通用航空社会认知度还不高,运输航空的规模效应优势远高于还没有市场化的通用航空;通用航空的社会价值还远远没有被社会认知,而航空枢纽已经被运输航空所独享。通用航空与运输航空既相似又有众多的不同点,两者能在一起协调发展吗? 在以扩大内需、促进供给侧改革、调整经济结构、转变经济增长方式等需求驱使下的通用航空,能与运输航空相互协调、共同发展吗?

11.2.2 智慧通航发展的对策

1. 智慧通航建设的思路

针对智慧通航发展中遇到的这些较为宏观的问题,解决的思路为:

(1) 要解决社会对智慧通航的认知问题

智慧通航是一项社会公益服务,是在现代社会提升人们生活水平的一种重要手段。智慧通航是什么? 智慧通航要建成什么样子? 建设智慧通航有何条件? 如何建设智慧通航? 智慧通航有何社会价值? 这些认知要在社会和业界达成共识,才能集聚社会各方面力量资源共同致力于智慧通航建设。

(2) 要解决智慧通航的政策支持和引导问题

在达成共识后,就要解决智慧通航是采取自然成长建设的道路,还是采取政府充分参与与市场机制相结合共同促进智慧通航发展的道路。学界和业界在智慧通航认知上所形成的共识,要转变为政府规划部门或行业管理部门的规划和政策,调动社会各部门资源,协调工作,有序推进,行政手段和市场手段相结合,共同建设智慧通航。

(3) 发展好智慧通航要教育普及和文化建设先行

由于通用航空在社会发展中角色不被重视甚至缺失,造成通用航空在社会的认知度较低,人们不知道通用航空能干什么,自己需要通用航空干什么。通用航空是社会中的一种高消费行为,在交通方面有其他更好的交通方式替代通用航空。因此,充分利用和开发智慧通航的现有资源,社会各级部门共同进行通用航空普及教育和文化建设,培养那些热心从事通用航空事业的人和应用通用航空提高生活水平的人,这是智慧通航发展的不竭动力。

(4) 依据当前技术水平实现在智慧通航细节上的突破

在政策规划的指导下,智慧通航建设要落实到一个个的细节实现上,这些细节上的突破,最终才能触发整个智慧通航领域整体的突破发展。在既有技术水平条件下,设定智慧通航发展的一个小目标,用技术去实现这个小目标,这是智慧通航建设扎实推进的基础,这些小目标汇聚成了智慧通航建设的大目标。

2. 智慧通航建设的对策

(1) 建议协会向行业主管部门提交智慧通航建设方案

中国信息协会通用航空分会和中国通用航空协会是连接政府、业界、学界的桥梁。发挥与业界和学界的良好关系,针对智慧通航加强研究,形成理论知识和技术研发成果;提出智慧通航建设方案,为规划和行业部门提供关于智慧通航建设的咨询服务;辅助规划和行业部门出台促进智慧通航建设的政策和管理办法,把智慧通航建设的自发行为变为一种有明确目标和具体时间规划的自觉行为。

协会同时也要关注智慧通航建设的后续研究和评价。联合业界和学界,研究出台智慧通航建设指数,构建智慧通航建设评价指标和评价方法;联合业界和政府,跟踪全国智慧通航建设数据,发布智慧通航建设指数指导政府的政策制定;发布智慧通航技术发展报告和智慧通航产业发展报告,为通用航空企业提供咨询服务,指导通用航空企业健康发展。

(2) 建议规划部门重视智慧通航教育普及和文化建设

智慧通航发展最终取决于热爱从事通用航空事业的人和应用智慧通航提升生活水平、质量的广大客户。规划部门的眼界决定了智慧通航是否能够长远持续发展,因此,重视智慧通航教育普及和文化建设是影响智慧通航发展的长期因素。规划部门应该协调教育管理部门、人力资源部门、行业管理部门和文化管理部门,协同推进智慧通航的教育普及和文化建设。

通过普及教育提升全社会人们对智慧通航的认知,普及教育可以嵌入到中小学生的课内或课外科学技术课程中。文化建设也要协调教育与人力资源,挖掘航空精神,培养教育人们成为热爱通用航空并具有一定技能的人。在行业部门的支持下,让人们深入智慧通航的一线,体验研发和设计,以及运营体验,使人们了解学习人和技术的关系,并充分利用技术改变人们的生活方式和生活质量、水平等。智慧通航教育普及和文化建设是培育智慧通航市场的重要基础,同时建议用市场手段来激发智慧通航培训体验市场的活力。

(3) 建议行业部门采取智慧通航"三明治"发展模式

受到新一代信息技术和"新基建"等因素的驱使,智慧通航应该采取"三明治"的发展模式。

① 社会信息化水平倒逼通用航空信息化发展,即促进通用航空传统业务的数字化转型,倒逼通用航空的某些运营环节不断规范化标准化,尽快实现通用航空运营系统的信息化;

② 新一代信息技术和"新基建"拉动通用航空的创新发展,通过新技术与通用航空深度融合,创新通用航空的运营模式、产业模式、服务模式等。

智慧通航发展既要不断提升通用航空的信息化水平,又要不断创新通用航空的新模式、新业态、新服务,这样,通用航空信息化水平不断提升,通用航空运营体系不断完善,不断缩短与智慧通航建设的差距,最终建设成一个具有先进信息化水平支撑和不断适应通用航空用户需求的智慧通航。建议行业部门一手抓充分利用传统信息技术提升通用航空信息化水平,一手抓利用新一代信息技术促进通用航空的创新发展,二手都要硬。

(4) 建议行业管理部门深化智慧通航跨越式发展

智慧通航跨越式发展不是不遵循客观规律、不遵守信息技术发展规律、不遵守人和技术的关系、不遵守通用航空安全的成长规律,而是在这些约束条件下,充分发挥政府协调规划功能,绘制智慧通航发展蓝图,组织吸纳社会资源,有理有序有组织地开展智慧通航建设,同时结合智慧通航建设中的局部突破,来不断助推智慧通航建设的主旋律。

通用航空安全水平要依靠智慧通航的全面感知和精准反馈,来不断缩短从新手到熟手的成长期。利用新一代信息技术促进通用航空传统业务的数字化转型,提升信息化水平。在社会公益服务中,创新公益服务模式,以信息化手段来保障通用航空社会公益服务的训练和演练水平,保持安全服务水平。超前布局低空空域的信息基础设施,做到对航空活动的全面感知,为通用航空数字经济发展奠定基础。

（5）建议行业部门采取民航与通用航空协调发展模式

借鉴民航发展模式，与民航充分协调发展是通用航空未来发展的出路之一。目前通用航空与运输航空的发展相差较远，用高技术性和高管理水平的运输航空资源去服务整体运营水平较差的通用航空，是不可能和不现实的。在两者的协调发展中，不是用谁去代替谁服务，而是充分发挥各自的特性，在一个较大系统中，相互配合相互协作，这样高水平资源能够和低水平资源一起协调工作。

在国家空中交通体系的建设中，应该实现干线＋支线＋通用航空的空中交通体系，通用航空作为运输航空的末端，以其自身特色完成交通运输的最后一公里；国家空域资源的分层划分管理体系，需要低空通用航空与高空运输的有效协调，充分利用空域资源，建设航空立体交通体系。通用航空和运输航空的资源有一定的关联性，协调通用机场、运输航空机场和相关空域资源，构建机场和空域资源的融合体系，才能提升紧缺机场和空域资源的利用率。

3. 智慧通航建设的机会

（1）利用信息技术实现军民通用航空低空空域协调管理

在既有空域管理体制不变的情况下，低空空域使用成本较高依然是通用航空发展的痛点。在低空空域管理改革试点中，探索军民航协同建立低空空域管理平台，有组织机构和协调机制，在一定程度上克服了低空空域使用成本问题。这些有益的试点探索，为充分利用信息技术进一步减少军民航协调成本，满足较大规模的低空空域协调交易处理要求，满足人们对低空空域管理的时效要求做好了充分的准备。

构建区域性军民航低空空域管理平台，是智慧通航发展中的一次机会，是智慧通航发展中的一个小目标。该平台的成功运行，实现了军民航的协调统一，随着平台的运行、经验积累，必定对军民航协调统一提出新的要求，这样就会促成军民航协调在体制机制上的变革，因为平台运行的经验积累为变革提供了依据。当前在军民航协调中，可以利用信息技术，让数据多跑路，让人少跑路，让协调更顺畅些，尽量降低协调成本。

（2）利用信息技术增强人们对通用航空的教育体验

目前，在实际飞行中体验通用航空，还有一些成本、安全因素的阻碍，人们还不能方便地在真实的体验中去感受通用航空，这也限制了智慧通航的教育普及。虚拟现实技术和增强现实技术，为模拟航空飞行活动提供了技术支持，真实的航空飞行活动完全可以在模拟器或虚拟现实中实现,这为真实体验航空飞行提供了条件,提供了人们近距离接触航空飞行的机会。

利用虚拟现实技术实现人们对真实航空飞行的体验,是进行智慧通航教育普及的一次机会。互联网拉近了人与人之间的关系,计算机技术重建了航空飞行活动,这样的结合让人们在家里就可以自由体验航空飞行活动,增强对智慧通航的认知,这也不失为一种普及智慧通航教育的有效方法,也必将为培育智慧通航市场贡献力量。

(3) 运用新一代信息技术实现通用航空传统业务的转型升级

我国通用航空业务以传统业务如工农林业作业飞行、飞行培训等为主,这些传统通用航空业务还要在接受政府补贴的情况下才能运营,这说明了通用航空传统业务在我国是供大于求的状况,依靠政府补贴政策勉强运行,不是通用航空传统业务发展的出路。在新一代信息技术应用的驱使下,通用航空传统业务要向自身要效益,自己转型发展,才是长远发展的出路。

针对通用航空传统业务利用新一代信息技术进行数字化转型发展,是智慧通航发展的一次机会。通用航空传统业务,要转变思路,利用信息技术来改善或创新传统业务流程、创新服务模式,降低业务服务成本;通过应用信息技术使通用航空传统业务与工农林业生产充分融合,为工农林业生产提供附加服务,更好地助力工农林业发展,充分发挥通用航空工具性属性特点。

(4) 运用新一代信息技术创新智慧通航社会公益服务模式

通用航空具有丰富的社会属性,是一种社会公共服务,其价值在我国还没有被开发出来。随着我国人均 GDP 不断增长,人们的生活质量、水平不断提高,特别是在社会应急救援和医疗救援中,人们对这种救援服务需求越来越迫切,那么通用航空的快速应急和医疗救援就成了当前社会人们的公共需求,是人们保障人身生命财产安全的重要方式。

智慧通航社会公益服务模式构建是智慧通航发展的一次机会。该服务模式需要新一代信息技术的充分融合,需要建立应急和医疗救援的响应网络,能够对突发的应急和医疗救援做出及时响应。在信息技术的支持下,有飞行服务引导支持系统,帮助救援飞行器在不确定环境下安全飞行,防止二次灾害的发生。同时,在信息技术的支持下,形成完善的应急和医疗救援的演练以及智能的应急和医疗救援预案系统,使应急和医疗救援网络有较强的生命力和救援能力。

(5) 运用新一代信息技术提升通用航空消费飞行满意度

目前,我国的通用航空消费业务过于简单,客户体验满意度不高,在一定程度上限制了通用航空消费业务的扩展和形成一定的规模。以传统模式来运营通用航空消费业务,没有与客户培养关系、没有给客户带来增值的体验等。信息技术应用能够与通用航空消费业务深度融合,给客户带来不同的服务体验。

利用信息技术使通用航空消费变成一次有意义的感同身受的经历,这是智慧通航建设中充分体现人的需要的一次机会。利用信息技术实现对客户的全程跟踪,分析客户的偏好、通用航空消费飞行的预期,为客户安排舒服的通用航空消费旅程,给客户留下永久的数字记忆,让客户敞开心扉抒发自己的飞行梦想和体验。坚持通用航空消费业务是以人为本的,通过旅行放飞客户的心灵。

(6) 利用"新基建"搭建智慧通航信息基础设施

"新基建"是在国家经济发展的转型期,为服务未来数字经济发展所进行的新基础设施建设。在当前社会经济发展中,数据资源成了组织发展的核心资源,数据资源成了生产过程中的关键要素,数据资源的开发利用能够优化组织的业务流程、保持良好的客户群,不断提升服务品质、降低服务成本,能够促进组织健康持续发展。这些都是数字经济的特征表现。

利用国家倡导的"新基建"搭建智慧通航数字经济基础设施,是智慧通航发展中的一次重要机会。由智慧通航概念可知,借助"新基建"要搭建智慧通航航空飞行活动的全面感知网络体系,并充分发挥 5G 网络在信息传输中的感知功能;搭建智慧通航大数据中心;利用数字孪生技术,搭建智慧通航物理和虚拟系统的协调运行控制机制;搭建智慧通航应用场景支持系统,使智慧通航能够适应不同应用场景的需求,满足不同人们对智慧通航的需求,使智慧通航和人成为一个有机体。

第 12 章　通用航空器的适航审定与要求

12.1　民用航空器适航审定与要求概述

目前的中国民航法规体系中并没有通用航空器的定义,只有通用航空的定义。《通用航空飞行管制条例》(2003 年 1 月 10 日颁布)第三条:"本条例所称通用航空,是指除军事、警务、海关缉私飞行和公共航空运输飞行以外的航空活动,包括从事工业、农业、林业、渔业、矿业、建筑业的作业飞行和医疗卫生、抢险救灾、气象探测、海洋监测、科学实验、遥感测绘、教育训练、文化体育、旅游观光等方面的飞行活动。"也就是说,通用航空是指公共航空运输飞行之外的不包括军事和准军事飞行的民用航空活动。通常认为,从事通用航空活动的航空器就是通用航空器,这是基于功能给出的通用航空器定义。

12.1.1　民用航空器的分类

各种民用航空器都可以用作通用航空活动。按照审定要求的不同,这些航空器可分为飞机(正常类、实用类、特技类、通勤类、运输类)、旋翼航空器(正常类、运输类)、超轻型飞行器、轻型运动航空器、甚轻型飞机等。

12.1.2　民用航空器的适航审定政策

1. 航空产品和零部件的合格审定类别及证件

航空器的适航审定包括设计、生产和单机三方面,即通常所说的型号合格审定、生产许可审定和单机适航审定。相关要求都在中国民航规章 CCAR - 21 - R3《民用航空产品和零部件合格审定规定》中有具体规定。针对不同审定,局方将颁发相应的批准,这共涉及 16 种不同的证件。

另外,零部件制造人批准书(Parts Manufacturer Approval,PMA)和技术标

准规定项目批准书(CAAC Technical Standard Order Authorization,CTSOA)是对应零部件级别的设计和生产批准书。适航证分为标准适航证(Standard Airworthiness Certificate,SAC)和特殊适航证(SpecialAirworthiness Certificate,SpAC)两种,特殊适航证又可分为初级类和限用类两种。

2. 航空器适航证件

在我国航空器适航审定系统中,不同等级、不同种类适航证有以下 4 种情况:

① 针对超轻型飞行器不需要颁发适航证,但局方对它的运行做出了极严格的规定;

② 特许飞行证,特许飞行不得取酬和出租,局方对其提出了运行要求和限制;

③ 特殊适航证(初级类或限用类),有此证件的航空器不得从事商业性载客运行;

④ 标准适航证,有此证件的航空器可以进行商业性载客运行。

从①到④,用于型号设计批准的适航标准越来越高,在型号合格审定过程中局方评估设计方案的参与程度越来越深,局方对申请人的生产质量保证系统评审越来越严格,在航空器的制造过程中航空器所需检查的严格程度越来越高,以及对适用的维护规定的严格程度也越来越高。总之,依据局方的审定过程和对航空器的维护要求,从①到④情况,适航取证的难度越来越大,对航空器的运行限制越来越少,公众对航空器安全性的确信程度越来越高。

12.2 通用航空器适航管理

12.2.1 通用航空器的种类

通用航空器一般按照质量和座位数要求进行分类管理。按照型体分为两类:大型航空器和小型航空器。

1. 大型航空器

最大起飞质量大于 5 700 kg(12 500 磅)的航空器。

(1) 运输类飞机

符合 CCAR-25 部的飞机为运输类飞机,一般最大起飞质量超过 5 700 kg。

（2）通勤类飞机

座位（不包括驾驶员）设置为19座或以下，最大起飞质量为8 618 kg（19 000磅）或以下。

2. 小型航空器

最大起飞质量小于或等于5 700 kg（12 500磅）的航空器。

（1）正常类飞机

正常类飞机指座位（不包括驾驶员）设置为9座或以下，最大审定起飞质量为5 700 kg（12 500磅）或以下，用于非特技飞行的飞机。

（2）实用类飞机

实用类飞机指座位（不包括驾驶员）设置为9座或以下，最大审定起飞质量为5 700 kg（12500磅）或以下，用于有限特技飞行的飞机。

（3）特技类飞机

特技类飞机指座位（不包括驾驶员）设置为9座或以下，最大审定起飞质量为5 700 kg（12 500磅）或以下，除了由于所要求的飞行试验结果表明是必要的限制以外，在使用中不加限制的飞机。

（4）初级类航空器

初级类航空器同时符合下列条件：

① 无动力驱动或者由一台自然吸气式发动机驱动，在标准海平面昼间条件下失速速度不大于113 km/h（61节）；

② 最大质量不大于1 225 kg（2 700磅），或者对于水上飞机，最大质量不大于1 530.9 kg（3 375磅）；

③ 包括驾驶员在内，最大座位数不超过4座；

④ 客舱不增压。

（5）限用类航空器

限用类航空器指仅供专门作业用的某种类别的航空器。"专门作业"指：

① 农业（喷洒药剂和播种等）；

② 森林和野生动植物保护；

③ 航测（摄影、测绘、石油及矿藏勘探等）；

④ 巡查（管道、电力线和水渠的巡查等）；

⑤ 天气控制（人工降雨等）；

⑥ 空中广告；

⑦ 局方规定的任何其他用途。

(6) 特殊类别航空器

特殊类别航空器指局方指定的尚未颁布适航规章的某些种类航空器,如滑翔机、飞艇和其他非常规航空器。

(7) 甚轻型航空器

单发(火花点火或压缩点火)、不多于两座、最大合格审定起飞质量不大于750 kg(1 654 磅),着陆构型的失速速度不高于 45 节(CAS)的飞机。

(8) 超轻型航空器

超轻型航空器指由单人驾驶、仅用于娱乐或体育活动、不需要任何适航证的空中飞行器具,并且符合下列条件之一:

① 如无动力驱动,空机质量小于 71 kg;

② 如有动力驱动,应当满足下列限制:

(a) 空机质量小于 116 kg,不包括在遇险时使用的飘浮和安全器械;

(b) 燃油容量不超过 20 L;

(c) 全马力平飞中,修正空速小于 100 km/h;

(d) 发动机停车后的失速速度不超过修正空速 45 km/h。

(9) 正常类旋翼机

最大质量等于或小于 3 180 kg(7 000 磅)且其乘客座位数不大于 9 座的旋翼航空器。

12.2.2 通用航空适航审定政策

为促进通用航空大力发展,在 2018 年,按照"放管结合、以放为主"的指导思想,结合国内通用航空的发展状况,特制定了部分用途(科研、符合性验证和到岸组装交付试飞用途)第一类特许飞行证、通用航空公司设计小改和设计大改、个人自制航空器适航审定和通用航空企业油料质量管理等适航审定问题的具体实施细则,以提高通用航空的适航审定效率,为通用航空的发展创造良好环境,促进通用航空的发展。

1. 科研和符合性验证等用途第一类特许飞行证管理

(1) 科研用途第一类特许飞行证

仅用于科研用途的航空器,例如,试验航空器新的设计构思、新设备、新安装、新操作技术及新用途等,其法人或自然人(申请人)在完成研发和制造后,可为航空器申请科研用途第一类特许飞行证。此类航空器不得用于型号合格证、补充型号合格证、型号合格证更改等设计批准审查期间的符合性验证用途。

(2) 符合性验证用途第一类特许飞行证

用于型号合格证、补充型号合格证和型号合格证更改等设计批准审定期间,为表明设计满足审定基础要求而进行的验证试飞,含前期的调整试飞和申请人验证试飞,申请人向承担该型号具体合格审定工作的审查部门为航空器申请符合性验证用途第一类特许飞行证。

(3) 到岸组装交付试飞用途第一类特许飞行证

到岸组装航空器的所有权人和占有人(申请人)均可为航空器申请到岸组装交付试飞用途第一类特许飞行证。

2. 个人自制航空器适航审定管理

由个人制造和组装,且仅以个人使用为目的的个人自制航空器,如果其制造者持有合格的相应等级驾驶执照,可向适航管理部门申请实验类适航证。个人自制航空器不得销售和载客,并且申请人取得实验类适航证后,须按照要求在限定的飞行区域内完成各项飞行试验,验证个人自制航空器在使用限制范围内和规定的试飞时间内可以安全飞行,之后可以解除对飞行区域的限制,在运行和使用限制范围内飞行。

12.2.3 通用航空器的适航审定途径

根据通用航空器市场、用途及预期的环境等,通用航空器的适航审定途径是可以选择的。对于航空器,制造厂家可根据预期的航空器市场定位及其技术和财政状况,选择一个适合自己的适航审定途径。

1. 飞机的适航审定途径

飞机按 CCAR - 23 或 CCAR - 25 部进行审定,取得 TC,PC;符合甚轻型飞机定义的飞机按 JAR - VLA(甚轻型飞机的欧洲联合航空要求)审定,取得 TC,PC。

符合初级类航空器定义的飞机,按 CCAR - 23 部等适用的适航规章进行审定,但对于某些要求,具有局方认可的等效安全水平时可不符合,取得 TC,PC。

符合轻型运动航空器定义的飞机,按 AC - 21 - AA - 2009 - 25 进行审定(审定要求为 ASTM F2245 等公认的标准),取得 TC,PC。

2. 直升机的适航审定途径

直升机按 CCAR - 27 或 CCAR - 29 部进行审定,取得 TC,PC;符合初级类航空器定义的直升机,可按 CCAR - 27 部的适用要求进行审定,取得 TC,PC。

3. 滑翔机的适航审定途径

符合 AC - 21 - AA - 2009 - 07R1 中定义的滑翔机按其进行审定,取得 TC,PC。

符合轻型运动航空器定义的滑翔机按 AC - 21 - AA - 2009 - 25 进行审定(审定要求为 ASTM F2564 等公认标准),取得 TC,PC。

4. 飞艇的适航审定途径

符合 AC - 21 - AA - 2009 - 09R1 中定义的飞艇可按其进行审定,取得 TC,PC。

符合轻型运动航空器定义的飞艇按 AC - 21 - AA - 2009 - 25 进行审定(审定要求为 ASTM F2355 等公认标准),取得 TC,PC。

5. 自转旋翼机的适航审定途径

自转旋翼机按 CCAR - 27 部或 CCAR - 29 部进行审定,取得 TC,PC。

符合轻型运动航空器定义的自转旋翼机按 AC - 21 - AA - 2009 - 25 进行审定(审定要求为 ASTM F2352 等公认标准),取得 TC,PC。

6. 气球的适航审定途径

气球按 CCAR - 31 部进行审定,取得 TC,PC。

符合轻型运动航空器定义的气球按 AC - 21 - AA - 2009 - 25 进行审定(审定要求为 ASTM F2355 等公认标准),取得 TC,PC。

第13章 新能源飞机技术与应用

13.1 全球新能源飞机技术与应用

13.1.1 全球新能源飞机概况

近年来,在全球范围内兴起了电动飞机技术研发热潮。据 Roland Berger 策略咨询公司的统计,并结合对电动飞机发展动态的跟踪,中国航空工业发展研究中心统计结果显示:截至 2019 年 10 月底,全球共有电动飞机项目约 240 项。其中,欧洲的项目占 45%,美国的项目占 40%,其他国家的项目占 15%,如图 13-1所示。

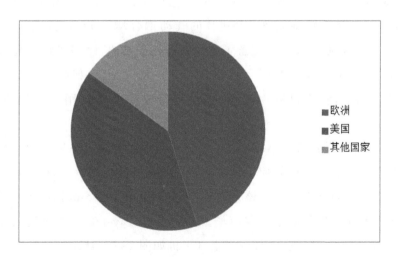

图 13-1 电动飞机研发地区分布

从使用模式来看,大多数电动飞机都在朝着通用航空(GA)或城市空中出租车(UAM)方向发展;从项目来源地区看,大部分的开发都发生在传统的航空市场,即欧洲(45%)和美国(40%),但在其他地方也有一些值得注意的动向,特别

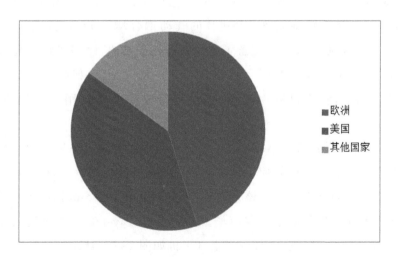

是中国的亿航电动垂直起降飞机，以色列 Eviation 支线飞机，巴西航空工业公司与优步合作提出的空中出租车概念等；从技术上来说，大多数项目都是全电动的，电池是唯一的动力来源，主要目标是 GA 和 UAM 市场。罗兰贝格公司表示，针对区域和大型商用飞机市场的更大的开发项目大多是混合动力的，并使用传统的基于碳氢化合物的燃料来提高功率输出或扩展航程。目前，大部分的项目都是使用螺旋桨，大约有 1/3 的项目使用涵道风扇。

从项目投资方来看，约有 60% 的项目是由创业公司和独立人士投资，现有航空航天公司占了 30%（其中航空航天巨头占一半），其他 10% 左右的是由学术和政府机构（如 NASA），以及包括西门子和卡拉什尼科夫康采恩在内的大型非航空航天公司投资。全球半数以上的电动飞机项目在 2017 年以后启动，主要集中在北美和欧洲地区，国外绝大多数在研的电动飞机项目受到政府资助，包括欧盟框架计划、NASA 等。

13.1.2 美国新能源飞机技术与应用

2018 年，NASA 批准了一项为期 3 年、总投资 1 500 万美元的项目，以研制一种采用分布式电推进（DEP）技术的 X 验证机。在该计划下，NASA 开展了 X-57 "麦克斯韦"验证机项目。该机属于蓄电池电动飞机，利用 14 台电动机驱动 14 个螺旋桨，其中 12 个螺旋桨通过和机翼的气动耦合增大升力，其余 2 个用于巡航。同时，NASA 还为 X-57 配备了特制的锂离子电池，使其拥有更远的续航能力。2019 年 11 月，NASA 展示了首款 X-57 电动原型机，如图 13-2 所示。未来，一旦 X-57 电动飞机取得技术突破，或将改变全球民用与军用飞机市场格局。

2018 年 4 月，美国 Bye Aerospace 公司的电动固定翼教练机原型机 Sun Flyer 2 完成首飞。该公司计划使 Sun Flyer 系列飞机成为第一款获得美国联邦航空局（FAA）认证的全电飞机。该系列包括 Sun Flyer 2 和 Sun Flyer 4 两款飞机，目标市场为飞行训练和通用航空市场。其中，Sun Flyer 2 每小时运营成本为 3 美元，并可实现零排放。Sun Fher 2 全电飞机如图 13-3 所示。

2019 年 1 月 23 日公告，波音公司完成了其自主客运飞机（PAV）原型机的首飞，地点是弗吉尼亚州马纳萨斯。波音公司 NeXt 部门负责城市空运领域的研发工作，利用波音公司所属的极光飞行科学公司设计、开发电动垂直起降（eVTOL）飞机，并将继续进行测试，从而提高按需自主空运的安全性和可靠性。该原型机

图 13 – 2　X – 57 电动飞机

图 13 – 3　Sun Flyer 2 全电飞机

长约 9.14 m(30 ft),宽约 8.53 m(28 ft),航程约 80.47 km(50 mile),由电动推进系统提供动力,可实现从起飞到着陆的全自动飞行。PAV 原型机如图 13 – 4 所示。

波音公司针对波音 737 量级电动飞机开展了 STARC – ABL 混合电动飞机研究,尾部加装 2.6 MW 电动机,采用附面层抽吸技术,预计可降低阻力 7%～12%;针对未来大型干线飞机开展 N3 – X 研究计划,基于超导发电与电机技术,

图 13 - 4　PAV 原型机

预计耗油率比 777 - 200LR 飞机降低 70% 以上。波音公司在巴黎航展上展出下属子公司"极光"公司研制的 eVTOL 验证机,如图 13 - 5 所示。

图 13 - 5　波音的下属公司研制的 eVTOL 验证机

2019 年 3 月,联合技术公司(UTC)启动 804 计划,计划在 3 年内完成一架混合电动支线客机 X - Plane 的研制和试飞,将当前多电技术从千瓦量级提升到兆瓦量级,同时全面验证混合电推进系统开展商业应用的经济可行性。UTC 预计,X - Plane 通过合适的混合动力组合可在航程为 370~460 km 的飞行中节省约 30% 的燃油消耗。混合电动支线客机 X - Plane 如图 13 - 6 所示。

图 13-6　混合电动支线客机 X-Plane

13.1.3　欧盟新能源飞机技术与应用

近 20 年来,欧盟投入巨资开展电动飞机研发。1999 年,从欧盟第五框架计划开始,欧盟就资助意大利都灵理工大学开展"用于交通监视和环保的同温层新能源电动飞机平台研究"和"新能源电动民用无人机的应用和潜在效率提高研究"。

2003 年,欧盟第六框架计划资助意大利都灵理工大学开展"ENFICA-FC 环境友好城际燃料电池电动飞机研究",总经费投入数百万欧元。

根据 2019 年德国 AERO 国际航展获得的情报,欧盟第八框架计划——"地平线 2020"资助了多个电动飞机项目,包括 H3PS 混动飞机项目、MAHEPA 混动飞机项目、Hypstair 混动飞机项目等。H3PS 混动飞机将泰克南公司的 23 部四座 P2010 飞机改为混动,采用并联方式,将现在 P2010 采用的莱康明 IO-360 发动机用罗泰克斯 915 iS 加一台西门子电机替换。MAHEPA 混动飞机的原型机为 Panthera,电动机最大功率 300 kW(双台)。Hypstair 混动飞机采用 200 kW 混合动力系统,该项目于 2016 年开始启动。

在政策方面,2018 年 6 月,欧盟委员会公布了名为"地平线欧洲"的远期研究与创新计划预算提案,其中包含"洁净天空 2"的后续航空科研计划——"洁净天空 3"。"洁净天空 3"的主要目标是,到 2050 年使民用飞机二氧化碳排放比 2000 年减少 75%,氮氧化物排放减少 90%,噪声降低 65%,其主要研究方向包括研发混合电推进支线机或公务飞机。2018年7月,英国首相特雷莎·梅宣布将为英国制定新的航空航天战略,将为"未来飞行挑战"项目投入1.25亿英镑,用于研究电动飞机和城市空运飞行器等新技术。2019年7月,英国商业、能源和工业战略部表示,英国政府将在2040年前投资约6 500万英镑发展下一代电动飞机。

在项目方面,2019年1月,英国罗罗公司宣布,将制造世界上飞行速度最快的全电动飞机。该飞机的目标速度约480 km/h(300 mile/h)以上,并实现零排放。2019年5月3日刊文,空客公司推出的城市空运涵道City Airbus电推进飞行器,其原型机于5月3日在德国多瑙沃特完成首飞,如图13-7所示。该飞行器采用全电动驱动方式,实现了低噪音、零排放的环保要求,其储能系统为4枚电压为800 V的电池,总容量为110 kW·h。

图13-7 City Airbus 电推进飞行器首飞

2019年7月,空客公司推出"猛禽"混合电推进支线概念客机,如图13-8所示。该机最多可搭载80名乘客,航程达1 500 km,耗油量比目前同类飞机低30%～50%。此外,罗罗公司正在与空客、西门子公司合作研制混合动力电动E-Fan X验证机。该客机能够搭载50～100人,航程约在500～1 000 km。2019年10月,德国初创公司百合的垂直起降电动飞机验证机百合喷气完成从垂直飞行到水平飞行的过渡,其测试飞行速度超过100 km/h。该机由1 MW的锂离子电池供电,并由36个电动涵道风扇提供推进力。百合公司将其未来发展定位为空中出租车运营商,希望至少在服务的最初5～10年内,采用有人驾驶方式运营。2019年11月,英国政府计划通过英国航宇技术研究院向克兰菲尔德航空航天解决方案公司投资 900 万英镑,开展"弗雷森"电动飞机演示验证项目。该项目周期为 30 个月,基于 9 座布里顿-诺曼岛民飞机开展电推进技术研究,计划将混合电推进系统集成到该型飞机上进行演示验证。改装后的电动飞机可在短途航空运输中应用,将为岛屿居民等用户提供低成本、绿色航空运输服务。

图 13 - 8　"猛禽"混合电推进支线概念客机

空客发布了包含通用飞机、城市空运飞行器、干线飞机在内的电动飞机发展路线图,目前已完成 E - FAN 全电双座通用飞机的演示验证工作,正在基于 Bae - 146 飞机改装进行 2 MW 级混合电推进飞机演示验证计划(E - FAN X),其研制的"西风"太阳能无人机连续创造新的续航时间记录,有望在 2019 年正式投入运行。空客正在研发 City - Airbus 客机,将为旅客提供城市内和机场间的运输服务,其 Vahana 单座电动垂直起降倾转翼飞机将在 2024 年巴黎奥运会期间进行通勤试用。空客研制的 E - FAN 电动飞机如图 13 - 9 所示。

图 13 - 9　空客研制的 E - FAN 电动飞机

法国航空航天研究院（ONERA）、日本宇航航空研究院（JAXA）与德国航空航天研究中心（DLR）在巴黎航展上签订为期 4 年的联合研发协议，如图 13-10 所示，合作内容包括新一代直升机旋翼优化、气弹、超音速飞机和电推进技术。

图 13-10　法国 ONERA、日本 JAXA 与德国 DLR 签订联合研发协议

法国航空航天研究院研发了 Ampere 电动飞机，该飞机已经通过第一阶段风洞试验。Ampere 机翼前缘安装有 32 个电动涵道风扇，用于提供推力和高升力。根据计划，该机设计为 6 座，航程约 500 km，采用分布式并联的燃料电池和锂离子电池，可为机载系统以及蓄电池等供电。

瑞典政府的计划是到 2030 年，所有国内航班不再采用化石燃料，而是改用生物燃料或电动飞机，计划到 2045 年往返瑞典的国际航班也不再采用化石燃料。瑞典政府资助了 ES-19 电动飞机项目，如图 13-11 所示，ES-19 采用 4 台电机，纯电动，19 座，计划航程为 400 km（250 mile），足以覆盖瑞典国内 1/3 的航线距离以及全球 14% 的航线距离，目标是原型机 2022 年首飞，2025 年通过 23 部适航审定。以上性能基于该机拟采用的 250 W/kg 能量密度的锂电池芯，电池质量将占整机起飞质量的 25%。该公司的最终目标是在 ES-19 的设计平台上研制 48 座支线电动飞机。

挪威的目标是到 2040 年，所有国内航班采用电动飞机，电动航空成为挪威的电动大交通战略的组成部分，届时挪威国内全部交通方式实现零排放。

2000 年，意大利都灵理工大学在欧盟第五框架计划、欧盟第六框架计划资助下开展了 HELIPLAT 太阳能电动飞机研制，HELIPLAT 的翼展为 75 m，航时

图 13 - 11   ES - 19 电动飞机项目

可达 4～6 个月,如图 13 - 12 所示。

图 13 - 12   意大利都灵理工大学 HELIPLAT 太阳能电动飞机

e - Genius 由德国斯图加特大学在太阳能电动滑翔机 ICARéII 的基础上研制的一款电动滑翔机,如图 13 - 13 所示。e - Genius 为并排双座上单翼布局飞机,全碳纤维复合材料制造,配备了可收放的起落架。电推进系统是由永磁同步电机驱动一个直径 2.2 m 的变桨距螺旋桨实现的。电机是由斯洛文尼亚公司制造的 e - Genius sineton。电机的最大持续功率约为 58 kW,峰值性能高达 100 kW,质量仅为 27 kg,电机安装在 e - Genius 垂直尾翼上。4 个锂离子电池组集成在飞行员重心的后面,电池系统的总容量约为 56 kW·h,目前可持续飞行约 2 h,飞行距离 400 km。

2019 年巴黎航展上,斯图加特大学展出了 Eco4 混合动力飞机设计方案。Eco4 为 4 座飞机,最大起飞质量为 1.2 t,巡航速度为 222 km/h,当乘坐 3 人时航程可达 3 000 km,乘坐 4 人时航程可达到 2 000 km。Eco4 混合动力飞机如图 13 - 14 所示。

图 13 - 13　德国斯图加特大学 e - Genius 电动飞机

图 13 - 14　Eco4 混合动力飞机

Lilium jet 电动喷射飞机由德国慕尼黑科技大学的工程师、博士研究生与 ESA 联合设计,采用鸥翼式舱门设计,可垂直起降,起落架可收放,目前对外宣称最高飞行速度可达 400 km/h,巡航速度约 300 km/h,单次充电飞行可达约 500 km。Lilium jet 所有飞行状态采用电脑控制,只要 15 m×15 m 的停机坪就能起降。德国慕尼黑科技大学研制的 Lilium jet 电动飞机缩比验证机如图 13 - 15 所示。

图 13 - 15　德国慕尼黑科技大学研制的 Lilium jet 电动飞机缩比验证机

13.1.4　日本与其他国家新能源飞机技术与应用

日本宇航航空研究院在 2018 年确定了电动飞机研发项目具体目标,初步考虑从小型电动飞机研发入手,在 2040 年前制造出可搭载 100～150 名乘客的电动客机。2018 年 7 月,日本宇航局(JAXA)和工业界组建"飞行器电气化挑战联盟",负责开发电动飞机技术,并为航空界创新提供孵化环境,刺激航空市场增长。该联盟由 JAXA 牵头,联合了日本石川岛播磨重工业公司、川崎重工业公司、斯巴鲁公司、日立公司、三菱重工航空发动机公司、三菱电机公司以及经济贸易与工业部。该联盟旨在开发创新的电力技术,减少航空排放对环境的影响。

2018 年 10 月,新加坡 HES 能源系统公司公布了世界首款氢燃料电动支线客机概念机"元素 1 号",如图 13 - 16 所示。根据氢燃料存储状态的不同,"元素 1 号"可运载 4 名乘客飞行 500～5 000 km。该飞机的动力性能将高于现有任何电池动力飞机,可突破电动飞机的续航极限。该机使用氢燃料电池,采用分布式电推进系统,在提高飞机的环保性方面具有较大潜力。

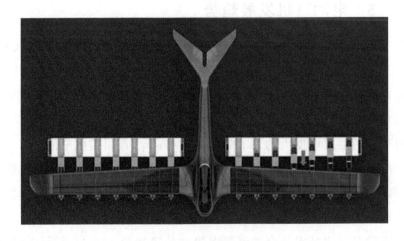

图 13 - 16　新加坡 HES 公司氢电支线客机概念机

澳洲 MagniX 公司在巴黎航展推出两款航空电机,并公布 3 个电动飞机合作项目。两款电机分别是 260 kW 和 540 kW。

以色列 Eviation 电动飞机公司的"爱丽丝"飞机如图 13 - 17 所示,在 2019 年巴黎航展上获得 Cape Air 公司的"两位数"订单,计划 2022 年开始交付。斯洛文尼亚 Pipistrel 公司研制了 Taurus Electro,Taurus G4,Taurus Electro G2,Alpha Electro 电动飞机,G4 电动飞机夺取了 2011 年绿色飞行挑战赛的冠军和赛会大奖。

图 13-17　以色列 Eviation 公司的"爱丽丝"飞机

13.1.5　电动飞机发展趋势

2019 年巴黎航空展(Paris Air Show 2019)圆满落幕,其中全电动飞机"爱丽丝(Alice)"备受关注。该飞机一次可承载 9 人,充电一次可飞行 1 000 km 左右,飞行高度达 3 000 m 以上,其尾部设置有一个主"推进式"螺旋桨,两边翼尖上也布置了螺旋桨,均由电池供电。

飞机燃油的能量密度大约为 127 00 kW·h/kg,而目前电池能量密度最大也只达到 500 W·h/kg,且还不具备足够的可靠性以满足高要求的航空旅行安全标准。因此,在电池能量密度尚未达到所需要的能量密度前,从传统的发动机驱动到电力驱动需要一个过渡方案,即电力混合动力推进技术。

燃气涡轮与电力技术结合的燃气涡轮发动机如图 13-18 所示,通过将燃气涡轮与电力技术相结合,采用能量密集的液态燃料的燃气涡轮,混合动力技术可以实现新型飞机发动机的无噪声和高效电力推进。传统燃气涡轮航空发动机的总体效率为 35%~50%,但混合动力电推进系统通过结合两个或更多功率转换器,有可能进一步提高发动机的效率,同时电力推进系统还可以降低发动机的噪声。目前,该技术已被广泛应用于多种民用航空及军用航空飞机中,如波音 787 系列飞机、空客 A380 和 A350 系列飞机以及美国 F-35 战斗机等。空客公司研制的轻型电动飞机如图 13-19 所示。

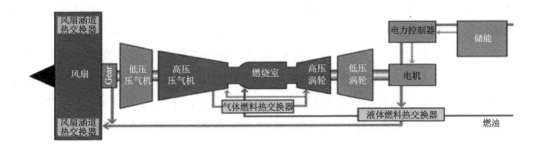

图 13 - 18　燃气涡轮与电力技术结合的燃气涡轮发动机

现在,产业界已加快了创新的步伐。英国航空发动机制造商罗罗公司(Rolls - Royce)收购了德国西门子公司(Siemens)的电动和混合电动航空业务;美国联合技术公司(UTX)计划和国防承包商雷神(Raytheon)合作,将于 2022 年推出油电混合飞机;空中客车(Airbus)也计划在 2022 年以前试验混合动力飞机。

图 13 - 19　空客公司研制的轻型电动飞机

据 Roland Berger 策略咨询公司数据显示:2018 年正在研发的电动飞机数量增加约 50%,达到 170 架;到 2019 年年底,这个数字增至 200 架。此外,瑞典和挪威计划到 2040 年将所有短程航班更换成全电动飞机。如同电动汽车的发展轨迹一样,在全球环保强力诉求下,当前航空界的发展正在全面向全电动飞机的方向飞驰。

罗罗公司 M250 是该公司混合动力五座电动垂直起降研究(eVTOL)概念的核心。该计划始于 2018 年年初,通过 1 年的工作,研制 1 套混合动力推进系统并演示了 3 种运行模式——串联混合动力、并联混合动力和涡电。3 种操作模式均已进行测试,初始的地面测试于 2018 年第四季度完成,2019 年的计划是研究准备飞行的解决方案。这一项目覆盖了 500～800 kW 的功率范围,是电动垂直起降的最佳选择。为了研究电推进的技术可行性和发展挑战,罗罗公司设计了自己的电动垂直起降飞机。这款 5 座串联式混合电动飞机采用了螺旋桨和倾斜机翼设计,吸收了鹞式战斗机的垂直/短距起降技术的相关经验,鹞式战斗机的发动机"飞马"由布里斯托尔航空发动机公司设计,该公司于 20 世纪 60 年代被罗罗公司兼并。M250 的功率约 500 kW,驱动 6 个电动螺旋桨,能够使该机以 402 km/h(250 mile/h)的速度飞行约 800 km(500 mile)。在巡航高度上,飞机的升力螺旋桨将折叠,由机身后部安装的螺旋桨提供动力。罗罗公司公布的"eVTOL"效果图如图 13 - 20 所示。

图 13 - 20   罗罗公司公布的"eVTOL"效果图

罗罗公司还与汽车制造商阿斯顿马丁公司、克兰菲尔德航空航天解决方案公司以及克兰菲尔德大学合作,开发一种用于城市和城际航空旅行的混合动力 3 座飞机。该飞机被称为 Volante Vision 概念机,动力系统基于 M250 发动机,初步计划于 21 世纪 20 年代中期投放市场。

最后,垂直起降技术在未来的发展必然会朝向智能化的方向迈进。目前,垂直起降技术在稳定性与安全性上仍有改进的空间,这就需要通过完善飞机的飞行控制系统来实现,可以说安全问题就是推动垂直起降飞机全面智能化的最佳动力。如今随着人工智能技术的快速发展,人类已经实现了人工智能与汽车产业的结合,未来,航空领域的人工智能化也必将成为行业趋势,通过人工智能技术实现垂直起降飞机的飞控系统自动化,届时不仅将有效地改善现有垂直起降飞机的安全问题,更会降低操纵这一技术的门槛,从而在民用市场迎来更大的发展空间。未来智能化的垂直起降无人机想象图如图 13 - 21 所示。

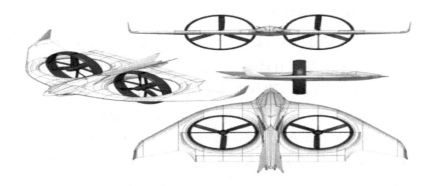

图 13 - 21　未来智能化的垂直起降无人机想象图

13.1.6　新能源飞机关键技术

电动飞机技术也和电动汽车技术一样,经历了一个漫长的发展过程,其核心技术大致可以总结为 4 项:总体设计技术、高效高功重比电推进技术、能量综合管理技术、能源系统技术。

1. 总体设计技术

电动飞机总体设计可突破传统架构的限制,具有广阔的设计空间,具体包括气动-结构-推进一体化设计技术和气动布局创新设计技术。未来的发展趋势是分布式电推进与机体的更佳融合,采用更多的新构型,气动效率和推进效率更高。如 NASA 推出的 X-57"麦克斯韦"使用锂电池供能,动力系统采用分布式布局,该飞机采用泰克南 P2006T 双发活塞通用飞机的机身,以及 NASA 重新研制的机翼和动力系统。机翼前缘安装有 12 台 10 kW 永磁电动机驱动的高升力螺旋桨,机翼端部安装有 2 台 60 kW 永磁电机驱动的螺旋桨。起飞和降落阶段 14 台螺旋桨共同工作,巡航阶段仅需 2 台大螺旋桨工作即可满足推进功率需要,其他 12 台螺旋桨的桨叶将收起以减小阻力。

这种采用高升力螺旋桨的分布式推进技术被命名为前缘异步推进技术(LeadingEdge Asynchronous Propellers Technology,LEAPTech)。机翼前缘的 12 台螺旋桨能够直接提高机翼气流速度,提高升力,使得该飞机维持升力所需的机翼面积减小至原来的 1/3,降低了飞行过程中的阻力。巡航状态的升阻比超过 20,提高了一倍,有效提高了气动效率。该飞机的最终目标为巡航状态下的能量消耗降低到原先飞机的约 1/5,效率达到 92%,相比之下原先飞机的效率仅为 28%。

2. 高效高功重比电推进技术

高效高功重比电推进技术主要包括电动机、电机控制器、螺旋桨等技术。其中，电动机功重（功率密度）比直接决定电动飞机的性能，目前应用的电机主要有永磁电机和交流异步电机等。根据推进电机的种类、额定转速和冷却方式的不同，电机的功重比也有很大的差别。目前，电机的最大功重比在 10 kW/kg 以下。在电动飞机中，要想继续增加电机的功重比，就需要在推进电机的热设计、磁性能设计、结构冷却设计等方面有技术创新，这样才能提升推进电机功重比。预计在 2030 年可以达到 20 kW/kg。在 2019 年第 53 届巴黎航展上，来自全球领先的七家航空制造商（空客、波音、达索、GE 航空、罗·罗、赛峰、联合技术）的首席技术官联合发布了推动航空业可持续发展的声明，其中承诺将研发全新的飞机和推进技术，加速推动航空进入"第三时代"（航空三个时代大致可以按动力形式划分为活塞时代、涡轮时代、电动时代，电动时代的特点还包括全新的飞机结构和材料、数字化、人工智能等技术的大面积应用）。

2019 年巴黎航展上，罗罗公司和西门子公司举行签字仪式，罗罗收购西门子电动航空（eAircraft）部门，全部交易计划年内完成。西门子表示，收购完成后将继续支持罗罗的电动航空项目。SP260D‐A 电动机如图 13‐22 所示。

图 13‐22 SP260D‐A 电动机

罗罗公司在新型推进技术领域的尝试主要包括如下 3 个方向：针对近期多电飞机需求的嵌入式起动/发电机测试，旨在打造世界上最强劲的飞机发电机 E‐Fan X 计划，推动电动技术发展的 ACCEL、eVTOL 和 Volante 项目。

罗罗公司内部新近成立了电气（Rolls‐Royce Electrical）部门，专门负责监管电气化相关的新工业战略，以应对航空领域电气化这一"不可避免的趋势"。

罗罗公司的发展战略反映了电气化技术影响航空业的 2 种方式:其一是渐进发展式,例如多电飞机技术;其二是颠覆性的革命方式,如电推进技术。罗罗公司在位于英国布里斯托的工厂正在开展 E2SG 项目,该项目在阿杜尔军用发动机上装载了嵌入式电动起动/发电机并开展测试。嵌入式电动起动/发电机在阿杜尔发动机上进行测试,促进了多电飞机技术发展。上述 E2SG 的工作正在被纳入英国"暴风(Tempest)"第五代战斗机项目。

3. 能量综合管理技术

能量综合管理技术是推动飞机由传统架构向电动飞机发展的关键因素。飞机电网容量迅速提升、负载特性日趋复杂,对配电系统的性能和可靠性提出了更高的要求,综合电力电子控制技术将在电动飞机发展中发挥重要作用;同时电动飞机的电源、电力电子设备、电机等对热管理提出了极高的需求。为了满足电动飞机对配电和热管理的需求,应当开展飞机电网架构、电力电子技术、热管理技术等的研究。

4. 能源系统技术

能源系统是电动飞机的供能组件,其性能从根本上决定了飞机的续航时间、航程以及运营成本。能源系统的能量密度是决定电动飞机性能的重要参数。目前,电动飞机多采用三元锂离子电池,它的能量密度在 $300 \sim 350$ W·h/kg,未来预计以每年 5% 的速度缓慢提高,预计 2030 年可以达到 500 W·h/kg;但更高的能量密度预计需要新的化学介质,锂硫黄、锂金属、锂空气是不错的选择,其中锂空气电池的理论质量能量密度可以超过 10 000 W·h/kg,与航空煤油的当量能量密度基本相当。氢燃料电池也有着广阔的发展前景,它具有清洁、能量密度高(航空煤油的 3 倍,三元锂离子电池的 100 倍)、加注燃料快捷等优点,未来发展需要解决高压存储、质量、成本等问题。此外,美国 NASA 和阿贡国家实验室联合研制的纳米电燃料液流电池(NEF)也具有相比目前锂离子电池更高的能量密度(1.5~2 倍)和安全性。预计 2023 年 NEF 电池能量密度可达 750 W·h/kg。

13.2 我国新能源电动飞机技术与产品

2016 年,国务院下发《"十三五"国家战略性新兴产业发展规划》明确提出,要"促进通用航空业发展""大力培育通用航空市场,促进通用航空制造与运营服务协调发展",要重点发展"先进通用航空器""一批重点通用航空器完成研制和市场应用";与此同时,要实现产业绿色转型,"大幅提升新能源的应用比例""大力推进动力电池技术研发"。

2017 年,民航局发布《通用航空"十三五"发展规划》明确提出,要"推进节能环保""支持采用电动飞机在噪声、尾气排放敏感区域开展业务"。

2018 年 6 月,国务院发布《打赢蓝天保卫战三年行动计划》明确提出,要通过三年的努力,"大幅度减少主要大气污染物排放总量,协同减少温室气体排放"。

2019 年 8 月,教育部、工业和信息化部等七部门印发了《关于推进新时代东北教育发展新突破,增强服务全面振兴战略能力的实施意见》专门提出:"建设新能源飞机设计制造一体化协同创新共同体。到 2022 年,建成一流通用航空共性核心技术和新能源轻型通用飞机研发平台,建成通用航空产业发展示范推广基地,形成新能源通用飞机研发高地,建成气动、动力系统、复材制造基地,完成多型号自主知识产权轻型通用飞机研制"。

13.2.1 我国新能源电动飞机发展现状

我国高度重视电动飞机发展,在电动飞机领域开展了多项技术研究与产品研发工作。中国航空工业坚持发展绿色航空技术战略,全面开展了先进气动、降噪、多电、绿色动力、绿色材料和绿色制造等技术研究,支持飞机的节能减排。中国航空研究院(CAE)在工信部推动下,积极开展电动飞机领域的国际合作,2018年 10 月,中国航空研究院与荷兰宇航院(NLR)在中荷双方领导见证下签署了关于加强民用航空科技合作的联合行动倡议,提出本着平等协商、互利共赢的原则,深化双方在民用航空科技领域的交流与合作。2019 年 4 月,中荷双方召开了第 5 次中荷民用航空科技论坛暨 CAE - NLR 航空可持续发展研讨会,双方达成共识,拟通过制定并发布电动飞机发展白皮书,引领两国电动飞机发展、促进双方国际交流与合作,进一步落实联合行动倡议。

在能源系统领域,锂电池的能量密度已接近 300 W·h/kg,处于世界先进水平。在轻型电动飞机领域,辽宁通用航空研究院研制了锐翔(RX)系列双座电动飞机产品 RX1E,RX1E - A,相关产品已率先完成适航取证并进入市场,获得 148架订单,已经交付 10 架,应用于国内通用航空企业,开展飞行员培训、航空运动飞行和航空摄影,已累计运行 3 430 h。在未来干线运输飞机领域,中国航空研究院以及北京航空航天大学、西北工业大学等高校开展了新概念布局和关键技术研究,在未来大型干线飞机的总体布局方案、电推进系统、超导动力传输等方

面开展了相关预研工作。在燃料电池飞机领域,沈阳航空航天大学研制的燃料
电池电动无人机雷鸟(LN60F)于 2012 年 7 月首飞,是我国首款燃料电池电动无
人机,如图 13-23 所示;中国商飞公司与北京航空航天大学合作开发了燃料电池
型混合动力飞机,目前该飞机的验证机——灵雀 H 处于试验阶段,如图 13-24
所示。

图 13-23 LN60F 燃料电池电动飞机

图 13-24 灵雀 H 燃料电池电动飞机

13.2.2 锐翔双座电动飞机简介

锐翔双座电动飞机(RX1E)动力装置为一台稀土永磁电机,用电机控制器调
速,动力源为锂聚合物电池;采用大展弦比上单翼、T 形尾翼、前三点固定式起落
架、前置螺旋桨、双座两侧开门的布局形式;机体结构采用高性能碳纤维复合材
料;仪表采用机械式飞行仪表与动力综合显示仪表;操纵系统采用推拉钢索形
式。RX1E 飞机如图 13-25 所示。

RX1E 飞机从 2012 年开始研制,2015 年 2 月获颁型号设计批准书(TDA),
2015 年 12 月,取得生产许可证(PC)。

1. 飞机设计参数

RX1E 电动飞机用于昼间、简单气象条件,目视飞行,主要用于教练和娱乐飞
行,同时具有自升式滑翔飞行能力。根据 ASTM F2245《轻型运动飞机设计与性
能规范》要求,此型号电动飞机应满足的机动飞行能力包括:

① 正常飞行的机动;

② 缓 8 字,急上升转弯;

③ 坡度不大于 600 的急转弯;

图 13 - 25　RX1E 飞机

④ 失速和尾旋。

具体性能指标如表 13 - 1 所列。

表 13 - 1　性能指标

序　号	性能指标	参数值
1	最大平飞速度	160 km/h
2	巡航速度	100 km/h
3	爬升率	2.5 m/s
4	爬升高度	1 000 m
5	最大使用过载	+4g/-2g

设计参数如表 13 - 2 所列。

表 13 - 2　设计参数

序　号	技术指标	参数值
1	全机长	6 596 mm
2	翼展	14 495 mm
3	主轮距	1 750 mm
4	前主轮距	1 848 mm
5	发动机拉力线角度	0°
6	最大起飞质量	500 mm
7	全机高	2 446 mm

2. 飞机总体布局和内部配置

(1) 总体布局

机体结构主要包括机身、机翼、尾翼、起落架四大部分。锐翔电动飞机三视图和总体布置图如图 13-26 和图 13-27 所示。

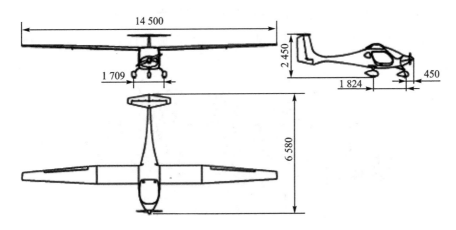

图 13-26　三视图

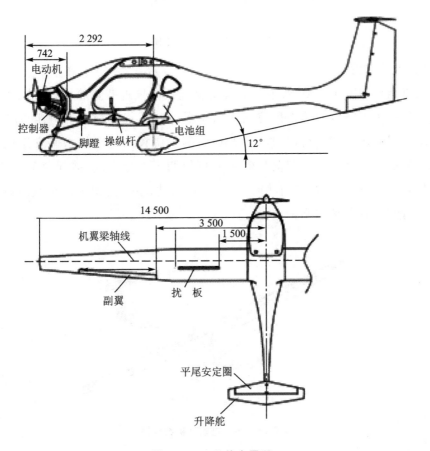

图 13-27　总体布置图

（2）座舱布置

飞机座舱内有并列双套联动中央驾驶杆和脚蹬，两座椅之间的中央操纵台上有油门杆、刹车手柄，风挡框架左侧有灭火瓶，座舱布置图如图 13-28 所示。

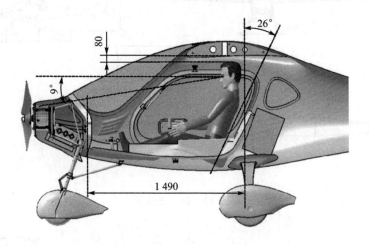

图 13-28　座舱布置图

（3）结构布置

飞机结构如图 13-29 所示。机身主要包括电推进装置舱、防火墙、座舱、电池舱、隔框、垂直安定面等。机翼结构由主翼、副翼、扰流板三部分组成，主翼结构包括机翼蒙皮、翼梁、后墙、根肋、普通肋等。尾翼结构包括水平安定面、升降舵和方向舵。起落架由前起落架和主起落架两个部分组成，前起落架采用弹簧减震形式，具有地面滑行转向功能，与方向舵联动；主起落架采用板簧减震形式，地面滑行时具有刹车功能。

图 13-29　电动飞机结构图

3. 电动力系统

电动力系统包括电动机、控制器、综合显示仪表、螺旋桨、电池组、电源管理系统(BMS)。

(1) 电动机

采用高效率、高功率密度永磁同步电动机,如图 13 - 30 所示,可直接驱动螺旋桨。额定功率可达 30 kW,效率为 93%,质量为 16.6 kg。

(2) 螺旋桨

采用自主设计的两叶固定桨距木质螺旋桨,如图 13 - 31 所示,螺旋桨直径 1 600 mm,材料为德国榉木,制造商为丹东飓风螺旋桨公司。

(3) 锂电池

锂电池总能量为 8.8 kW·h,额

图 13 - 30　电动机

图 13 - 31　螺旋桨

定工作电压为 355 V,采用 25AH 电芯,如图 13 - 32 所示。整个电池组分为 4 个模块布置,总质量 80 kg。

4. 空气动力特性

(1) 气动布局

气动布局为大展弦比上单翼、T 型尾翼,为了验证飞机的气动特性,对飞机缩比模型进行了风洞试验,如图 13 - 33 所示。结果表明:飞机升阻比为 24。

图 13 - 32　锂电池

图 13 - 33　缩比模型风洞试验

（2）飞行性能

依据风洞试验和质量重心等数据,建立了飞行动力学数学模型,在此基础上,通过配平手段以及 ASTM F2245 - 11 条例要求,对飞机的失速速度、起飞、爬升等性能进行了分析和计算。爬升率随速度变化如图 13 - 34 所示。

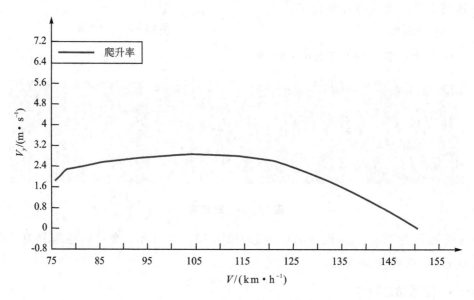

图 13 - 34　爬升率随速度变化图

5. 飞机制造与装配

锐翔电动飞机采用成熟的工艺体系,以真空袋压成型、热压罐成型和连接装配作为复合材料工艺制造技术基础。其中,板簧为层压板结构,采用热压罐成型;机身蒙皮、机翼蒙皮、尾翼蒙皮等为泡沫板夹层结构,采用真空袋压成型;梁、墙、肋、隔框、座舱、整流罩等为层压结构,局部为碳板夹层结构,采用真空袋压成型。金属零件为自行研制外协加工。制造工艺流程图如图 13 - 35 所示。

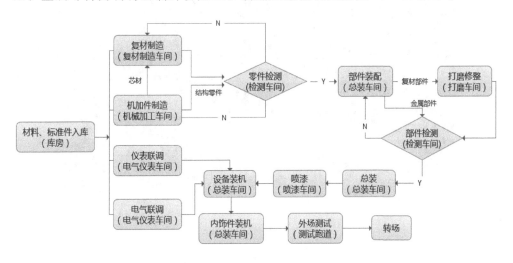

图 13 - 35 制造工艺流程图

整机使用型架装配,对机翼、机身、尾翼等关键部件进行定位支撑,结合水平测量及激光跟踪三坐标测量设备对装配进行校准,使整机装配达到设计精度要求,将机体与型架固定,对连接部位进行固定或胶接。

6. 地面试验

地面试验具体包括飞机系统联调、飞机典型转速系统试验、飞机全任务剖面地面模拟试验、飞机地面刹车试验等,涉及电动力系统、航电电气及仪表系统、起落架及刹车系统、飞参记录系统。试验过程中所涉及的设备,严格按照质量程序所规定的执行标定,确保所采集数据的有效性。电动飞机适航认证要求的 18 项地面试验,均在审查方监控和审查下,按要求完成,并达到了设计要求。

根据 ASTM F2245 - 11《轻型运动飞机设计和性能标准》中条款要求,飞机在地面转弯、直线滑行、加速滑跑和减速过程中,稳定性和操纵性良好,刹车系统有效,转弯半径 10～11 m。通过地面测试,地面操纵性和稳定性满足适航条例 ASTM F2245—11 4.7 的要求。

7. 飞行试验

2014 年 10 月,局方试飞员和申请方试飞员进行了审定试飞,如图 13 - 36 所示,完成了局方试飞大纲中包括尾旋和不可超越速度在内的 20 个科目。局方试飞员认为锐翔电动飞机的飞行性能、操稳特性、操纵系统、动力系统、仪表配置、通信设备等满足适航要求,局方审查人员对试飞结果表示认可。

图 13 - 36　飞行试验

13.2.3　锐翔电动飞机的主要技术

1. 高升阻比气动布局设计

突破了新能源双座电动飞机总体设计、层流翼型大展弦比机翼高升阻比整机气动布局设计等关键技术,利用高升阻比翼型优化设计、整机气动力快速评估等手段,对机翼翼型、扭转角分布、上反角和尾翼参数进行优化,实现巡航升阻比与最佳升阻比匹配,设计出一种气动效率高、尾旋特性好的新能源电动飞机布局方案,布局形式为大展弦比上单翼、T 型尾翼。飞行特性分析和飞行试验结果表明,全机最大升阻比达到 24,不易进入尾旋,具有良好的尾旋特性,达到国际同类飞机先进水平。全机 CFD 计算如图 13 - 37 所示。

图 13 - 37　全机 CFD 计算

2. 基于高效率电动机/螺旋桨的电推进系统设计

攻克了基于新型稀土永磁同步电动机和高效螺旋桨的双座电动飞机电推进系统设计技术,实现了电动机、动力电池、螺旋桨在双座电动飞机上的高效集成,电推进系统效率达 85%,处于世界先进水平。

提出高效率电动机设计方法,利用该方法设计了锐翔电动飞机的高效率电动机,电动机功率为 50 kW,效率达 94%,技术指标达到国际领先水平。

　　基于机翼理论和涡流理论,发明了电动飞机高效率螺旋桨设计新技术。该

技术根据给定的飞行速度、转速、拉力、直径、桨叶数、翼型等参数,使用弦长分布函数拟合螺旋桨弦长,利用高阶面元法计算截面的最佳效率攻角,最终获得最大效率螺旋桨的几何特性,包括弦长分布、桨叶角分布等。利用高效率螺旋桨设计技术设计了锐翔电动飞机的两叶螺旋桨,通过风洞试验验证,如图 13-38 所示,螺旋桨巡航效率可达 90%。

图 13-38　螺旋桨风洞试验

3. 航空复合材料构件智能制造及变形控制新理论、新工艺

　　利用自主研发的真空喷射吸滤装置实现碳纳米管/石墨烯/Mxene 传感器的批量制备,并构建其成型工艺参数－微观结构－传感性关联机制;揭示了复合材料树脂相态变化与微纳米传感器传感关联机制,发明了原位实时监测复合材料构件不同位置树脂流动浸润及固化全过程凝胶点、玻璃化转变温度、固化度、残余应变、热胀系数的创新方法,通过逆向调控复合材料工艺参数、铺层/模具工装设计,达到抑制复合材料内残余应力,控制复合材料结构变形,实现精确制造的目的。复合材料制造过程监测曲线如图 13-39 所示。

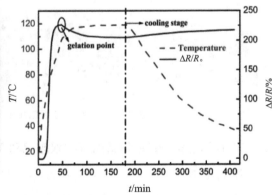

图 13-39　复合材料制造过程监测曲线

4. 基于多网融合的双座电动飞机导航监视关键技术

基于星、空、地多网融合技术实现双座电动飞机全空域、全时域无缝监视。采用分布式组网数据共享技术解决信息孤岛问题,实现广域信息发布与共享,提高双座电动飞机广域态势感知能力,发明了时空信息编码压缩方法,扩充北斗短报文信息容量。针对卫星导航接收机非高斯残差类故障,提出粒子滤波的完好性监测方法,揭示了非高斯残差完好性监测的实现机理。研制了便携式双座电动飞机导航监视装置,解决了双座电动飞机实时在线监视和导航可靠性的技术瓶颈。广域监视信息发布与共享网络平台如图 13-40 所示,双座电动飞机导航监视系统如图 13-41 所示。

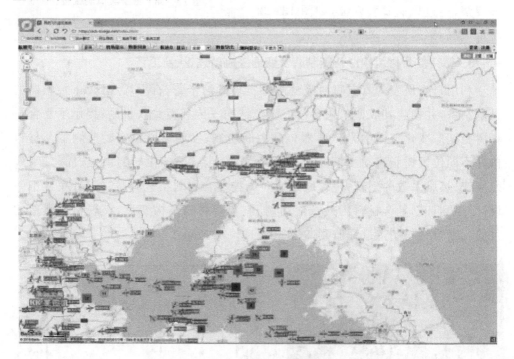

图 13-40　广域监视信息发布与共享网络平台

5. 世界上第一款取得适航证的双座电动飞机

锐翔飞机是国内唯一一个电动双座飞机型号,在世界电动飞机领域处于领先地位。参照中国民航 CCAR-21 部和美国 ASTM 标准,创新性地确定了电动轻型运动飞机的适航审定基础,编制了符合性验证程序,首创了电动飞机锂离子动力电池测试规范,完成了型号设计批准书(TDA)和生产许可(PC)取证,成为世界上第一款取得适航证的双座电动飞机。续航时间 2.5 h,处于世界先进水

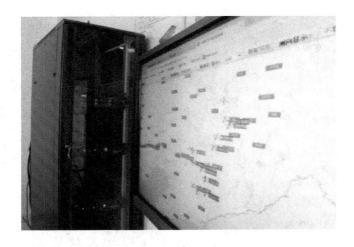

图 13 - 41　双座电动飞机导航监视系统

平。锐翔双座电动飞机如图 13 - 42 所示,锐翔双座电动飞机编队飞行如图 13 - 43 所示。

 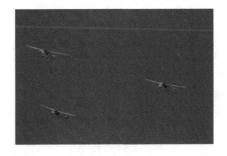

图 13 - 42　锐翔双座电动飞机　　　　图 13 - 43　锐翔双座电动飞机编队飞行

13.2.4　锐翔电动飞机的系列产品

1. RX1E - A 增程型双座电动飞机

RX1E - A 双座电动飞机依托锐翔双座电动飞机技术平台,通过增加电池组容量、提高电池组性能、优化结构设计等方式,大幅增加了电动轻型运动飞机航程和续航时间,符合欧盟对电动轻型飞机续航能力的要求。2018 年 10 月,RX1E - A 取得型号合格证(TC),2019 年 4 月,RX1E - A 取得了生产许可证(PC)。该机型采用最新研制的 300 W·h/kg 电池模块,飞机续航时间可以达到 2.5 h。RX1E - A 增程型电动飞机如图 13 - 44 所示。

图 13 - 44　RX1E - A 增程型电动飞机

2. RX1E - S 双座电动水上飞机

　　RX1E - S 双座电动水上飞机以 RX1E 和 RX1E - A 两型电动飞机为平台进行改装,充分利用已取得的技术成果,缩短研制周期,降低研制成本。充分利用我国丰富的水域资源,开展轻型电动水上飞机研制,符合我国创新、绿色发展的理念,可以增强我国在通用航空领域的自主创新能力,将极大地推动绿色低碳航空产业的发展,对水域环境保护也有着重大意义。该机型在 2019 年 8 月实现首飞。RX1E - S 双座电动水上飞机如图 13 - 45 所示。

图 13 - 45　RX1E - S 双座电动水上飞机

3. RX4E 四座电动飞机

　　RX4E 四座电动飞机是由沈阳航空航天大学研制的全新新能源通用航空产

品,是按照中国民用航空规章 23 部的要求进行研制的正常类飞机。飞机采用上单翼、低平尾、前置螺旋桨、前三点式不可收放起落架的布局形式,座舱采用双排四座三开门设计,前排座椅可调节;飞机翼展 13.5 m,机长 8.4 m,起飞质量达 1 200 kg,最大功率 140 kW,巡航速度 200 km/h,续航时间 1.5 h,航程 300 km,后续随电池储能技术的发展,航时航程可进一步提升。2019 年 10 月 28 日,RX4E 飞机在沈阳法库财湖机场成功首飞,RX4E 飞机预计于 2022 年取得型号合格证(TC)。RX4E 四座电动飞机如图 13 - 46 所示。

图 13 - 46 RX4E 四座电动飞机

13.2.5 我国电动飞机发展存在的问题和建议

1. 我国电动飞机发展存在的问题

(1) 对电动飞机发展认识不足

近年来,欧美等国政府、科研机构、新兴公司纷纷加大电动飞机技术研发力度,攻关电动飞机关键技术,为抢占未来的电动飞机市场进行技术储备。

国内,辽宁通用航空研究院从 2012 年开始研发"锐翔"系列电动飞机,其第二代增程型锐翔电动飞机已经在 2017 年年底实现首飞,并于 2018 年 10 月取得型号合格证,2019 年 4 月取得生产许可证。这让中国的电动飞机研发与欧美等国在同一起跑线上。尽管我国在电动飞机研制方面取得一些进展,但是,国内的电动飞机研发、制造和运营工作基本上还处于辽宁通用航空研究院"单打独斗"的局面。

通用航空产业不能再走汽车产业先污染后治理的老路,应该从源头上控制污染问题,走绿色发展道路。对于我国电动飞机发展问题应该加强认识,制定我国电动飞机发展战略规划,加大研发投入,同时关注适航能力建设与人才培养,从而推动我国电动飞机发展,为未来抢占全球电动飞机市场奠定基础。

(2) 规划的落实力度不够

国外高度重视电动飞机发展,欧洲的欧盟框架计划、美国的 NASA、法国航空航天研究院(ONERA)、日本宇航航空研究院(JAXA)与德国航空航天研究中心(DLR)投入大量科研经费,资助了多个电动飞机研发项目。

科技部《"十三五"国家社会发展科技创新规划》和国务院《"十三五"国家科技创新规划》都指出:开展未来民机产品概念方案(新构型、新能源、超声速)论证研究,突破气动声学与低噪声设计、先进航电、飞控技术、先进多电、飞发一体化设计等技术,为提高民机产品竞争力提供支撑。

科技部、交通运输部也联合制定了《"十三五"交通领域科技创新专项规划》,指出"十三五"期间交通领域科技创新的发展重点包括:研究新能源电动飞机电推进系统技术,通用飞机轻质、高效整体化结构设计与制造技术,研制新能源电动飞机和先进通用航空轻型飞机,提升高效绿色轻型多用途通用飞机型号研发水平,发展我国通用航空战略新兴产业。

电动飞机的研制工作符合国家科技创新的指导思想,但是,没有明确制定电动飞机专项研究计划,没有制定电动飞机研发、制造和运营的相关扶持政策。

(3) 我国电动飞机基础研究薄弱

长期以来,我国通用飞机制造业结构失衡,产业链主要环节缺失,在通用飞机关键技术和关键零部件上还没有形成自己的研发及生产能力,与欧美等国相比存在较大差距。我国通用飞机制造企业集中度不高,与国际通用航空飞机制造巨头相比,国内相关企业规模小、实力弱,供应链松散,技术储备较少,市场竞争力和盈利水平不高。

在这种局面下,电动飞机的研发举步维艰,电动飞机基础研究十分薄弱。在高升阻比气动布局创新设计、高能量密度动力电池、高效率电推进系统、能量综合管理等方面,研发能力不强。

2. 我国电动飞机发展的建议

(1) 建议将电动飞机列入中长期规划

电动飞机具有广阔的市场潜力,欧美国家都在积极发展电动飞机技术,抢占市场。电动飞机是实现我国与世界航空强国并驾齐驱的重要领域,建议高度重视、提早布局,制定电动飞机专项研究计划和发展策略,加大研发投入力度,推动我国电动飞机产业快速发展。因此,遵照大力发展新能源、高效能、高安全的系统技术与装备的发展方针,建议将新能源电动飞机项目列入科技部《"十四五"国家社会发展科技创新规划》及中长期规划。明确我国电动飞机的发展战略与规划,组织相关单位研究制定我国电动飞机发展路线,引导电动飞机健康、快速、有序发展。加速突破制约电动飞机发展的关键核心技术,完善新能源电动飞机相关标准体系,形成完善的电动飞机技术体系和产业链,研发具有自主知识产权的系列电动飞机产品。

(2) 成立电动飞机国家工程技术研究中心

电动飞机的设计思想和设计理念不同于传统飞机,其技术研发投入大、风险高。新能源电动飞机的研制将带动多个学科领域的高速发展。因此,建议科技部以全国唯一从事电动飞机研发的科研机构——辽宁通用航空研究院为基础,整合全国优势科研力量,成立电动飞机国家工程技术研究中心。中心的主要任务是:

① 紧密结合国家通用航空产业的发展需求,制定我国电动飞机的发展战略、规划、路线;

② 开展电动飞机共性核心技术攻关,研发具有自主知识产权的系列电动飞机产品;

③ 开展系列电动飞机产品的飞行试验,验证理论和地面试验的结果,鉴定性能指标、适航性和飞行品质;

④ 建立电动飞机标准、规范体系,制定电动飞机的核心标准和基础标准,突破适航审定和验证关键技术,提高电动飞机适航审定和验证能力。

(3) 重视电动飞机发展,加大投入力度

电动飞机研发周期长、经费需求量大。为了加强我国电动飞机型号研制工作,占领国际通用航空电动化的制高点,建议制定电动飞机专项研究计划,加大研发投入力度,推动我国电动飞机产业快速发展。

电动飞机是当前航空业的一大研究热点,也是航空产业今后的发展方向。电动飞机的研制过程涉及气动布局创新设计、高能量密度动力电池、高效率电推进系统、能量综合管理等多个学科领域。电动飞机的研制将带动多领域、多学科的高科技发展和进步。以电动飞机技术引发的技术革新为契机,开展先进电动飞机共性核心技术攻关,开发具有自主知识产权的电动飞机产品,对于推动我国绿色航空产业发展具有重要战略意义。电动飞机的共性核心技术攻关完全符合国家自然科学基金委员会深化改革的总体目标,因此,建议国家自然科学基金增设新能源电动飞机研究专项。

（4）出台若干鼓励电动飞机应用的政策

在国家和地方政府的扶持下,我国电动汽车产业形成了较为完整的政策体系。这些政策包括加快充电设施建设、引导企业创新商业模式、推进公共服务领域率先推广应用、完善政策体系、破除地方保护、加快技术创新和产品质量监管,达到了很好的效果。在政府大力支持下,近年来我国新能源汽车产业发展迅猛,进而带动了动力电池、燃料电池及混合动力等相关技术的快速进步。

新能源电动飞机的出现为航空的彻底绿色化提供了一条光明的技术途径,通用航空工业不能再走先污染后治理的老路,而应该走新能源电动飞机这条新道路。目前,电动飞机的发展急需国家政策支持,但是,电动飞机的市场培育等问题具有自身的特点:

① 电动飞机市场不像电动汽车市场比较庞大,需要扶持的资金不大;

② 电动飞机的社会效应巨大,影响深远,代表着我国通用航空的一个方面;

③ 电动飞机的产业示范作用,取得的经验可以推广到整个通用航空产业。

因此,建议参照电动汽车的标准给予电动飞机应用扶持。

第14章 通用航空产业技术

14.1 通用航空器设计技术

14.1.1 通用航空器的技术特点

1. 通用航空器类型多，任务多样，设计要求差异大

通用航空器种类繁多、数量大，从最高端的超远程喷气公务机到低端超轻型航空器（低成本实验类航空器），各类通用航空器技术特点和技术水平、技术性能、适航标准等方面差异非常大，因此，设计和制造技术差异也很大。

通用航空器的使用环境和作业任务具有多样性与高度复杂性。例如，滑翔机利用上升气流翱翔，依靠自身的高升阻比进行远距离滑翔，用于体验飞行和体育竞赛等；在自然环境比较恶劣的野外使用丛林飞机（bush airplane）和多用途飞机等通用航空器，执行多用途任务；农业飞机在田野和林区执行农林作业任务；私人飞机作为"空中轿车"与家用轿车有效衔接使用，用作高效率私人空中交通工具，在通用机场和社区机场之间进行穿梭飞行。

通用航空器的用户以私人为主，对成本比较敏感，航空器维修保障能力很有限。因此，通用航空器的基本设计要求是购置和使用维护保障成本低、效费比高、维修保障容易。其他要求有：易于操纵，对飞行员要求低；维修保障容易，私人用户自己就可完成；可靠耐用，有一定的多用途性能；起降性能好，对场地要求低，能够在简易场地起降，有的机型还要求具有短距起降能力；较强的环境适应性，能够在世界各地偏远地区，地理和气候恶劣的环境使用。

2. 低成本设计

为满足通用航空器购置和使用维护保障成本低的要求，需要采用低成本设计。通用航空器低成本设计技术涵盖的专业范围比较广，包括总体布局、材料、结构和制造工艺、机载设备和系统、动力装置等诸多方面。每个专业技术领域都有各自的低成本设计解决方案。例如,在总体布局设计方面,采用三角翼、伞翼、开敞座舱等低成本方案;在适航取证方面,基本型飞机取得型号合格证之后,改进型和衍生型飞机一般只是在基本型飞机的型号合格证基础上取得补充型号合格证,从而有效降低成本。

3. 布局/设计解决方案的多样性和差异性

通用航空器布局/设计呈现多种多样的特点。通用航空器(含实验类通用航空器)设计上约束较少,设计师(包含业余设计师和爱好者)有较大灵活性,可以选择各种非常规设计/布局,试用各种新技术,比如,V形尾翼、尾部推进式螺旋桨、鸭式布局、双尾撑布局、串列翼布局、盒形翼等等。航空技术领域的很多创新布局首先在通用航空器上得到应用,集中体现在各种飞行汽车、垂直起降通用航空器(城市航空器)、电动航空器等新型航空器的设计上。

不同类型的通用航空器针对不同的使用环境和作业任务采用不同的布局/设计解决方案。滑翔机采用超大展现比(超高升阻比)机翼和低阻机身,一些动力滑翔机采用可收放螺旋桨-传动系统设计,滑翔状态收入机身,用舱门封闭,实现低阻力。丛林飞机/多用途飞机要求坚固耐用、安全可靠、保障容易,一般需要具有简易场地短距起降性能,能够在水面或雪地/冰面起降,等等。

14.1.2 固定翼通用飞机气动力技术

1. 通用飞机气动力设计特点

固定翼通用飞机大多采用活塞发动机-螺旋桨动力,仅一部分机型采用涡桨发动机-螺旋桨动力,总体上属于低速和中等速度飞机。

活塞动力通用飞机飞行速度大多在低速范围,最大速度一般在 $300\sim400$ km/h,巡航速度一般在 $200\sim300$ km/h。此类飞机基本上都是采用非增压座舱设计,最大飞行高度一般不超过 7 620 m(25 000 ft)。

涡桨动力通用飞机飞行速度大致在中速范围,最大速度约 $400\sim600$ km/h,巡航速度约 $300\sim500$ km/h。此类飞机中的高端机型,如涡桨公务机,采用增压座舱设计,最大飞行高度约 9 044~10 668 m(30 000~35 000 ft)。多用途飞机等低端机型,多采用非增压座舱设计,最大飞行高度约 7 620 m(25 000 ft)。

通用飞机气动力设计属于低和中等雷诺数空气动力学范畴。

2. 机翼气动力设计

(1) 通用飞机翼型

翼型选择要求包括:

① 有效满足飞机性能要求；

② 抗污染和结冰；

③ 良好的失速特性；

④ 后缘和前缘装置布置容易；

⑤ 空间要求和结构要求。

(2) 机翼平面形状

作为低速飞机，主要选用平直机翼或者小后掠角机翼，展弦比较大。平面形状为矩形、梯形、矩形（内段）＋梯形（外段）。有些机型翼根前缘具有较大后掠角，形成小翼套结构，类似于边条翼的作用，产生有利涡流，提高机翼根部区域升力。

金属结构飞机较多选用矩形（内段）＋梯形（外段）外形，出于以下几方面的考虑：平均气动力弦向前机头方向移动（对于重心前向行程不好的布局而言是好的）；内段矩形可以选用等截面矩形襟翼，简化襟翼结构（襟翼质量轻、成本低），且可以获得较好增升效果；外侧为梯形的机翼平面形状可以获得很好的奥斯瓦尔德展向效率系数"e"和安全的失速路径（由风洞试验验证）。

现代飞机，特别是复合材料结构飞机，允许选用更符合气动力要求的复杂外形，因此，较多采用展弦比梯形机翼和对表面质量要求较高的自然层流翼型，实现高气动效率。

(3) 增升装置

通用飞机多选用简单增升装置设计，主要是后缘襟翼，襟翼一般选用简单襟翼或单缝襟翼，襟翼一般有收起、起飞（一般为 50％ 偏转角）、着陆 3 个位置，少数机型有 4 个位置。机翼一般采用固定铰链连接，多采用电驱动。

3. 尾　翼

平尾相对于垂尾尾翼的安装位置有低、中、高 3 种。通用飞机多采用低平尾设计，平尾安装在机身尾段两侧。少数机型采用高平尾，高平尾主要是可以避开机翼下洗流和螺旋桨滑流，避免大迎角状态下失速。

平尾还分为全动平尾和固定平尾两种。很多飞机采用全动平尾，比如泰克南系列飞机。全动平尾设计的优点是飞机纵向操纵性（高尾翼效率）和松杆稳定性（相对于握杆状态没有稳定性降低问题）。此外，安定面采用简单结构设计解决方案，成本低。对于双发飞机，垂尾按照单发失效状态下的最小可操纵速度（VMC）要求进行设计。VMC 略大于失速速度（VMC 不大于 VS 或 1.1VS），以确保良好和安全的起飞特性。

4. 机身及短舱

发动机短舱设计要兼顾发动机冷却要求(冷却气流通道和流量)和气动力要求。NACA 的相关研究成果可提供较好的(活塞发动机)发动机短舱设计解决方案,短舱外形尺寸小,具有低阻力特性。机身气动力设计目标是具有低废阻,要求是浸润面积/容积尽可能小。

5. 风洞试验和 CFD 技术应用

通用飞机气动力估算可以用简单工程计算方法,但是精度较低。随着 CFD 技术的进步,相关商业软件越来越成熟,通用飞机设计越来越多地采用 CFD 技术进行气动力设计、计算和分析,计算全机升力、阻力和力矩特性,压力分布,各种导数等。由于 CFD 软件功能持续拓展、精度和准确度持续提高,在通用飞机气动力设计、计算和分析领域发挥的作用越来越大。CFD 方法难以完成或精度无法满足要求的项目还要进行风洞试验。例如,P2006T 飞机风洞试验使用 1:6.5 翼身组合体模型和整机模型,使用 3 分量天平测量,试验雷诺数为 0.6×106,进行了带和不带发动机短舱两种状态下的多种风洞试验,用于评估其对气动力影响。

14.2 通用航空器适航技术

14.2.1 适航性和适航条例/标准

适航性(Airworthiness)是指民用航空器"适于(在空中)飞行"品质属性的专用词。民用航空器的适航性指航空器(包括其部件和子系统的整体性能与操纵特性)在预期的服役使用环境中和使用限制下,飞行的安全性和物理完整性的一种品质。这种品质要求航空器始终处于保持符合其型号设计标准和始终处于安全运行状态,以保持乘坐飞机出行和自驾飞机飞行的人们可接受的安全水平。这种品质可以通过适当的维修而持续地保持和改进(在给定的使用寿命期内)。

适航性的定量(及定性)衡量标准是适航条例/标准(airworthiness regulation),适航条例/标准由民用航空安全管理当局/适航管理机构代表国家制定,覆盖航空器的设计、制造和使用、维修等各个方面。适航条例/标准是规定保障民用航空安全的最低标准性要求和规定的法令性文件,也是航空器设计、试验、试飞的设计准则,对航空器结构设计、系统、安装、性能和飞行品质等方面有重大影响。

从技术角度看,适航条例依托航空器安全技术和整个航空科学技术,是一个国家航空器安全技术和航空科学技术成果与发展水平的集中体现。世界上有能力研发民用航空器的国家较多,但有能力独立制定适航条例的国家只有美国和几个欧洲国家。

美国依托强大的航空技术研究、航空产品设计开发实力,以及长时间在世界占主导地位的航空运输业和通用航空业的丰富运营与保障实践经验,在航空器适航技术和适航条例/标准制定方面一直处于世界领先地位。FAA 的一系列适航条例/标准直接被世界其他国家引用,在一定程度上可以说是世界标准。欧洲国家依靠自身实力正在逐步脱离美国发展自己的适航条例/标准体系。我国的适航条例/标准(CCAR)基本上是参照美国 FAR,整体上我国航空科学技术基础和发展水平还难以支撑独立制定适航条例/标准,这方面还有很长的路要走。

14.2.2　航空器相关适航条例/标准

通用航空器种类多,技术特点和性能差异很大,设计依据的适航条例/标准有很大不同。通用航空器大致分为高端、中端和低端三大类,对应不同的适航条例/标准。

高端的喷气公务机(轻型及以上)按照 FAR/CS/CCAR - 25 部《运输类飞机适航条例/标准》,中大型直升机按照 FAR/CS/CCAR - 29 部《运输类旋翼航空器适航条例/标准》。

中端的通用飞机和直升机按照 FAR/CS/CCAR - 23 部《正常类、实用类、特技类和通勤类飞机适航条例/标准》与 FAR/CS/CCAR - 27《部正常类旋翼航空器适航条例/标准》。

低端机型航空器类型最多,差异最大,适用的适航条例/标准差异很大,各国的标准也不同。美国主要有 FAR - 31 载人气球、FAR - 103 超轻型航空器、AC 21 - 37 初级类航空器(Primary Category Aircraft)、实验类(Experimental Category)、AC 21 - 27 家庭自制飞机适航和使用(Certification and Operation of Amateur - Built Aircraft)、ASTM F2245 轻型运动飞机设计和性能标准规范(Standard Specification for Design and Performance of a Light Sport Airplane)等标准,标准的制定单位主要是 FAA,ASTM(美国材料和试验标准协会)等。欧洲主要有 CS - 22(JAR - 22)滑翔机和动力滑翔机、CS - VLA(JAR - VLA)甚轻型飞机、CS - LSA 轻型运动飞机、CS - 31HB 载人气球等标准。

中国的条例/标准主要有:

① AC - 21 - 06《初级类航空器适航标准——超轻型飞机》,1997 年 4 月 8 日生效,参照加拿大轻型飞机制造商协会(LAMAC)的《超轻型飞机适航指南(Design Standards for Ultra - Light Aeroplanes)》(1991 - 12 - 1);

② AC - 21 - AA - 2009 - 05R1《甚轻型飞机的型号合格审定》;

③ AC-21-AA-2009-07R1《固定翼滑翔机与动力滑翔机的型号合格审定》；

④ AC-21-AA-2009-09R1《飞艇的型号合格审定》；

⑤ AC-21-AΛ-2009-37《初级类航空器》；

⑥ AC-21-AA-2015-25R1《轻型运动航空器适航管理政策指南》；

⑦ CCAR-31《载人自由气球适航规定》；

⑧ 中国航空器拥有者及驾驶员协会团体标准 T/AOPA（待落实）《超轻型飞行器——飞机设计》。

通用航空器相关适航条例如表14-1所列。

表 14-1　通用航空器相关适航条例

编　号	名　称	适用航空器特性	备　注
AC-21-06	《初级类航空器适航标准——超轻型飞机》	(a)由螺旋桨驱动； (b)成员不得超过2人（含飞行员）； (c)飞机最大起飞质量 M_{T0max} (1)对于陆上飞机 (i)单座,285 kg(628.3磅),或 (ii)双座,480 kg(1 058.3磅),或 (2)对于水上飞机,允许附加质量为: (i)单座,35 kg(77.2磅),或 (ii)双座,70 kg(154.4磅);和 (d)在制造人推进的最大起飞质量,着陆形态的最大失速速度 V_{S0} 不超过72 km/h(45 mile/h)(指示空速ISA);和 (e)仅限于非特技运行。非特技运行包括: (1)属于正常飞行的机动; (2)失速和尾旋; (3)缓8字,急上升转弯;和 (4)坡度角不大于60°急转弯	将可能被中国航空器拥有者及驾驶员协会团体标准（T/AOPA）《超轻型飞行器——飞机设计 (Ultra-light Vehicle—Aircraft design)》替代
AC-21-AA-2009-37	《初级类航空器》	初级类航空器(飞机、滑翔机、旋翼飞机、载人自由气球等)无动力驱动或者由一台自然吸气式发动机驱动。对于飞机,失速速度不大于113 km/h(61节);对于旋翼航空器,主旋翼盘载荷限制值为29.3 kg/m² (6磅/平方英尺)。最大审定质量不超过1 225 kg(2 700磅),或者对于水上飞机,不大于1 530.9 kg(3 375磅),最大乘员4人,无增压舱	替代适航管理文件AR93002《关于下发"初级类航空器适航管理"的通知》(1994.1.10),参照美国 FAA AC21.37 Primary Category Aircraft(1994.6.4)

续表 14 − 1

编　号	名　称	适用航空器特性	备　注
AC − 21 − AA − 2015 − 25R1 ASTM − F2245（美国） CS − LSA（欧洲）	《轻型运动航空器（LSA）适航管理政策指南》	(1)最大起飞质量上限：600 kg（1 320 磅），或 650 kg（1430 磅）（水上运行的航空器）；(2)最大速度上限：(a)轻型运动直升机，$V_H \leqslant 90$ kt；(b)其他航空器，$V_H \leqslant 120$ kt（校正空速，ISA，SL，最大连续功率）；(c)无动力滑翔机，$V_{NE} \leqslant 120$ kt；(3)最大失速速度或最小定常飞行速度（V_{S1}）$\leqslant 45$ kt；(4)包括飞行员的最大座位数不超过 2 座；如有座舱，为非增压座舱；(5)对于有动力航空器，为单台活塞式发动机或电动发动机；(6)定距或桨距地面可调螺旋桨，定距或顺桨螺旋桨（仅动力滑翔机）；(7)自旋旋翼机，定距、半铰接、跷跷板式、两片桨叶旋翼系统；(8)固定起落架，固定或者可收放起落架（仅水上运行的航空器和滑翔机）	民航局 2019 年中发布 LSA 定义修改通知将 LSA 最大质量标准提高到 700 kg（1 540 磅）或 750 kg（1 650 磅）（水上运行的航空器）
	《轻型运动直升机适航标准》	(a)最大起飞质量不超过 700 kg；(b)包括飞行员的最大座位数不超过 2 座；(c)配单台活塞发动机；(d)在海平面标准大气条件下，最连续功率状态飞空速（VH）不超过 90 节校正空速；(e)如果具有座舱，为非增压座舱；(f)固定起落架；(g)限制在昼间目视飞行规则	民航局 2019 年中发布。从轻型运动航空器中独立出来，美国欧洲没有对应标准
CCAR − 23 FAR − 23 CS − 23	《正常类、实用类、特技类和通勤类飞机适航规定》	(1)座位设置（不包括驾驶员）为 9 座或以下，最大审定飞行质量为 5 700 kg（12 500 磅）或以下，包括：(a)正常类飞机，用于非特技飞行的飞机(b)实用类飞机，用于有限特技飞行的飞机；(c)特技类飞机，使用中不加限制的飞机（除特殊限制外）；(2)座位设置（不包括驾驶员）为 19 座或以下，最大审定飞行质量为 8 618 kg（19 000 磅）或以下，仅包括(d)通勤类飞机，用于非特技飞行，多发动机（螺旋桨驱动和喷气发动机）	
CCAR − 25 FAR − 25 CS − 25	《运输类飞机适航标准》	座位设置和质量超过通勤类飞机，座位设置（不包括驾驶员）为 20 座以上，最大审定起飞质量 8 618 kg（19 000 磅）以上	适用于喷气公务机
CCAR − 27 FAR − 27 CS − 27	《正常类旋翼航空器适航规定》	最大质量等于或小于 3 180 kg（7 000 磅）且其乘客座位数不大于 9 座的旋翼航空器	
CCAR − 29 FAR − 29 CS − 29	《运输类旋翼航空器适航规定》	运输类旋翼航空器分为 A 和 B 两类。A 类客座量等于或大于 10 座，最大质量大于 9 080 kg（20 000 磅）的旋翼航空器。B 类客座量等于或小于 9 座，最大质量大于 9 080 kg（20 000 磅）的旋翼航空器可以按此类标准取证	

注：以中国民航局规章相关规定为主。

14.2.3　适航条例/标准重要条款要求

FAR/CS/CCAR-23 部实现难度较大的条款：

① 失速速度要求：CCAR-23 部第 23.49 条；

② 单发爬升率要求：CCAR-23 部第 23.67 条；

③ 发动机转子碎片非包容性要求：FAR/CS/CCAR-23.903(b)。

14.2.4　符合性验证方法

符合性验证是指采用各种验证手段，以验证的结果证明所验证的对象是否满足民用飞机适航条例的要求，检查验证对象与适航条例的符合程度，它贯穿民用飞机研制的全过程。

适航符合性验证的基础就是审定基础，即民用飞机型号设计适用的适航条款（包括豁免条款的考虑）以及为该型号设计增加的专用条件。在民用飞机型号审查过程中，为了获得所需的证据资料以向审查方表明产品对于适航条款的符合性，要采用不同的方法进行说明和验证，这些方法统称为符合性验证方法。如表 14-2 所列。符合性验证方法共有 10 种，分为工程评审、试验、检查和设备鉴定 4 类。审查中需要根据适航条款的具体要求选取其中 1 种或多种组合来验证。

表 14-2　符合性验证方法

符合性工作	方法编码	符合性验证方法	说　明	文　件
工程评审	MC0	符合性声明	引述型号设计文件，公式、系数的选择，定义通常在符合性检查/符合性记录文件中直接给出	型号设计文件、符合性记录单
	MC1	说明性文件	如技术说明、安装图纸、计算方法、证明方案、飞机手册等	说明、图纸、技术文件
	MC2	分析/计算	如载荷、静强度和疲劳强度、性能、统计数据分析、与以往型号的相似性	综合性说明和验证报告
	MC3	安全评估	如初步风险分析、故障树分析、失效模式影响和关键性分析/FMECA	安全性分析报告
试验	MC4	试验室试验	如静力和疲劳试验、环境试验	试验任务书、试验大纲、试验报告、试验结果分析
	MC5	地面试验	如旋翼和减速器的耐久性试验，环境、温度等试验	
	MC6	试　飞	规章明确要求时，或用其他方法无法完全演示符合性时采用	
	MC8	模拟器试验	如评估潜在危险的失效情况，驾驶舱评估	

续表 14 - 2

符合性工作	方法编码	符合性验证方法	说　明	文　件
检查	MC7	航空器检查	如系统的检查隔离,检查和维修的规定	观察/检验报告、制造符合性检查记录
设备鉴定	MC9	设备合格性	如对预期功能的适合性,在临界环境中的性能	

注:设备鉴定过程可能包括前面所有的符合性验证方法。

相关适航条款要求的符合性验证需要综合运用各种方法,涵盖一些高度复杂的专业技术,技术难度高,从适航角度可以归结为适航验证重要/关键技术。初步总结的通用飞机和公务机的一些重要适航验证技术有飞机的损伤容限和疲劳评定、鸟撞设计与分析、结冰适航验证、涡轮发动机风扇叶片的非包容性撞击验证、发动机(转子碎片)非包容性破坏验证、高能旋转机械的非包容性破坏验证、复合材料结构设计分析、结构稳定性验证、颤振和抖振分析与试验、飞行管理系统试飞、飞机综合电子系统 BITE 仿真等。

14.3　通用航空典型产业技术应用

14.3.1　国内外通用航空导航与监视技术概述

1. 国外通用航空导航与监视技术概述

目前,世界范围内都在积极推进 ADS - B 建设,为整个航空运输系统提供服务:美国已经在全国范围内完成 ADS - B 地面站建设,按照美国联邦航空局(FAA)下一代航空运输计划要求,从 2020 年 1 月 1 日起,所有航空器都必须强制安装 ADS - B 电子设备,实现 ADS - B Out 监视功能;欧洲空管利用 ADS - B 技术提高对高密度飞行区域的空中交通管制能力;澳大利亚已经安装了 28 个 ADS - B 地面站,并且利用 ADS - B 在短时间内完成了 9 144 m(30 000 ft)以上的高空完全覆盖;奥地利、德国、爱尔兰、葡萄牙、西班牙和英国也在计划 ADS - B 系统的演示。

2. 国内通用航空导航与监视技术概述

近年来,为加快推进我国航行新技术应用和通用航空发展,提高地区空管监视保障能力,提升民航安全运行水平,我国重点推动了 ADS - B 建设。西北空管局目前保障着陕西地区 9 套 ADS－B 基站、1 套 ADS－B 二级数据中心等系统，并在西南地区雷达覆盖范围内全面实施了雷达和 ADS－B 管制融合运行，依靠新建设的民航大网设备顺利将咸阳 ADS－B 二级数据中心信号引接至北京一级数据中心工作。

14.3.2　通用航空导航技术

1. GPS 卫星导航系统

全球定位系统（Global Positioning System，通常简称 GPS），又称全球卫星定位系统，是美国国防部研制和维护的中距离圆形轨道卫星导航系统。它可以为地球表面绝大部分（98％）地区提供准确的定位、测速和高精度的标准时间。全球定位系统可满足位于全球地面任何一处或近地空间的军事用户连续且精确地确定三维位置、三维运动和时间的需求。

2. 北斗卫星导航系统

北斗卫星导航系统（Beidou Navigation Satellite System，简称北斗或 BDS）是中国独立自主建设的一个卫星导航系统，北斗卫星导航系统由两个独立的部分组成，一个是 2000 年开始运作的区域实验系统，另一个是已经开始面向全球服务的全球导航系统。

北斗卫星导航系统在我国通用航空领域中的应用主要包括以下 4 个方面：

（1）通　信

随着现代社会的发展，通用航空领域对飞行器位置与通信的需求越来越旺盛，北斗卫星导航系统自身兼具通信导航的优势使其在通用航空领域应用越来越广泛，随着北斗系统全球组网完成，北斗卫星可以在全球范围内实现全天候三维导航并支持应急的短报文通信。通用航空领域中的航空通信主要包括三种：

① 空空通信，是指航空器之间的通信；

② 空地通信，主要指航空器与地面监控平台之间的通信；

③ 地地通信，地地通信的方式被应用在通用航空生产与管理部门。

考虑到卫星导航系统的全空域、广覆盖、全时段的优点，通过在航空器中安装北斗设备加强对民用航空器的监视，从而保证在整个飞行器运作过程中的应急和监控状态下能够有效应用通信功能。

（2）通用航空医疗救援

我国通用航空医疗救援体系还处于刚刚起步的阶段，但是借助北斗卫星导航系统，我国通用航空救援体系已经可以覆盖全国大部分的国土面积，并且可以全天候接受航空医疗救助。现阶段，我国通用航空医疗救援体系的建设虽然与通用航空短途运输业务的运行重点存在不同,但是通用航空医疗救援想要发挥商业化的性质还需要成熟的网络系统作为支撑,以保证北斗卫星的导航定位可以全范围覆盖。比如,我们无法预测和判断被救援人员会在哪一个区域与时间之内出现问题,这个时候就可以使用北斗卫星定位,通过电话定位或者是被救助人员自己说出具体位置来对被救援人员进行快速定位,并快速地派出直升机救援,在使用中还需要呼叫中心、起降点和备勤点以及专业的救援队伍等配置。虽然我国通用航空医疗救援体系离成熟还有一段距离,但我国通用航空医疗救援体系必将覆盖全国范围并日趋成熟。

(3)航空器导航

现阶段,北斗卫星导航系统在通用航空领域的应用越来越广泛,通用航空在精度和频度上可能没有民航那样高的要求,但是对于导航的连贯性、安全性、系统性的要求更为迫切。

(4)空中监视与交通管理

通用航空领域对民用航空器的监视主要包括控制飞行和地面滑行这两大组成部分。目前在民航和通用航空机场中采用的广播式的自主监视系统(ADS-B),其导航信息源也来源于 GPS 系统。随着通用航空领域和北斗卫星系统的快速发展,我国的导航信息源也会越来越多地采用自主的北斗导航系统,在地场和空域的需求会越来越大。

3. 其他导航系统

除 GPS 和 BDS 两种卫星导航系统以外,还有一些其他的导航系统,如惯性导航、天文导航、组合导航以及其他的无线电导航。

惯性导航:利用惯性测量单元测量载体相对于惯性空间的运动参数,并经计算后实施导航任务。

天文导航:通过观测天体位置来测定位置和航向的技术,用于航海、航空、航天导航。天文导航系统是自主式系统,无须地面发射设备,不受电磁场的干扰,隐蔽性好,定向定位精度高。

无线电导航:利用无线电导引载体沿规定航线、在规定时间到达目的地的技术。利用无线电波的传播特性可测定物体的导航参量(方位、距离和速度),计算出与规定航线的偏差,由驾驶者或自动驾驶仪操纵载体消除偏差以保证正确航线。无线电导航设备或系统有无线电罗盘、伏尔导航系统、塔康导航系统、罗兰 C 导航系统、多普勒导航系统以及卫星导航系统等。

组合导航:两种或两种以上导航技术组合的系统。组合系统多以惯性导航系统作为主要分系统,如惯性-多普勒导航系统、惯性-奥米伽导航系统、惯性-天文导航系统、惯性-卫星导航系统等。

14.3.3　通用航空监视技术

近年来,随着低空空域的开放,新一代监视技术将发挥越来越大的作用。空中交管部门对飞机的监视方法可归结为三类,即人工相关监视、雷达监视和自动相关监视。

雷达监视具有广泛的应用前景,可分为一次雷达监视和二次雷达监视。一次雷达具有架设方便、独立工作性强等特点。但由于一次雷达监视利用无线电脉冲反射,由雷达收回加以处理和显示,在显示器上只能显示一个亮点而无其他数据。和二次雷达相比,一次雷达还存在没有目标识别码和高度信息的缺点,且易受气象和杂波干扰。二次雷达通过旋转式天线周期性地发射"询问"信号,当天线波束扫过一架飞行器,飞行器携带的应答机会回复一组编码"应答"信号,此应答编码包含飞行器的识别代码、高度代码以及特殊编码信息等。二次雷达受杂波和气象杂波的影响较小,且可以较小的发射功率实现较远距离的探测,能够比较精确的监视飞行器,缩小了飞行间隔,提高了空域利用率。当目标密集时会产生应答的混叠现象,且监视数据更新速率较慢,雷达监视成本很高,覆盖范围有限,建设周期较长。

自动相关监视系统(Automatic Dependent Surveillance,简称 ADS)是目标主动报告自身位置信息,供监视者对其进行监视的一种监视方式,是随着卫星导航定位技术和空地数据链技术的发展,由国际民用航空组织(International Civil Aviation Organization,简称 ICAO)提出并倡导的一种新的监视技术,主要用于空中交通管理中对航空器飞行动态的跟踪监视。ADS 根据工作模式主要分为 ADS-C 和 ADS-B 两种。ADS-C 是在监视方和被监视方建立合约的基础上,由被监视方根据合约内容主动向监视方提供自身位置及所需信息的一种监视方式;它所实现的是一种端对端的按需监视。而 ADS-B 则是目标周期性广播自身位置及相关信息,供外界对其进行监视的一种监视方式;其目标的信息广播完全自主,监视方通常不对其进行干预和控制。

在防飞机间冲突方面,ADS-B 监视技术可以减少使用二次雷达系统来探测和监控目标,并且在空中一定空域范围内的飞机之间可以通过广播数据链直接进行飞行器之间的通信,相互交换各自的速度信息、位置信息和飞行意图等重要信息,从而提前做出飞行判断和大大降低发生冲突的可能。在提供更高精度的信息方面,ADS-B 系统可提供目标信息比二次雷达监视系统更多、信息内容更丰富,系统可实现空域对地面监视、空域对空域监视和地面对地面监视,飞行器定位精度更高,数据更新率更快,地面站建设成本低、环境适应能力强,各基站系统可作为独立子系统模式正常运行来辅佐整个系统的运行。飞机通过 ADS-B 系统可以实时将自身的航迹位置数据汇报给地面控制系统,地面监控中心可以对航迹数据进行数据挖掘,找到航空飞行器的飞行安全间隔,增强安全飞行可靠性,对合理使用空域资源等都具有积极推动作用。在远程网络监视方面,在某些雷达信号无法覆盖或者无法达到的区域,ADS-B 系统可作为可靠的技术手段加强地面对空中飞行器的监视能力。ADS-B 系统的另一个特点就是分布式网络架构,可以保证当监控中心系统出现异常现象或者系统失效时,通过网络远程将该区域监视到的飞机数据转交到其他管制中心,保证实时监视效率。

第15章 无人机基础知识与用户管理

15.1 无人机技术及应用

15.1.1 无人机分类

无人机是无人驾驶飞机(Unmanned Aerial Vehicle)的简称,是利用无线电遥控设备和自备的程序控制装置的不载人飞机,包括无人直升机、固定翼机、多旋翼飞行器、无人飞艇、无人伞翼机。广义地看也包括临近空间飞行器(20～100 km空域),如平流层飞艇、高空气球、太阳能无人机等。从某种角度来看,无人机可以在无人驾驶的条件下完成复杂空中飞行任务和各种负载任务,可以被看作是"空中机器人"。

无人机的范畴太广了,从构型上分为固定翼、直升机、多旋翼、特种飞行器等,从像全球鹰一样的巨无霸到如苍蝇一样的微型飞行器都是无人机的范畴。其产品用途可以是军用也可能是民用,特点也是千差万别,真的不能一概而论。

按照机身构造,可以分为固定翼、旋翼、复合翼无人机,其中,旋翼无人机又可分为单旋翼、多旋翼、倾转旋翼无人机。

几种类型的无人机特点如表15-1所列。

表 15-1 无人机特点

无人机类型	特　点
固定翼无人机	由动力装置产生推力或拉力,由机翼产生升力,机翼位置和掠角等参数在飞行过程中保持不变。滑翔性能好,续航长,航程远,飞行速度快,飞行高度高,但不适合气流变化剧烈的环境
单旋翼无人机	通过主桨切割空气产生推力,尾桨保持平衡,无须助跑,可垂直起降和稳定悬停,飞行灵活性和可靠性优于固定翼无人机

无人机类型	特　点
多旋翼无人机	以 3 个或者偶数个对称非共轴螺旋桨产生推力上升,以各个螺旋桨转速改变带来的飞行平面倾斜实现前进、后退、左右运动,以螺旋桨转速次序变化实现自转,垂直起飞降落,场地限制小,可空中稳定悬停。飞行稳定性高,动力学结构简单,价格低廉,但载质量低,续航时间短

按用途分类,无人机主要可以分为军用无人机和民用无人机,而目前全球 70% 的无人机被用于军事用途。根据美国国防部的一级分类,战斗无人机主要分为靶机、战术无人机、战略无人机和无人战斗机,其功能如表 15 - 2 所列。

表 15 - 2　无人机功能

无人机类型	功　能
靶　机	研究空战和放空技术;训练战斗机飞行人员,高炮、地空导弹及雷达操作人员;模拟飞机或导弹的攻击威胁
战术无人机	完成侦察、搜索,目标截取的任务,进行部队战役管理与战场目标和战斗损失的评估等
战略无人机	利用光电、红外、生化等手段对敌方部队的动向进行长期的跟踪,获取工业情报及监视武器系统试验等
无人战斗机	装备先进的武器,主要任务是攻击、拦截地面及空中目标

15.1.2　无人机的市场应用情况

无人机应用领域分为军事领域和民用领域。无人机在军事领域中的应用占主导地位,约为市场总额的 70%。预计 2015—2030 年,我国战斗无人机的需求价值总量将超过 2 000 亿元。2015 年以后民用无人机得到了快速的发展,工业级无人机近年来的增速也明显加快。民用无人机市场到 2025 年,产值预计可达到 1 800 亿元,年均增速 25% 以上,若以此增长率测算,2026 年,我国民用无人机市场规模约达 2 250 亿元,无人机应用市场将被军事无人机、民用无人机平分。

目前,中国是全球民用无人机最主要的产业基地,民用无人机最大服务市场是为政府提供公共服务,如警用、消防、测绘、植保、巡检、气象等,占到总需求的 80%。而在军事领域,因为无人机拥有隐蔽性好,作战环境要求低,战场生存能力强,避免飞行员自身伤亡的优点,将被广泛应用于现代战争和日常的军事任务中。未来 5 年,战术无人机将成为全球市场需求量最大的无人机,增速超过 50%,战略无人机市场也将保持两位数的增幅。

无人机的市场应用如图 15-1 所示。

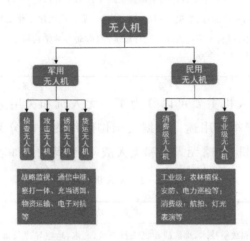

图 15.1 无人机的市场应用

无人机在民事领域上的应用如表 15-3 所列,近年来也得到了迅速的发展。目前,我国已经有 300~400 家民用无人机企业,而全球民用无人机已经形成了约 1 000 亿美元的市场规模。预计未来十几年内,民用无人机将占到全球市场总额的 1%~3%,而我国民用无人机需求也将在未来 20 年达到 460 亿元。

表 15-3 无人机在民事领域上的应用

应用领域	用　途
农用领域	农药喷洒、施肥、病害虫评估、产量评估等
勘测与航拍	地质勘测、铁路勘测、土地资源调查、现场直播、纪录片制作等
治安防控	边境巡查、城市监控、会议安防、罪犯监视等
巡查监视	森林巡查、矿场巡查、偏远地区巡查等
防灾救灾	投放物资、灾区搜寻、应急通信等

15.1.3　无人机市场的未来发展

无论是军用无人机或是民用无人机,都将在未来得到迅速的发展。最初,无人机主要应用于军事领域。但近年来,无人机产业发展不断加快,并逐渐从军用领域延伸到了民用领域,而且民用无人机市场呈现出迅猛增长的态势。

1. 军用无人机

美国军用无人机占据全球一半以上的市场份额。从全球看,美国和以色列的无人机技术较为领先,特别是美国,其无人机技术先进,种类多,既有战略、战役、战术各层次的无人侦察机,也有能够实现察打一体的攻击性无人机和用于运输的无人机。目前,全球中高端军用无人机主要由大型专业飞机公司研发,美国格鲁门和通用原子两大制造商牢牢把握着市场份额前两名的位置,占据了全球一半以上的军用无人机市场份额;其他有竞争力的制造商主要分布在英国、以色列、中国和俄罗斯。无人机的发展方向如表 15 - 4 所列。

表 15 - 4　无人机发展方向

发展方向	主要内容
提升机动性能及载荷能力	利用太阳能提供动力支持,小型或微型化的大推力发动机的研制与应用等
增强智能化及环境适应能力	工作智能化:地面遥控,微型链路控制等;适应环境智能化:水下发射,水陆空三栖工作
自卫与攻击破坏能力	雷达告警装置、光电告警装置、先进性武器、破坏电子系统、信息系统和指挥控制系统
载荷高度集成	雷达,通信与电子站载荷一体化
微型隐身化	结合仿生学,使无人机更小,更利于靠近目标,增强隐蔽性

军用无人机以后将成为各国空军的中坚力量,据专业从事航空工业市场研究的蒂尔集团分析预测,2018 年全球军用航空平台新交付价值中无人机将占到 15%,而无人战斗机所占比重也将增加。以色列空军也计划在 2030 年打造一支无人机占 50% 以上的新型空军机队,预计我国 2030 年战斗机配置需要 1 500～2 000 台三代和四代战斗机,其中无人战斗机将占全部数量的 50%。

中国的无人机虽然起步较晚,但发展迅速。目前,中国无人机行业百家争鸣,而军用无人机的研制单位主要是军工集团、高校和民营企业。国内高校是最早研制无人机的单位,南京航空航天大学、北京航空航天大学研制的"长空一号""长虹一号"开启了国内无人机研制的先河。进入 21 世纪后,中国军用无人机开始爆发式发展,又研制出了"翼龙"系列无人机、"彩虹"系列无人机等性能优良的无人机,并且其中多个机型已经实现出口,走向世界。无人机各种机型如图 15 - 2 所示。

此外,中国军用无人机不断出口海外。目前,中国已出口 6 种具备打击能力

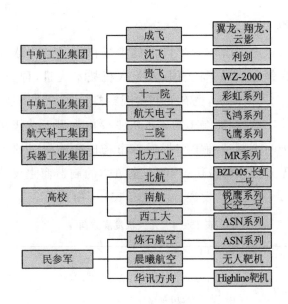

图 15-2　无人机各种机型

的军用无人机,包括 ASN-209、彩虹-3、彩虹-4、翼龙-1、翼龙-2、WJ-600。就军用无人机军售销量来看,"彩虹"无人机和"翼龙"无人机这两个系列察打一体无人攻击机最畅销,其中,"彩虹"系列无人机占比总销量 50%、"翼龙"系列无人机占比总销量 24%。2019 年 1 月 25 日,中国航空工业集团有限公司自主研制的100 架"翼龙"全部通过验收,即将交付海外用户,创下中国无人机出口的新纪录,这也是中国完全自主知识产权的"翼龙"系列无人机发展道路上一个新的里程碑。

2. 民用无人机

民用无人机应用领域不断扩张,消费级无人机领域一片红海。民用无人机现阶段已经应用于许多领域,未来的民用无人机将向着多元化的方向发展。国外许多国家及大型公司,已经将民用无人机的技术应用到许多意想不到的方面。近几年航拍无人机以及无人机灯光秀逐渐火爆起来,2017 年央视春晚上,无人机吸引了一波眼球,而在 2019 年央视春晚深圳分会场上,无人机再次亮相。此外,无人机还被应用于电力巡检、农业植保、警力安防、地图测绘等方面,应用领域不断扩张。值得注意的是,消费级无人机的技术门槛并不高,一套开源程序就可以支持飞行器的起飞和降落,任何人都可以用开源程序做一套无人机平台。入门级的消费无人机产品已经变成红海,各大厂商为很薄的利润而厮杀。但是,消费级无人机的热度不会随之下降。

15.1.4　中国民用无人机产业下一步的发展趋势

1. 产业链趋于完善

随着无人机市场规模显著增长,各领域融合应用进展积极,无人机产业将有望从传统的研发、生产、销售等环节,向商业租赁、商业服务、各类培训等方面延伸,从而在经济、社会发展中产生更加深入、广泛的影响,并推动产业链进一步完善。

2. 政策的支持力度持续加大

面对无人机的广阔前景,政府陆续出台了多项政策支持、规范无人机产业发展,例如,鼓励大力发展物流无人机、无人配送等。2019 年无人机各项相关政策进一步落地实施,且政策更为细化、具有针对性,支持力度也有望再度加大。

3. 专业级无人机应用加快

目前,消费级无人机市场进入红海,市场体量扩容速度减缓,市场保有量也达到高位。相比之下,无人机在行业应用领域仍然处于持续探索的初步阶段,市场成熟度有待继续提升,产业链完善也还有待继续推进。得益于无人机技术的不断进步,以及政策、市场利好加速释放,工业级无人机逐步进入爆发前夜。眼下,工业级无人机无论是在产品设计、技术研发,还是在搭载设备、服务培训等方面,都取得了长足进步。此外,无人机在农业植保、电力巡检等专业领域的应用也有望更加普及。

4. 与新一代信息技术更为融合

如今,人工智能、物联网、大数据等新一代信息技术发展迅速,为民用无人机产品智能化、数字化升级提供了新动力。通过融合应用上述信息技术,无人机既能够在数据收集方面提升效率、创造更大价值,也能在性能提升上获得更多可能,为用户带来更好的使用体验。

15.1.5　无人机关键技术

1. 无人机技术分类方法一

无人机技术,是指无人机系统、无人机工程及无人机相关的应用技术。无人机主要有 5 项关键技术,分别是机体结构设计技术、机体材料技术、飞行控制技术、无线通信遥控技术、无线图像回传技术,这 5 项技术支撑着现代化智能型无人机的发展与改进。

机体结构设计技术:飞机结构强度研究与全尺寸飞机结构强度地面验证试验。在飞机结构强度技术研究方面,包括飞机结构抗疲劳断裂及可靠性设计技术,飞机结构动强度、复合材料结构强度、航空噪声、飞机结构综合环境强度、飞机结构试验技术以及计算结构技术等。

机体材料技术:所用材料包括机体材料(结构材料和非结构材料)、发动机材料和涂料,其中最主要的是机体结构材料和发动机材料。结构材料应具有高的比强度和比刚度,以减轻飞机结构质量,改善飞行性能或增加经济效益,还应具有良好的可加工性,便于制成所需要的零件。非结构材料用量少而品种多,有玻璃、塑料、纺织品、橡胶、铝合金、镁合金、铜合金和不锈钢等。

飞行控制技术:飞行控制系统包含提供无人机三维位置及时间数据的 GPS差分定位系统、实时提供无人机状态数据的状态传感器、从无人机地面监控系统接收遥控指令并发送遥测数据的机载微波通讯数据链、控制无人机完成自动导航和任务计划的飞行控制计算机等。飞行控制计算机分别与航姿传感器、GPS差分系统、状态传感器和机载微波通讯数据链连接。本实用新型采用一体化全数字总线控制技术、微波数据链和 GPS 导航定位技术,可使无人机平台满足多种陆地及海上低空快速监测要求。

无线通信遥控技术:无人机通信一般采用微波通信,微波是一种无线电波,它传送的距离一般可达几十千米。频段一般是 902～928 MHz,常见的有 MD-SEL805,一般都选用可靠的跳频数字电台来实现无线遥控。

无线图像回传技术:采用 COFDM 调制方式,频段一般为 300 MHz,实现视频高清图像实时回传到地面,比如 NV301 等。

随着无人机技术的成熟,利用无人机完成一些人类难以完成的高难险和有毒有害工作成为可能,通过无人机可以进行植保、测绘、摄影、高压线缆和农林巡视,无人机在物流等领域也拥有广阔的应用空间。

2. 无人机技术分类方法二

无人机系统的 5 个核心子系统分别是机体,动力装置,传感器,通信、指挥与控制(C3)系统,以及信息技术。基于这些系统的技术进步将促进军用和商业无人机市场的发展。这些子系统的发展速度不尽相同,这取决于研发投入和市场收益。其中像信息技术,由于用户需求和基于 Web 服务的快速发展,促使无人机技术在这一领域取得长足进步。目前能够驱动无人机系统技术发展的任务特点和需求包括轻量化（复合结构）、长航时、高负荷承载能力，以及具备可交换性的标准化负载模块。同时，持续的小型化、传感器融合、C3标准化，以及基础设施一体化，将使UAV变得更小，功能更强大。

3. 导航定位技术

为啥要有SLAM？飞机上基本的定位方法是GPS，但是如果你的飞机真的只能用GPS定位，那么这意味着这个飞机很多地方不能用，尤其是在室内。或许你会说没有GPS，飞机照样能飞。确实是这样，然而那种情况下，你要紧紧攥着遥控器，因为如果不进行手动调整的话，飞机很快就会飘走。其实这方面DJI已经有一款不错的产品——Guidance，它还被装在很多DJI自己的飞机上，精灵4、mavic、新出的spark似乎也有。SLAM随便在一个扫地机器人上都能找到（这里用的是激光的），那些做AR的人也在做SLAM（视觉的），还包括做无人车（视觉、激光都会有）的公司。像SLAM这种定位方法，只要找到代码，就能在图像数据集上跑出像模像样的效果。另外，避障、手势操作、电子增稳等技术就是所谓即将迈入工业界的技术。

所谓GPS定位系统，即全球定位系统（Global Positioning System），是一种以全球24颗定位人造卫星为基础，向全球各地全天候地提供三维位置、三维速度等信息的无线电导航定位系统。它由三部分构成：

① 地面控制部分，由主控站、地面天线、监测站及通信辅助系统组成；

② 空间部分，由24颗卫星组成，分布在6个轨道平面；

③ 用户装置部分，由GPS接收机和卫星天线组成，四旋翼飞行器身上安装的就是用户装置部分。

陀螺仪又叫角速度计，就是通过一个不断旋转的陀螺记录"姿态"。它的原理跟小时候玩的抽陀螺一样，陀螺一旦转起来，即使地面是斜的，陀螺还是会保持垂直旋转，具有"定轴性"，我们可以假定这个姿势是"坐姿"。当四旋翼飞行器"躺下"时，便与坐姿产生了一个夹角，但陀螺仪依然会沿着"躺姿"的轴继续高速旋转，具有"进动性"。利用安装在陀螺仪上的传感器就可以知道这个夹角的大小和方向，从而确定"姿态"的变化。

4. 飞控技术

飞控技术是无人机实现自主飞行的核心技术。飞控系统硬件方面一般包括控制计算机、传感器、导航设备、执行机构等。以前，无人机飞控系统主要采用开源平台，如德国MK，美国APM，PX4，MWC等公司都带头讲自己的无人机飞控系统进行了开源。2014 年 Linux 也参与了无人机开源系统的合作。这种做法大大降低了飞控的技术门槛，也推动了无人机产业的快速发展。

随着无人机产品逐渐的升级换代，壁障、机器视觉、跟随（Follow Me）等新兴应用层出不穷。在 2016 年 CES 展上，有多家无人机厂商展示了最新的壁障技术。

目前，无人机多用超声、红外和视觉等方式结合进行避障。不同的避障技术优缺点各不相同，针对之前避障方式鲁棒性（Robust）差的问题，Aerotenna 把微波雷达技术引入了无人机，并基于此技术开发了基于微波雷达技术的无人机高度计和 360°全向避障模块。

新需求促使 MCU 升级处理器，近几年，电池动力多轴旋翼与机载摄像装置的结合让新手也可以快速学会无人机操控，同时也对无人机自身的电子设备能力提出了很高的要求：飞行器与地面的通信带宽要大幅增加以传输视频数据，最好拥有障碍探测与规避能力以弥补操控者经验的不足，无人机要和其他电子设备很好地协作，方便操控与实现各类用途，等等。加上上面提到的机器视觉、壁障等功能都需要强大的图形运算处理能力和高效的深度算法，因此对无人机的主控平台提出了越来越高的要求。

传统的单片机（MCU）已经无法再满足无人机的需求，而处理器厂商正在对无人机领域虎视眈眈。无人机的机体通常不会很快损坏，使用年限较长；但核心电子器件的换代会很迅速，每隔一两年就会有更新、更强的芯片面世，以提升无人机的综合能力。为无人机更换处理模块将像为 PC 升级组件一样平常，这就意味着巨大的商机。此外，无人机控制系统需要用到应用处理器，这和手机内部的处理器并无本质区别，空中飞行的无人机需要和地面控制人员与设备进行通信，也将给通信芯片厂商带来巨大的商机。

一架售价 1 000 美元的无人机安装的处理模块可能卖到 300 美元，相当于一颗 PC CPU 的售价。未来价值数百亿美元的无人机产业中，芯片企业足可以分得 100 亿美元甚至更多的蛋糕。此外，由于无人机的很多技术与无人驾驶汽车相通，为前者研发的芯片技术很容易成为后者的积淀。如果能在无人机芯片领域获得领先优势，进而就可以在更重要的自动驾驶汽车产业成为关键角色。

因此，包括高通、英特尔在内的 SOC 公司正在采用比微控制器（MCU）更为强大的 CPU 或是 ARM Cortex – A 系列处理器作为飞控主芯片。这些芯片巨头的加入证明芯片技术在无人机未来发展中的重要性不可忽视，芯片也成为未来无人机产业的关键核心组件。和智能手机时代一样,无人机制造商也希望高通、英特尔这些芯片制造商能够提供完整的芯片解决方案。将来用户在选购无人机时也要在意其使用了什么等级的 CPU,乃至在专用测试程序中的成绩;也许"不服跑个分"的适用范围又要扩大了。

15.2　无人机用户管理基础

15.2.1　无人机市场背景及政策背景

近年来,无人机快速发展,无人机被认为是我国发展通用航空的有力推手。我国无人机应用场景丰富、市场参与度高。无论是传统的作业领域(例如,航空喷洒(撒)、航空摄影、空中拍照、空中巡查、物流配送等),还是载人飞行(例如,亿航 184,216 等均已进行验证试飞),在我国均获得较快发展。

据统计,2019 年共有 7 149 家企业在线取得无人机经营许可证,比 2018 年增加 3 100 家;实名登记无人机 39.2 万架,全年飞行 125 万小时。因为无人机应用日渐普及,由此带来的安全问题越来越突出,亟须完善相关制度,加强对无人驾驶航空器的监管。

为有序地促进中国国内无人机的快速发展,民航局、地方政府、公安机关出台了对应的管理措施,对无人机生产制造、无人机适航审定及无人机运营进行管理。同时,在全国范围内进行并推动扩大无人机综合管理试点范围,通过"放、管、服"助力无人机产业持续发展。

考虑到《民用航空法》制定时无人驾驶航空器尚未投入广泛应用,相关管理制度缺少针对性。为了给无人驾驶航空器监管立法提供法律依据,修订新增了《民用航空法》第二百一十四条,授权国务院、中央军事委员会对无人驾驶航空器作出特别规定。这在 2018 年 12 月 29 日,十三届全国人大常委会第七次会议已获通过。

民航局组织修订《通用航空经营许可管理规定》(CCAR - 290 部),在市场准入方面将无人机纳入 CCAR - 290 部管理;起草编写无人机安全管理规章(CCAR - 92 部)。CCAR - 92 部将按照《无人驾驶航空器飞行管理暂行条例》思路编写,现已形成初稿,可与《无人驾驶航空器飞行管理暂行条例》实施基本保持同步,并将根据近期开展的试运行成果,充实 92 部内容。以便突破现有空域,尤其是低空空域使用难题,突破现有管理法规约束,密切部门间合作,为民用无人驾驶航空安全、健康发展铺平道路。

根据无人驾驶航空器的发展趋势,民航局不断完善相关制度,加强对无人驾驶航空器的安全运行监管。现已制定 7 部规范性文件,涉及无人机的交通管理、实名登记、驾驶员管理、运行管理及数据管理等方面。此外还有无人机围栏、云系统接口 2 个标准。

民航局按照无人驾驶航空运行的自身特点和规律,基于运行风险,将无人机的运行分为开放类、特定类和审定类三大类;针对不同风险和应用场景分类施策,比如,是隔离空域还是融合空域,是视距内还是超视距,是城市场景还是乡村场景,是载人还是载货。同时,使用的监管策略包括适航、人员资质、运行和空中交通管理等诸多方面,管理的力度随风险的增加而提升。该管的管好,该放的放开,避免管理上的"一刀切"。

民航局本着促进发展、先试先行、分类管理的原则,2019 年 2 月 1 日发布《特定类无人机试运行管理规程(暂行)》,同步开展了无人机试运行,这是在运行安全风险评估的基础上,从实际需求出发,逐步规范安全风险较高的无人机运行的有效探索,现已初现成果。

2019 年 10 月 15 日,民航局向迅蚁公司所属的杭州送吧物流科技有限公司颁发《特定类无人机试运行批准函》和《无人机物流配送经营许可》。这是民航局《特定类无人机试运行管理规程(暂行)》新政发布以来,国内首个完成运行风险评估和验证工作的特定类无人机试运行项目,同时也是全球首个获得城市场景无人机物流经营许可的项目(限试点区域内)。亿航载人无人机第一阶段"以物易人"的试运行也已完成运行风险评估和验证工作,2019 年 6 月,在东营机场顺利完成无人机飞行校验首次验证试飞,校验数据实时下传,成功应用特定类无人机运行风险评估方法,有效缓控无人机安全运行风险,实现了飞行校验无人机在民用运输机场空域的首飞和安全运行。伴随各运行场景试运行的开展,相关的标准,如《分布式无人机系统安全操作合格证(DOC)审定标准》《城市场景物流无人机规范(轻小型无人机)》《城市低空无人驾驶航空物流航路划设规范》等将应运而生。

民航局将不断加强政策引导。2020 年推出《民用无人驾驶航空试验基地(试验区)建设工作指引》等政策和《民用无人机行业标准(MH)体系框架》及路线图,旨在安全可控的条件下以实践的方式在运行中加快数据积累和标准规范的迭代演进,以体系构建和系统思维为统领,在适航、飞标、空管等运行标准的主要方向上不断迈进。并持续引导科研、运行,重点解决支线物流无人机、无人机载人运行等应用前景广阔、风险更高的运行难题。

民航局不断加强国际合作与交流。参加 ICAO A40 大会并提交分布式无人机系统安全操作合格证(简称 DOC)工作文件。参加 ICAO 第三次"放飞无人机"专题研讨会。根据 ICAO 相关专家组的工作计划,从 C2 技术要求着手,查明对网络通信技术标准的影响,提出对 Doc 9880,Doc 9896 技术文档的修订意见。主办无人系统规则制定联合体(JARUS)在中国成都召开的 2019 年第二次全体会议。深度参与无人机空中交通管理(UTM)、自动化/自主运行、无人机飞行规则的研究,并与其他组织共同主办中欧无人机研讨会。持续参与国际标准制定组织(ISO)的无人机相关工作会议和标准起草工作,不断深入了解国际规则和标准制定进程,提高我国在国际规则和标准制定中的话语权。

民航自 2018 年年末起,已在深圳联合当地政府和军航飞行管制部门,开展了无人机综合管理试点工作;2019 年启动了海南无人机综合管理试点的筹备,2020 年 5 月,海南试点也正式启动。两地的试点均以民航局无人驾驶航空器空管信息服务系统(UTMISS)为门户和信息交互枢纽,联通相关管理部门,对民用无人机实施线上监管。下一步,民航局将推动扩大试点范围。民航开展无人机综合管理试点的初衷,是推动低空开放,验证《无人驾驶航空器飞行管理暂行条例》设计的管理思路与流程,为广大无人机飞行爱好者创造守法环境,推动民用无人机在各行业的应用,发挥我国民用无人机产业优势。

民用无人机还处在快速发展阶段,无人机的管理与传统的有人机管理会有很大差异。民航局确立了"制定一部规章、建立一套分类管理办法、搭建一个运行管理平台、形成一套行之有效的引导机制"的无人机管理体系和思路。目前,四方面工作都在有序开展。特别是在法规规章及政策落地实施方面,由于无人机具有很强的社会化属性,民航各级监管机构需要与地方政府合作,形成合力,共同保护合法飞行、纠正违法行为,在监管的基础上提升社会化服务水平,为民用无人机在通用航空领域的应用,以及未来进入运输航空领域创造良好的基础环境。

15.2.2 无人机的"深圳办法"

"深圳办法"简单地说,就是无人机需要实名登记注册;飞机需要贴上登记二维码;民航 UTMISS 管理系统自 2020 年 5 月 1 日开始使用。

1."深圳办法"——试点系统

2020 年 5 月 1 日起,运行轻型、小型无人机驾驶航空器及植保无人机的单位和个人,需接入无人驾驶航空器空中交通管理信息服务系统(UTMISS)。空域管理、公共安全管理等部门信息共享,实现申请在线审批、飞行动态识别、违规飞行告警、特殊空情查证等管理,为有需要进行无人机飞行活动的单位和个人提供了合法合规、便捷畅飞的有效途径……例如,深圳适飞区域内 120 m 以下高度,符合条件的无人机可合法飞行。有对应的网站可查询哪里属于适飞空域,从不知道能否放飞到可以依法进行放飞。

2."深圳办法"——无人机注册登记

无人机实名登记系统的网址是 https://uas.caac.gov.cn/login,进入网址后,单击注册,进入注册界面后,依次填入相关信息,即可完成注册,如图 15-3 所示。

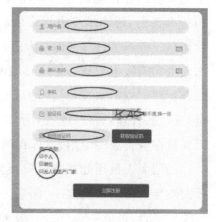

图 15-3 "深圳办法"无人机注册登记

以绝大部分飞友的 DJI 无人机为示例,登录成功后,单击无人机管理—新增品牌无人机,如图 15-4 所示。

单击新增品牌无人机后会弹出界面如图 15-5 所示。单击提交后返回界面就会看到登记好的信息,如图 15-6 所示。单击生成二维码就可以在登录的邮箱看到一个二维码文件,注册登记就完成了。二维码可打印出来发布查询。适飞空域查询网址:https://www.utmiss.com/airzonequery#/passport/login,进入后也需要注册,单击用户注册即可注册,登录时点选深圳入口,如图 15-7 所示。

图 15 - 4　DJI 无人机示例

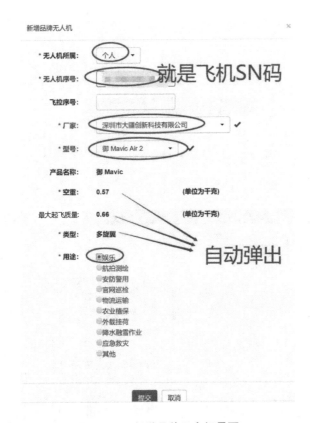

图 15 - 5　新增品牌无人机界面

　　登录后即可进入适飞空域查询界面,对于普通玩家飞友来说绿色框为适飞区域,可在 120 m 高度内飞行,这个绿色区域挺大的,用鼠标滚轮可以放大缩小查阅具体位置,单击右上角地点即可精准定位查询准备飞行的区域,绿色为适飞区、蓝色为边界限制。这里也有有关专业用户需要的空域申请等功能。

图 15 – 6 提交后返回界面

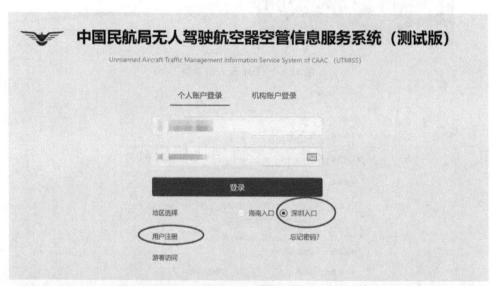

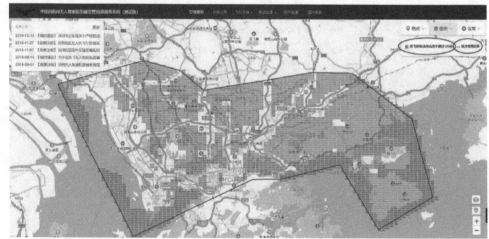

图 15 – 7 中国民航局无人驾驶航空器空管信息服务系统

3. "深圳办法"——可以在适飞区飞行的飞机

相关资料明确提到,微型无人机是指空机质量小于 0.25 kg,具备高度保持或者位置保持飞行功能,设计性能同时满足飞行真高不超过 50 m、最大平飞速度不超过 40 km/h、无线电发射设备符合微功率短距离无线电发射设备技术要求的遥控驾驶航空器。

轻型无人机,是指同时满足空机质量不超过 4 kg,最大起飞质量不超过 7 kg,最大平飞速度不超过 100 km/h,具备符合空域管理要求的空域保持能力和可靠被监视能力的遥控驾驶航空器,但不包括微型无人机。简称起飞质量 7 kg以下的,都可在适飞区 120 m 高度下飞行。以大疆创新的无人机为例:悟 2、精灵系列、御系列、御 AIR 系列、晓,以上这些都可以在适飞区域中 120 m 以下无须申报即可飞行。

4. "深圳办法"——适飞区域能否任性飞行

答案当然是否定的,适飞区域已经划分出绝大部分可飞行区域,但其中有可能包含敏感区域,后续会进一步精细化适飞区。

那么我们普通玩家的飞友们又如何判断是否可以飞行呢? 我们可以先在网站查询想起飞的区域是否属于适飞区域,然后避开敏感区域,就可安心飞行了。

5. "深圳办法"——敏感区域

"深圳办法"边防线、政府主要办公区、公安部门、监狱等类似区域、深圳部分公园、景区内部也会有相关管制,飞友有不清楚的也可咨询巡逻民警或区域安保人员等。

6. "深圳办法"——禁飞区域

禁飞区域在大疆内置的空中围栏中大部分已经明确标识并在无合法申请解禁的时候,无法解锁电机。禁飞区域包含机场禁飞区、军事管理区等。除去禁飞区域、敏感区域,查询到还在适飞区内,普通的玩家飞友们就可以安心地进行120 m 以下高度的飞行。

15.2.3　无人机管理的国际发展趋势

中、美、欧是全球民用无人机制造与应用的主角,从无人机制造、无人机融入国家空域政策、无人机运行技术路线到无人机交通管理系统研发,三方正在开启一个跨越数十年的航空新技术竞赛。无人机是我国具备全产业链优势的新一代航空分支,这场技术盛宴我们不能缺席。

1. 市场结构决定运行管理需求

(1) 消费类无人机存量巨大

2019 年我国无人机制造企业 1 200 家,产能 2 000 万架,出货量占全球 70%,但全球无人机拥有量的分布更为均衡。

我国在无人机登记、运行数据获取、驾驶员管理、运营企业监管等领域处于全球领先地位,欧美各国受限于法律授权的及时性问题,目前仍没有全方位获取运行数据。我国通过出台低层级的管理程序、咨询通告以及红头文件等方式最快速地建立了无人机运行数据收集统计体系,如表 15-5 所列。

表 15-5　中国无人机应用

项　目	2018 年	2019 年	同比增长/%
注册无人机	28.7 万架	39.2 万架	36.6
注册用户	27.1 万家	37.1 万家	36.9
注册法人用户	3.1 万家	4.7 万家	51.6
无人机运营企业	4 402 家	7 149 家	62.4
经营性无人机	54 105 架	80 779 架	49.3
飞行小时	99 万小时	125 万小时	26.4
无人机驾驶执照	44 573 本	67 218 本	50.8

数据来源:民航局各统计报告。

数据说明:运营企业是指利用无人机对外提供商业服务的企业,注册法人用户是指使用无人机的机构用户,后者范围更广。注册无人机是指机构和个人根据民航局适航司《民用无人驾驶航空器系统实名登记管理程序》实名登记的无人机,而经营性无人机是获得无人驾驶航空器经营许可证的企业根据民航局运输司《民用无人驾驶航空器经营性飞行活动管理办法(暂行)》登记的无人机,后者范围更小,主要用于对外开展经营性飞行活动。

(2) 专业级无人机加速增长

据估算,2019 年全球无人机出货量约 370 万架,其中专业类无人机 34.4 万架,约占总量 10% 左右。2019 年我国民用无人机制造业规模约 120 亿元,专业类无人机销量占比 12%,但销售额占比达到 54.3%。我国无人机注册法人用户、无人机运营企业以及经营性无人机、无人机驾驶员执照增速超过总量数据增长速度,说明无人机企业应用、商用与职业应用将成为未来无人机发展的重要特征。

根据美国联邦航空局(FAA)统计,2018 年年底,美国注册航模无人机业主

90 万人,拥有大约 125 万架航模无人机,此外,2018 年年底 FAA 注册的非航模小型无人机(sUAS,指起飞全重 25 kg 以下的无人机)达到 27.7 万架。FAA 将 1 万美元以下的无人机界定为消费类,其平均价格 2 500 美元;专业类无人机平均价格约 2.5 万美元。2018 年美国注册的专业类无人机 1.3 万架,但 FAA 预测,到 2023 年美国非航模无人机将达到 83.5 万架,其中专业级无人机将增长 10 倍达到 12.5 万架。

目前,欧洲无人机数据统计最薄弱。根据 SESAR 联合体 2016 年的估算,当年欧洲约有 100 万～150 万架消费类无人机,占全球 30% 的市场份额,其中约 1 万架专业类无人机。

(3) 城市空中交通(UAM)无人机是下一轮增量市场

《欧洲无人机展望研究》预测:2025 年欧洲消费类无人机将达到 700 万架,这一规模将保持到 2050 年;政府和商用无人机则持续增长,2025 年达到 20 万架,到 2050 年为 40 万架;2035 年欧洲将有约 7 万架快递无人机每年运送 2 亿个小型包裹,载人城市空中交通(UAM)无人机达到 4 000 架。

美国宇航局(NASA)2018 年发布的《城市空中交通(UAM)市场研究》测算,美国仅机场空中巴士(Airport Shuttle)以及空中的士(Air Taxi)两类市场的潜在市场规模有 5 000 亿美元/年,但受制于各方面限制,初期市场容量约为 2 5 亿美元/年,每天需要 4 100 架 UAM 无人机为 8 万旅客提供 5.5 万次飞行。

无人机对有人航空的替代将在 2040 年后逐步实现。到 2050 年,欧洲大型审定类无人机(包括可选择有人或无人驾驶的机型)将达到 1.2 万架,占全部商业运输机队(含公务机与旋翼机)的 28%。大型货运飞机将全部转为无人驾驶,公务机与旋翼机规模将因替代效应而显著萎缩。欧洲民用无人机与传统航空器规模预测如表 15－6 所列。

表 15－6　欧洲民用无人机与传统航空器规模预测

单位:千架

机　型	2015 年	2018 年	2020 年	2025 年	2030 年	2035 年	2040 年	2045 年	2050 年
开放类无人机*	1 000	5 000	6 000	7 000	7 000	7 000	7 000	7 000	7 000
特定类无人机**	9	45	86	200	373	386	384	390	396
审定类无人机***							2	6	13
军用无人机	1	1	1	1	1	2	2	2	3
城市空中交通 (UAM)无人机					2	4	4	4	4

机 型	2015 年	2018 年	2020 年	2025 年	2030 年	2035 年	2040 年	2045 年	2050 年
航班机队	11	12	13	15	17	20	22	25	25
公务航空	7	7	8	8	8	9	8	7	4
旋翼机	2	2	2	3	3	3	3	2	1

数据来源：SESAR Joint Undertaking. *European Drones Outlook Study*：*Unlock the value for Europe*. November 2016.

EASA 和 JARUS 采用一种基于运行风险的无人机运行分类方法。＊指运行风险较低，允许开放运行的无人机类型，消费类无人机主要归于此类；＊＊指运行风险较高，需要通过风险评估与风险控制才可开展运行的无人机类型，目前专业类无人机主要归于这类；＊＊＊指运行风险很高，需要按照航空器适航审定程序进行管理的无人机类型，载人 UAM 无人机和大型高空长航程载人或载货无人机都归于此类。

从数据看，中美欧的无人机规模以及近中期市场展望结果相近，三方无人机应用市场基本形成均势，如表 15 - 7 所列，中美欧基本在相近的市场需求基础上开展运行技术开发。

此外，不仅要重点关注无人机的规模，技术特征与运行特征更为关键。尽管消费类无人机在机械性能、物理指标上远弱于有人航空器，但无人机是数字时代产品——基于移动互联网的数字航迹、数字控制与数据链传输，无人机运行管理、运行服务与交通控制具备智能化发展的基础。传统航空器发源于机械时代，数字化改造困难。从技术时代来区分，消费类无人机类似哺乳动物中的松鼠，具备进化为人类的潜力，而传统航空器则更像卵生动物的恐龙。

表 15 - 7　中美欧无人机规模比较

中美欧	注册无人机数量	注册专业无人机数量	飞行小时	驾驶员执照数量	运营企业	无人机规模预测	专业类无人机预测
中国	39.2 万架（2019 年）	8.1 万架	125 万小时	6.7 万本	7 149 家	246 万架（2025 年）	37 万架（2025 年）
美国	153 万架（2018 年）	1.3 万架（2018 年）		11.6 万本		208.5 万架（2023 年）	12 万架（2023 年）
欧洲	100 万架（2015 年）	8.6 万架（2020 年）				720 万架（2025 年）	20 万架（2025 年）

2. 无人机运行管理 1.0

由于各国公众和政府对无人机的态度从关注鼓励转向慎重约束,无人机制造技术对市场扩张作用减弱,空域容纳能力(运行管理技术)成为产业短板与技术瓶颈。无人机能否安全、快速、大规模融入国家空域系统成为全球无人机竞争新赛道。

根据出货量估算,全球消费类无人机存量达到 2 000 万架,每年新增无人机规模约为传统航空器存量的 10 倍,各国难以参照有人航空器的管理方式管理无人机。消费类无人机管理的首要任务是解决巨量无人机的信息管理。解决方案有无人机电子注册、无人机远程识别(RID)技术以及飞行数据云系统(含电子地理围栏等基础功能),目前技术架构基本成熟,基本实现运行主体、运行轨迹的可追溯。我国在消费类无人机制造技术、无人机信息系统建设以及管理制度出台速度等方面存在明显优势。针对消费类无人机的运行管理 1.0,我国处于领先位置,实用性规章出台最快、运行数据获取最全面;其次是美国,欧洲较慢但正在加速赶上,如表 15 – 8 所列。

表 15 – 8   中美欧无人机运行管理系统 1.0

项　目	中　国	美　国	欧　洲
运行管理系统	无人机云交换系统	LAANC	U – space 原型系统
服务范围	理论上包括所有管制空域,主要是 120 m 以下特殊管理空域(如深圳、海南等)	120 m 真高以下的管制空域,非管制空域无人机运行无须申请	120 m 以下 X/Y/Zu 空域(欧洲无人机空域分类)
服务种类	飞行计划与空域申请的互联网中转(根据地方法规,在特定空域飞行无须申请飞行计划与空域授权)	管制空域的计划申请与空域自动授权	计划申请与空域授权:U1 阶段 U – space 服务
服务对象	理论上所有无人机,实际以 25 kg 以下无人机为主	25 kg 以下无人机	25 kg 以下无人机
无人机服务商(USS)	UTMISS 以及 10 个无人机云系统。目前服务限于飞行计划与空域代理申报、飞行数据获取	21 家获得批准、职责范围不同 USS。服务包括 107 部实时批准、107 部协调空域和特殊娱乐飞行	主要由空管部门和新创企业提供测试应用,尚未建立服务商清单

无人机技术发展日新月异,随着专业类无人机成为产业发展的重点,小型快递运输、载人 UAM、大型长航程无人机渐次成熟,对无人机运行管理与服务提出

全新的需求,无论是规制体系还是技术方案都与消费类无人机解决方案 1.0 不同,全球正在展开无人机解决方案 2.0 的全方位竞赛。

3. 无人机运行管理 2.0

(1) 政策法律规章

欧盟在民用无人机领域忧患意识最强,欧盟委员会自 2015 年起连续 5 年在欧洲各地举办欧洲无人机高层论坛,凝聚欧盟共识并每年发布欧洲无人机宣言。通过高层动员、社会宣传与政策制定,欧盟后发而先至,建立了全球最具前瞻性的无人机法规标准体系。欧盟首先提出基于运行风险的无人机分类管理理念,2019 年欧盟出台两部航空条例——DR(EU)2019/945,IR(EU)2019/947,分别从无人机适航与无人机运行两个方面建立无人机管理体系,欧洲无人机交通管理系统(U - space)条例已经完成公开征求意见,进入欧盟委员会立法程序,预计 2020 年第四季度颁布实施。如果按期颁布,在欧洲所有 19 部民航法规中将有 3 部是无人机法规。

美国无人机法律起步最早,2012 年的《FAA 现代化与改革法案》明确规定 FAA 在无人机融入国家空域系统的责任与义务,根据法案要求,FAA2013 年发布《无人机融入国家空域系统路线图(第一版)》,2016 年出台的《107 部小型无人机系统》建立了 25 kg 以内无人机运行规则。根据 2017 年 10 月发布的总统备忘录,美国交通运输部选择 10 个地方政府开展无人机一体化试点计划(IPP),美国联邦、州、地方和部落政府通过 IPP 开展紧密合作。

中国民航局于 2013 年建立了无人机驾驶员管理机制,2015 年出台轻小型无人机运行规定,2017 年起建立无人机实名登记制度,2018 年出台经营性飞行活动管理机制。中国民航局在 2018 年举办无人驾驶航空国际论坛,并在年底成立民航局无人机管理领导小组与工作组、专家组,2020 年民航局着手推进无人驾驶航空试验区试点。我国深圳市、海南省也推进了无人机管理地方法规的制定。但我国无人机管理条例仍在立法过程,民航局无人机规章(CCAR - 92)仍在等待上位法授权。

过去 5 年全球出台的无人机法律规章与技术文件超过了 100 年间通用航空的法规体系,验证了各国对无人机的重视程度。

(2) 运行安全风险控制工具

欧洲首先建立无人机运行概念,按照运行风险将无人机运行分为开放类、特定类与审定类。针对特定类运行建立了风险评估工具(SORA),通过对特定类运行开展风险评估、采取风险缓解措施等方式建立特定类无人机运行的标准场景，采取相同运行模式的企业按照标准场景开展运行，不再需要局方审定。开放类无须审定，审定类纳入适航程序，欧盟将所有无人机纳入法规标准体系。

美国采用安全管理体系(SMS)的风险矩阵工具开展无人机风险管理，企业作为责任主体承担风险评估与运行管理责任。由于风险管理矩阵评估不必限制在小型无人机(107部范围)，因此更大型的无人机运行也可以采用此模式实施安全管理，针对物流快递、UAM等无人机复杂应用，FAA纳入通用航空的空中的士(Airtaxi)审定程序管理。美国充分利用传统安全管理与认证程序解决无人机问题。

我国原则采纳了无人机规则制定联合体(JARUS)的分类管理理念与SO-RA2.0管理体系，但无人机运行概念尚在制订过程中。

(3) 融入空域的技术路线

2018年3月，SESAR发布了《欧洲空管主计划：无人机安全融入所有空域的路线图》[1]。欧洲无人机融入国家空域系统提出两条并行路线：

① 大型遥控驾驶航空器系统(RPAS)融入传统有人航空器使用空域，RPAS从仪表飞行能力向仪表飞行/目视飞行双重能力发展，从RPAS在A/B/C空域融合运行向所有空域融合运行发展；

② 针对小型无人机交通管理系统U-space划分4个发展阶段(U1~U4)，但目前暂时只能界定前3个阶段U-space的功能与技术需求，如图15-8所示。

2018年7月，FAA发布了第二版《民用无人机融入国家空域系统路线图——五年路线图》[2]，是对2013年第一版的修订。美国按照运行复杂程度由低到高界定了7类运行，分别提出无人机运行管理的能力需求，但没有对7类运行能力提出实现时间表，如图15-9所示。

2017年，中国民航局提出建立以运行为中心的无人机管理体系，由于空域管辖权的差异，我国没有出台《民用无人机融入国家空域系统路线图》。

(4) 无人机交通管理系统(UTM)的运行概念

法律、规章与运行程序可以控制80%的运行风险，剩余20%的运行风险需要技术解决方案。残余风险才是无人机能否大规模扩张以及开展复杂运行的关键

---

① SESAR Joint Undertaking. European ATM Master Plan：Roadmap for the safe integration of drones into all classes of airspace.

② FAA. Integration of Civil Unmanned Aircraft Systems (UAS) into the National Airspace System (NAS) Roadmap. Second Edition. July 2018.

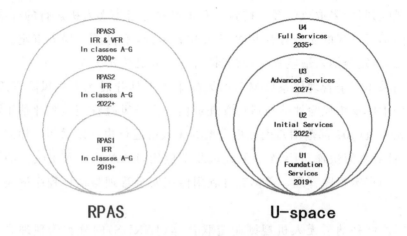

图 15－8　欧洲无人机融入各类空域的战略

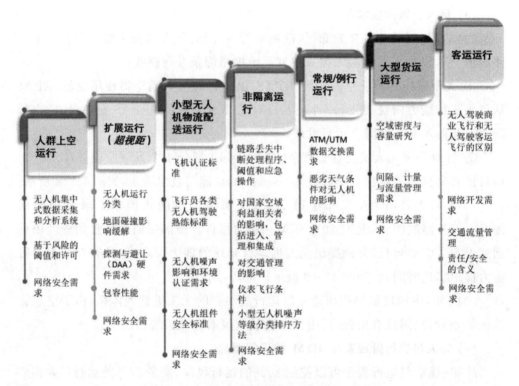

图 15－9　不同类型运行需要具备的运行管理能力

瓶颈。

美国 UTM 概念框架首次由 NASA 在 2013 年提出来，到 2015 年，NASA 和 sUAS 运营人明确提出应当建立超低空域的无人机交通管理系统。根据

《2016FAA 延长、安全与安保法案》，FAA 与 NASA 合作推进无人机交通管理试点计划（UPP），NASA 负责 UTM 原型系统的研发，FAA 与 NASA 建立 UTM 研究转化小组（UTMResearch Transition Team，RTT），确保 2020 年 9 月之前完成原型系统研发与交付。FAA 在 2018 年和 2020 年分别发布第一版和第二版的《UTM 运行概念》，界定了 19 种 UTM 服务。在运行管理 2.0 阶段，FAA 和空管部门仅承担空域管理责任，其他运行保障任务由运营人承担主要责任，无人机服务商（USS）承担次要责任，如表 15－9 所列。

表 15－9 UTM 参加者/机构的责任分配

功　能		参与者/实体		
		√—主要责任；S—辅助责任		
		无人机运营商	USS	局方
间隔	UAS 和 UAS(视距内和超视距)	√	S	
	视距内无人机和低空有人飞机	√	S	
	超视距无人机和低空有人飞机	√	S	
风险/地形规避	气象回避	√	S	
	地形回避	√	S	
	障碍物回避	√	S	
状态	UTM	S	√	
	飞行信息存档	√	S	
	飞行信息状态	√	S	
咨询	天气信息	√	S	
	向受影响的空域使用者发出无人机威胁告警	√	S	
	危险信息(如障碍物、地形)	√	S	
	特定无人机的危害信息(例如电线、无 UAS 区域)	√	S	
计划、意向和授权	制订运行计划	√	S	
	运行意向分享(飞行前)	√	S	
	运行计划共享(飞行中)	√	S	
	运行计划协商	√	S	
	管制空域授权		S	√
	飞行控制	√		
	空域分配和约束定义		S	√

资料来源：Office of NextGen，FAA. Unmanned Aircraft System（UAS）Traffic Management（UTM）Conceptof Operations V2.0. March 2，2020：20.

欧洲《U‐space 运行概念》由 SESAR 联合体提出，U‐space 服务包括与安全和安保相关的 8 类 31 种服务，如图 15‐10 所示，但也包括商业服务。U-space 运行概念仅描述了 U3 之前的服务，U4 阶段的服务与功能尚未确认。

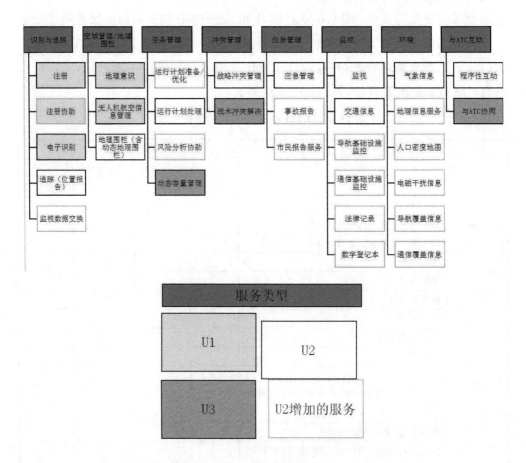

图 15‐10 U‐space 服务类型(U1～U3 阶段)

资料来源：SESAR Joint Undertaking. U-space Concept. of Operations. Edition 03. 00. 02. 25th October 2019.

我国已经批准立项开展无人机运行管理系统(UOM)的建设，计划将现有民航局分属各司局的信息系统打通边界、数据共享，将无人机注册、驾驶员管理、运营企业监管、无人机交通管理(UTMISS)融合起来形成大系统，但系统运行概念与未来功能服务架构没有公布。

(5) UTM 研发是运行管理 2.0 竞争的焦点

欧美在无人机交通管理系统研发上不遗余力。

美国由 NASA 牵头并利用 NextGen 等资助途径，在 2015—2020 年度每年投入 2 000 万美元开展 UTM 原型系统研发。NASA 整体制定了 UTM 4 个技术水平(Technology Capability Level,TCL)的全部测试验证计划。其中,2016 年 8 月和 10 月完成 TCL1 和 TCL2 试验验证,2018 年 5 月和 6 月,NASA 与 40 家合作单位在 6 个试验区完成 TCL3 验证,2019 年 5 月到 8 月,NASA 与 35 个合作单位完成 TCL4 验证试验。

以 Neveda 自动化系统研究所(NIAS)主导的一次 TCL4 验证试验为例,共有 34 家大学、研究机构、制造企业、互联网服务企业参与试验。试验包括建立项目测试验证目标、参与主体、相关场景设计、信息流程。随着 UTM 原型系统技术能力等级不断升级,参与各方的技术成熟度都得到同步提升,并获得大量试验成果,目前仅公布在 NASA 网站的 UTM 测试验证报告超过 100 篇。

在 2017—2019 年度,欧盟最大的研发创新计划——"地平线 2020(Horizon 2020)"资助 3 300 万欧元建立了 SESAR 联合体牵头的 U‐space 综合研发计划。欧洲在 U‐space 研发计划集中了欧洲最顶尖的大学、研究机构、运行部门与创新企业的核心资源,试验区遍布全欧洲,共计 19 个欧洲国家、11 所大学、25 家空管部门、25 座机场、65 个创新企业的 800 名技术专家参与,开展 186 项飞行任务完成 850 h 的飞行。其中一个 U‐space 验证项目——PODIUM(The Proving Operations of Drones with Initial UTM)分别在丹麦、法国与荷兰的 5 个试验场开展,涉及 18 个运行场景、73 次真实飞行和 138 个许可流程。

从试验验证来看,欧洲采取统一规划、分开测试验证、集成优势技术的方式推进无人机交通管理技术研发。10 个测试验证试验遍布欧洲各地,选取比较有代表性的区域和试验环境开展测试,兼顾了各国参与的积极性与公平性。

目前,我国 UTMISS 与 UOM 都未提出清晰的法律授权、运行概念与聚焦于交通管理功能的系统开发验证计划。

美欧中法律授权、运行概念与聚焦于交通管理功能的系统开发验证计划如表 15‐10 所列。

表 15‐10   美欧中法律授权、运行概念与聚焦于交通管理功能的系统开发验证计划

特 点	立法与国家战略	运行概念	系统研发
美国实	立法确认 NASA 研发;FAA 监管并转化;建立 FAA‐NASA 的成果转化机制 RTT;UTM Pilot Program	2013 年提出 UTM 概念框架与 4 个技术能力等级;2018 年出台 UTM 运行概念第一版;2020 年出台运行概念第二版	2015 年起每年投资试验与开发 2 000 万美元;在 7 个试验场测试验证;2020 年 9 月移交原型系统进入运行系统开发

特　点	立法与国家战略	运行概念	系统研发
欧洲全	2020 年出台 U-space 条例；基于运行风险的无人机分类、风险评估、标准场景与运行概念	2017 年提出 U-space 蓝图与技术等级；2019 年完成运行概念研究；EASA 和 Eurocontrol 主导运行概念	欧盟"地平线 2020"项目投资 3 300 万欧元；9 个探索性研究、10 个验证研究、5 个试验场；已完成验证，正整理研究成果
中国快	《无人机管理条例》尚未出台；CCAR-92 无人机规章未颁布；低层次规范先行先试；尚未建立无人机运行管理系统的立法计划	无人机运行概念和无人机交通管理系统运行概念未发布；建立了无人机空管信息服务平台 UTMISS；提出无人机运行管理政务平台 UOM 功能设计	2018 年 UTMISS 试运行；2019 年批准 UOM 立项；未推进成体系的 UTM 研发；缺乏生态系统建设，缺乏 USS 服务商支持

15.2.4　启　示

1. 无人机交通管理技术只能自主开发

① 目前全球研发都处于并跑阶段，没有现成产品可以购买，而且谁也等不起；

② 无人机更加贴近经济建设与社会生活，包括敏感的地理信息、经济市场信息、居民社区信息，不宜由外方实施管理；

③ 无人机运行技术定制开发需求较大，传统空管雷达与自动化系统功能一致，通用产品易于采购，而各国无人机运行规则、法规、流程都不同，只能定制开发；

④ 无人机交通管理系统将逐步融入"城市大脑"并成为立体交通基础设施的组成部分，我国 100 万人口以上城市超过百座，市场体量足以支撑自主开发。

2. 阶段优势不意味着持续优势

消费类无人机的价值是创造流量与体验，专业无人机强调控制精确度、完整性、可靠性与连续性等不同技术指标，专业无人机应用需要不同的产业生态。消费类无人机运行以自我约束为主，商用运营则以付费服务保证安全，全球空中交通管理体系主要是为商业航空建立的。此外，与消费类无人机在视距内超低空飞行相比，商用无人机具有业务驱动、高载重、超视距、复杂运行轨迹等运行特征，B2B 将是无人机信息服务与运行管理的主要模式。

工业软件短板。无人机交通管理系统是大容量、短时延、广覆盖移动互联网与工业软件精准控制相结合的应用系统。技术指标不仅是规模、流量总量指标，而且是运行概念、系统架构与整体效能的竞争，我国工业软件开发短板不利于运行技术的全球竞争。

适航审定短板。当无人机向 eVTOL，UAM/AAM(advanced Arial Mobility)等高性能、高可靠性、高风险应用发展时，适航技术短板就逐渐体现出来。

研发生态短板。无论是美国 NASA - FAA 技术转移的接力模式，还是欧洲组队平行开发的赛马模式，都有多类机构广泛参与。通常，局方与业界提出技术需求—大学与研究机构提供技术解决方案(原理与元器件)—行业研发机构制定运行概念并整合原型系统—标准组织制定专门标准—制造企业开发定型产品(品质控制)—市场竞争(政府采购)挑出优势产品。各个环节有不同机构提供不同研发专长，动态地组成一个有活力的研发生态。我国从大学或研究机构就直接生产定型产品的做法不是常态，不能实现研发体系博采众长、合理分工。

3. 有计划地推进我国无人机运行管理技术试验验证

无人机运行管理是一条"足够长的技术坡道"，覆盖当今科技前沿应用——大容量低时延移动通信＋空中机器人(精准运动＋精准遥控)＋人工智能(全局动态轨迹规划与智能控制)＋物联网(态势感知＋轨迹协调)。这也将是一条延续数十年的航空业新赛道。在"唯快不破"策略获得初期成功之后，我们需要些"慢功夫"建立无人机运行管理的持续优势，如表 15 - 11 所列。

建立国家级科研专项持续资助。建立政产研学用一体、高科技企业牵头的研发机制，主导机构具有整合资源、完成空缺任务的意愿与能力。

构建无人机交通管理的运行概念。文字落地过程是积累知识、凝聚共识的重要途径，也是汇聚研发专长的过程。

定向征集技术工具与技术解决方案。

制定试验验证计划。在虚拟与实地运行场景中测试、广泛验证各类工具与程序方案，才可能有实用的原型产品。

培育研发生态。研发生态是创新的生命力基础，博采众长、激励相容的创新生态才是未来各国技术竞争的主体。

依托试验区聚集研发要素。目前开展的无人机试验区借鉴了欧美强化社会动员、发挥行业与地方两个积极性的做法。试验区之间还应分工协作，聚焦于我国无人机运行管理中不同应用场景的测试验证。

表 15 - 11　中国无人机运行管理技术展望

项　目	运行管理 1.0 （UOM1.0）	运行管理 2.0 （UOM2.0）	运行管理 3.0 （UOM3.0）	运行管理 4.0 （UOM4.0）
应用时期展望	2015—2020	2020—2025	2025—2035	2035—
主要功能	运行信息管理与限制运行	飞行动态管理与信息服务	交通管理与动态轨迹规划	ATM/UTM融合
服务对象 （向下兼容）	消费类/开放类无人机	专业类/特定类无人机	UAM/AAM	大型长航程无人机
关键运行特征	海量运行数据管理	个性化信息服务	智能化飞行轨迹管理	有人/无人航空同质运行
支撑技术	移动互联网监控＋限制区	双向移动互联网监控＋服务	5G 通信＋智能辅助决策	移动物联网＋自动驾驶
空域使用	150 m 以下/视距范围	150 m 以下超视距:隔离空域	1 000 m 以下城市空域	所有空域
运行服务需求	RID:飞行轨迹上传;地理围栏	飞行计划与空域自动授权;气象、地理与交通信息服务	自动化运行:数字化共享的气象、地理、交通信息	自动化运行与远程人工干预
交通冲突解决	目视避让	交通意识:战略冲突化解	感知避让能力:战略与战术冲突化解	接受传统空管服务能力:融合感知避让

15.2.5　无人机交通管理系统空域集成解决方案

1. 交通管理的功能层

无人机交通管理系统和空中交通管理(ATM)在对特定空域的分配及运行方式等方面存在差异。但是,它们具有共同的功能结构,如图 15 - 11 所示。从注册、绘图和跟踪开始,功能层相互叠加。在这些基础功能之上,还有更高的流量管理功能,例如,任务计划、环境数据处理、冲突检测和解决、流量预测和拥堵管理以及为用户定制的人机界面(HMI)(最高层)。

2. 低空空域用户

大多数无人机在不受管制的 G 类空域的超低空空域(VLL)中运行(地面上100～150 m),具体飞行高度取决于相关规定和运行概念。这类空域的使用者很

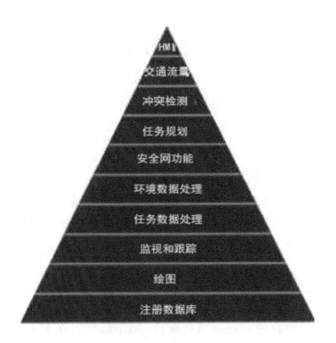

图 15‐11　无人机交通管理系统的功能金字塔

多,包括按目视飞行规则(VFR)飞行的有人机,用于紧急服务、警察和空中运动的直升机,导致存在严重的撞机风险。由于国际民航组织规模较小,难以要求所有无人机遵守"保持空域洁净"和"发现后避让"等规定。地面态势感知系统接收无人机的位置信息如图 15‐12 所示。

图 15‐12　地面态势感知系统接收无人机的位置信息

3. 整合无人机系统

C,D 和 E 类受管制空域主要用于有人机飞行,须遵守仪表飞行规则(IFR)和日视飞行规则。但这些空域已经并且将继续用于无人机系统任务,例如,用无人机检查机场,参与军事行动,穿越管制空域以及未来的货运、旅客运输等无人机任务。无人机气象站维护、调查飞行及其他长期任务也有望在受管制空域的上方空域实现。

DFS 认为,这些无人机任务需要整合到空管系统中,包括需要合适的标签显示、任务处理以及与其他航空用户的协调。通过无人机的飞行计划和跟踪技术来增强 ATM 系统的整合能力。无人机系统必须配备一个应答器,以便在 1 524 m (5 000 ft)E 类空域以及其他受管制空域中进行识别、监视和跟踪。

4. 端到端无人机交通管理解决方案

DFS 无人机交通管理所提供的服务对于空域中的无人机在所有飞行阶段的安全运行都是至关重要的。在预飞行阶段,操作员可以在无人机交通管理系统中注册并进行任务规划,还可以再次检查飞行计划是否涉及禁飞区或领空限制,或是有其他登记的飞行动作,以及是否需要获得操作许可或特殊操作风险评估。

如果需要得到相关航空管理机构的许可,无人机交通管理系统可提供操作员之间的基于工作流的批准程序。另外,无人机交通管理可持续处理气象数据、海图数据、地理数据、障碍物数据和飞行通报(NOTAM)等外部数据并进行数据过滤。在飞行阶段,操作员可以实时跟踪无人机,并通过复杂的空中状况显示屏观察其他有人和无人机,包括视距外飞机。飞行后阶段的无人机交通管理系统组件可协助评估和跟踪飞行情况,例如,飞行日志、事件管理和电池管理。

5. 基于网络的可扩展云解决方案

无人机属于航空业的一部分。无人机技术与智能手机相似,两者都具有颠覆性以及非常迅猛的发展势头。无人机、操作员和其他利益相关方数量的不断增加使基于网络的无人机交通管理解决方案变得至关重要。由于无人机操作员也需要态势感知,因此,还必须考虑智能手机或平板电脑中无人机应用程序的人机界面,这也需要基于网络的可扩展云解决方案的支持。

6. 低空空域的安全性和可见性

无人机在低空空域的出现增加了人们对有人机在该空域中可见性的关注。G 类空域中的有人机无须证明身份,航行服务提供者(ANSP)通常不会在此空域

发布空中交通管制强制令。为了提高飞行安全性,基于广播式自动相关监视
(ADS‐B)、交通感知及防撞技术(FLARM)等低成本基础空中交通管制技术在
过去十年中得到了发展。这些技术可用于逐步完成空中态势显示。因此,DFS
的无人机交通管理系统不仅适用于无人机管理,还可以在超低空空域提高安全
性和能见度。

7. 中央数字平台

Droniq公司为DFS提供无人机交通管理系统的第一个版本,包含实时交通
显示、注册和任务规划。无人机跟踪功能通过带有调制解调器和集成SIM卡的
内部开发设备以及移动或固定地面传感器实现。下一步措施是将调制解调器完
全集成到无人机系统中。DFS和德国电信提供商Deutsche Telekom测试人员
在空中态势显示器中观察无人机超视距飞行试验情况如图15‐13所示。

**图15‐13　DFS和德国电信提供商Deutsche Telekom测试人员在空中态势
显示器中观察无人机超视距飞行试验情况**

鉴于无人机的潜在风险,需要开发一种无人机检测系统来保护机场等敏感
区域。无人机交通管理系统的多传感器数据融合跟踪器可以融合任何无人机检
测系统,并可以区分已注册和恶意无人机。计划在不久的将来通过LTE实现任
务审核放行、冲突警告、指挥与控制链集成以及实时数据传输等功能。DFS和
Droniq公司的愿景是在德国建立一个用于无人机服务的中央数字平台,将成为
欧洲的蓝图。

8. 对航空系统的挑战

无人机系统对整个航空系统和空中交通管理带来了颠覆性的技术挑战,因
为无人机是具有高度自动化潜力的新飞行器。此外,无人机市场的快速增长导

致当前许多航空商业模式将发生根本性的变化，最终被淘汰或被新系统取代。

9. 航空系统的变化

欧洲委员会、单一欧洲天空空中交通管理计划（SESAR）和欧洲航空安全局（EASA）就无人机交通管理系统的未来部署架构、ANSP 的作用及其与未来第三方无人机管理服务提供商（USP）的关系进行了广泛的讨论。

DFS 预测 ANSP 拥有一个全国性的无人机交通管理系统，至少应具备注册、监视集成和跟踪，以及航空情报管理（AIM）数据和气象信息参考等核心功能。无人机交通管理系统涉及领域众多，并且为竞争性市场提供了机队管理和有效载荷服务等功能。无人机管理系统的发展将对市场产生影响，未来将看到航空系统的根本改变。

参考文献

[1] 黄涛,杨凤田. 我国通用航空市场培育瓶颈问题研究[M]. 北京:北京航空航天大学出版社,2019.

[2] 吕人力,于一,贺安华. 中国通用航空业研究报告(2018)[M]. 北京:中国民航出版社,2017.

[3] MAO Yi,YANG Yi,HU Yuxin. Research into a Multi-Variate Surveillance Data Fusion Processing Algorithm[J]. Sensors (Peterborough,NH),2019,(4975):1-12.

[4] 中国航空运输协会通用航空分会. 2019—2020中国通用航空发展报告[R]. 2020.

[5] 赵大鹏. 中国智慧城市建设问题研究[D]. 长春:吉林大学,2013.

[6] 黄宇,王妍颖. 基于"互联网＋"的智慧交通顶层设计架构[J]. 水运工程,2016,10:199-202.

[7] WANG Xuan,MAO Yi,WU Xiaoyong,et al. An ATC instruction processing-based trajectory prediction algorithm designing[J]. Neural Computing and Applications,2021.

[8] 甄峰. 智慧城市顶层设计总体框架研究[J]. 现代城市研究,2014,10:7-12.

[9] 张新. 智慧交通发展趋势目标及框架构建[J]. 中国行政管理,2015,4:150-152.

[10] 石潇竹,杜洋帆,顾晨超,等. 基于移动通信设施的"低慢小"目标探测系统[J]. 指挥信息系统与技术,2020,11(5):45-50.

[11] 苏涛,牟奇锋. 基于通用航空运输服务的网络化平台设计[J]. 指挥信息系统与技术,2016,7(6):30-34.

[12] 尤祖光. 低空空域监视与通用航空管理[M]. 上海:上海科学技术出版社,2014.

[13] 张翔. 通用航空飞行服务体系设计及建议[J]. 中国民航飞行学院学报,2015,26(5):38-41.

[14] 毛亿,毛永庆,唐国强. 战术空域协同规划技术研究[J]. 中国民航大学学报,2019,37:104-108.

[15] 王惠倩. 雷达、通信、导航技术在低空空域监管中的应用[J]. 现代导航,2014(4):270-271.

[16] 邵文武,韩美霞,黄涛,等. 通用航空产业网络演化模式——以辽宁省为例[J]. 沈阳航空航天大学学报,2015,32(6):72-80.

[17] 邵文武,杨进程,黄涛. 我国民用无人机市场发展现状及存在问题分析[J]. 沈阳航空航天大学学报,2019,36(6):61-69.

[18] 申振华,于国亮. 翼型弯度对风力机性能的影响[J]. 动力工程,2007(1):136-139.

[19] 颜巍,黄灵恩. 民用飞机失速尾旋(螺旋)事故[J]. 民用飞机设计与研究,2019,(1):63-68.

[20] 雷波,张明,岳帅. 可重复使用运载器的耐坠毁缓冲装置的设计优化[J]. 宇航学报,2019,40(9):996-1005.

[21] 綦蕾,李红琳,陈智强. 浅谈民用航空发动机适航技术新要求[J]. 航空动力,2020,(1):45-48.

[22] 张纪奎,郦正能,程小全,等. 复合材料整体结构在大型民机上的应用[J]. 航空制造技术,2007,(9):38+40+42-43.

[23] 于秀伟,金秀芬. 起落架着陆分析模型试验修正研究[J]. 机械设计与制造工程,2020,49(11):81-85.

[24] 郑宇飞. 航空铝合金薄壁结构框腹板的加工[J]. 工具技术,2019,53(4):78-80.

[25] 倪亚琴. 飞机抗失速/尾旋研究述评[J]. 飞行力学,1987(3):19-26.

[26] 陈平,严勇杰,严宏,等. 通用航空低空空域运行空管保障[M]. 北京:航空工业出版社,2019.

[27] InfoQ. 2020 中国技术发展白皮书[M],2020.

[28] 廖必凯,代军,王巍. 浅谈信息化对民航"智慧机场"的支撑作用[J]. 民航管理,2015,4:60-61.

[29] 张洪. 新时代创建"智慧通航"产业生态体系的构想[J]. 民航管理,2018,9:69-72.

[30] 吴殿达,付向阳. 航空公司盈利模式的构成要素分析[J]. 空运商务,2012(23):18-21.

[31] 孙传龙,张子辰,黄欣怡. 我国通用航空产业潜在市场研究[J]. 综合运输,2020,42(10):14-17.

[32] 梁姣,首倩. 低空旅游运营模式探究——以广西展卓通用航空公司为例[J]. 营销界,2020(33):166-167.

[33] 李晰睿. 我国通用航空发展现状与对策研究[J]. 中国民航飞行学院学报,2020,31(1):25-28.

[34] 携程集团短途运输旅客服务白皮书[N]. 中国民航报,2019-12-06(003).

[35] 黄涛,张波,邵文武,等. 中国通用航空产业发展问题研究综述[J]. 商业经济,2018(8):63-66.

[36] 黄涛,金姜韬. 通航区域飞行服务中心的功能与应用研究[C]//中国科学技术协会、中华人民共和国交通运输部、中国工程院. 2019 世界交通运输大会论文集(上). 中国科学技术协会、中华人民共和国交通运输部、中国工程院、中国公路学会,2019:11.

[37] 黄涛,郝雅. 东北民用航空业与区域经济耦合协调性分析[J]. 综合运输,2019,41(10):118-122.

[38] 邵文武,刘畔,黄涛. 我国通用航空市场增长动力分析[J]. 沈阳航空航天大学学报,2019,36(1):90-96.